普通高等教育"十二五"规划教材

冶金宏观动力学基础

孟繁明 编著

北京

冶金工业出版社

2014

内 容 提 要

本书根据冶金过程多相反应的特点，以典型冶金过程为例，论述气－固反应、气－液反应、液－液反应、液－固反应、固－固反应过程中进行模型建立和解析的方法；丰富和完善了冶金物理化学中的相关内容，也为冶金反应工程学及冶金传输理论的进一步学习奠定了基础；在详细解析论述的基础上，还介绍了如何利用Excel求解典型冶金宏观动力学问题的方法，为提高读者利用计算机解决实际问题的能力开辟了空间。书中精选了适量例题、思考与练习题，以便读者加深理解并复习巩固所学内容。

本书可作为高等院校冶金工程专业研究生、本科生的教学用书，也可供冶金企业、科研院所的工程技术人员阅读参考。

图书在版编目 (CIP) 数据

冶金宏观动力学基础/孟繁明编著 . —北京：冶金工业出版社，2014.12

普通高等教育"十二五"规划教材

ISBN 978-7-5024-6791-3

Ⅰ.①冶… Ⅱ.①孟… Ⅲ.①冶金—化学动力学—高等学校—教材 Ⅳ.①TF01

中国版本图书馆 CIP 数据核字 (2014) 第 276546 号

出 版 人 谭学余

地 址 北京市东城区嵩祝院北巷 39 号 邮编 100009 电话 (010)64027926
网 址 www.cnmip.com.cn 电子信箱 yjcbs@cnmip.com.cn
责任编辑 杨 敏 王 优 美术编辑 吕欣童 版式设计 孙跃红
责任校对 卿文春 责任印制 牛晓波

ISBN 978-7-5024-6791-3

冶金工业出版社出版发行；各地新华书店经销；三河市双峰印刷装订有限公司印刷
2014 年 12 月第 1 版，2014 年 12 月第 1 次印刷
787mm×1092mm 1/16；17.25 印张；414 千字；263 页
36.00 元

冶金工业出版社 投稿电话 (010)64027932 投稿信箱 tougao@cnmip.com.cn
冶金工业出版社营销中心 电话 (010)64044283 传真 (010)64027893
冶金书店 地址 北京市东四西大街 46 号(100010) 电话 (010)65289081(兼传真)
冶金工业出版社天猫旗舰店 yjgy.tmall.com

(本书如有印装质量问题，本社营销中心负责退换)

前　言

冶金宏观动力学是冶金反应工程学的重要理论基础之一，也是衔接冶金传输原理和冶金反应工程学的重要桥梁，一般作为冶金专业本科生和研究生的必修内容讲授。然而，冶金宏观动力学的相关内容一般主要是在"物理化学"或"冶金物理化学"课程中出现，由于热力学在其中占据较重位置，学时较长，结果极易造成冶金宏观动力学相关内容的讲授相对不足，使后续的"冶金反应工程学"甚至"冶金传输原理"课程的学习缺乏足够坚实的基础，即使是以分子碰撞理论为基础的化学反应动力学，也常常因为学时限制等原因讲授得不多。因此，补充、完善冶金宏观动力学的理论知识，使"冶金宏观动力学"成为冶金专业独立的一门课程越显重要。

本书略去一般现有冶金动力学相关书籍中包括的传输理论部分，将重点放在冶金宏观动力学本身及利用计算机进行求解方法的介绍上。全书共分9章，在第1章中，简要回顾总结化学反应动力学的重点内容并对冶金宏观动力学进行概述。之后，对冶金过程中发展较为成熟、内容较多的气-固反应分3章予以介绍。首先，在第2章中通过一个简单的气-固反应系统，介绍气-固界面反应的缩核模型，引导读者熟悉气-固反应动力学模型的建立及推导方法，为其他复杂反应的解析、掌握反应过程限制环节的判断方法奠定基础。其次，在第3章中对已建立的气-固反应模型进行扩展，讨论在实际具体条件下进行模型设计和解析推导的过程。再次，在第4章中介绍气-固区域反应模型，进一步论述复杂气-固反应系统条件下的反应模型设计和解析方法。针对冶金宏观动力学是关于冶金过程多相反应的特点，在接下来的第5章~第8章中，选择冶金中的典型反应过程作为研究对象，分别介绍气-液反应、液-液反应、液-固反应、固-固反应模型建立和解析方法。最后，在第9章中举例介绍了以 Excel 为解析工具求解冶金宏观动力学典型问题的方法。对每一个举例，首先给出与相关章节相关联的问题，其次分析问题的解题思路，最后给出利用 Excel 进行解析的方法和步骤。

　　本书精心设计了适量的例题、思考与练习题，以便读者加深理解并复习巩固所学内容；此外，对一些常见的复杂计算、数值求解等问题，避免现有冶金动力学书籍中常有的泛泛讲解的不足，力争将理论阐述与例题计算紧密结合，尽力给出具体计算公式、计算流程、计算程序代码以及较为详细的 Excel 操作方法。通过这些实际求解操作过程，实现加深读者对冶金宏观动力学的理解并增强求解复杂问题能力的目的。读者若需要本书的电子课件 PPT 文档及 Excel 解析计算用文件，请与作者联系（联系邮箱：mengfm@ smm. neu. edu. cn）。

　　在编写过程中，参考和引用了相关文献的资料，此外，东北大学王文忠教授和施月循教授为本书的编写提供了宝贵的资料和建议，并在审稿和指导过程中付出了辛勤劳动，在此一并表示衷心感谢。由于编者水平所限，书中不妥之处，敬请读者批评指正。

孟繁明

2014 年 7 月

目　　录

1 绪 论

1.1 化学反应动力学基础

冶金反应过程常常是伴有多相存在且有流体流动的复杂冶金物理化学过程，对其进行研究一般需首先从两个基础理论入手，即热力学和动力学。其中，化学热力学是从能量降低原理和能量平衡的观点出发，研究化学反应的方向和限度，即反应进行可能性的科学。它仅着眼于过程的始末状态而不涉及反应进行的速度、具体步骤和机理。因此，不能回答反应能否实现和反应的进行速度。例如，常温（298K）下，H_2 和 O_2 化合生成水的热力学可能性（$\Delta G^\circ = -237.57\text{kJ/mol}$）很大，但实际上在常温下该反应并不发生。与热力学相对，化学反应动力学则是研究化学反应进行的机理、具体步骤和速度的科学。它研究化学反应的速度与反应体系的压力、物质浓度、温度及催化剂等影响因素的关系，确定在特定条件下的反应级数、反应速度常数及活化能等动力学参数。化学反应动力学的知识在"物理化学"或"冶金物理化学"等课程中已有详细讨论，这里仅就其中的几个重要基本问题作简要总结。

1.1.1 反应速度的表示方法

考虑一定温度下发生的下列反应

$$a\text{A} + b\text{B} \Longrightarrow e\text{E} + f\text{F} \tag{1-1}$$

其中，A、B、E 及 F 分别表示反应体系中涉及的反应物和生成物，a、b、e 及 f 分别表示化学反应发生时，相应物质发生变化的计量系数。可以采用不同方式来定义反应 (1-1) 的速度。例如，按反应物 A 或 B 的消耗来定义的反应速度可表示为 $-dN_A/dt$ 和 $-dN_B/dt$，按生成物 E 或 F 的产生来定义的反应速度可表示为 dN_E/dt 和 dN_F/dt。根据式 (1-1) 的化学反应计量系数，不同方式表达的反应速度（mol/s）之间有如下关系

$$-\frac{1}{a} \cdot \frac{dN_A}{dt} = -\frac{1}{b} \cdot \frac{dN_B}{dt} = \frac{1}{e} \cdot \frac{dN_E}{dt} = \frac{1}{f} \cdot \frac{dN_F}{dt} \tag{1-2}$$

式中，t 为反应时间，s；$N_j(j = \text{A, B, E, F})$ 为反应体系中组分 j 的量，mol。

在式 (1-2) 表示的反应速度中并没有考虑反应体系的容量因素。在研究具体反应时，为了便于比较，常以不同的容量因素作基准来定义反应速度。例如，以反应体系容积 V 作为容量因素时，反应速度 $r_j(\text{mol}/(\text{m}^3 \cdot \text{s}))$ 的表达式为

$$r_j = \frac{1}{\eta_j V} \frac{dN_j}{dt} \tag{1-3}$$

对于流体 - 固体和流体 - 流体之间的反应，以两相间界面积 S 作为容量因素时，反应速度 $r_j(\text{mol}/(\text{m}^2 \cdot \text{s}))$ 的表达式为

$$r_j = \frac{1}{\eta_j S} \frac{dN_j}{dt} \tag{1-4}$$

对于流体－固体间反应，有时取固体的质量 W 作为容量因素，这时反应速度 r_j（mol/（kg·s））的表达式为

$$r_j = \frac{1}{\eta_j W} \frac{dN_j}{dt} \tag{1-5}$$

在以上诸式中，η_j 为反应中 j 组分的化学计量系数，对随时间而减少的反应物取负值，对随时间而增加的生成物取正值。

对于均相反应体系，$N_j = C_j V$，式（1-3）可改写为

$$r_j = \frac{1}{\eta_j V} \cdot \frac{dN_j}{dt} = \frac{1}{\eta_j V} \cdot \frac{d(C_j V)}{dt} = \frac{1}{\eta_j V}\left(V \frac{dC_j}{dt} + C_j \frac{dV}{dt}\right) \tag{1-6}$$

若反应过程中反应体系容积恒定（$dV/dt = 0$）则有

$$r_j = \frac{1}{\eta_j} \frac{dC_j}{dt} \tag{1-7}$$

式中，C_j 为组分 j 的浓度，mol/m^3。

在实际应用中，常用反应物组分 j（j = A 或 B）的转化率 X_j 的增长速度来表示反应速度，其定义为

$$X_j = \frac{N_{j0} - N_j}{N_{j0}}, dX_j = \frac{dN_j}{N_{j0}} \tag{1-8}$$

式中，N_{j0} 和 N_j 分别为反应初始和反应过程中反应物 j 组分的物质的量（j = A 或 B）。

由式（1-3）式（1-8）可得

$$r_j = \frac{1}{\eta_j V} \frac{dN_j}{dt} = -\frac{N_{j0}}{\eta_j V} \frac{dX_j}{dt} \tag{1-9}$$

此式表示了用反应物的量 N_j（mol）来表示的反应速度与用转化率（X_j）来表示的反应速度之间的关系（j = A 或 B）。

由式（1-1）的化学计量关系有

$$\frac{N_{A0} - N_A}{a} = \frac{N_{B0} - N_B}{b}$$

因此，X_A 和 X_B 的关系为

$$X_A = \frac{N_{A0} - N_A}{N_{A0}} = \frac{a}{b} \frac{N_{B0} - N_B}{N_{A0}} = \frac{a}{b} \frac{N_{B0}}{N_{A0}} \frac{N_{B0} - N_B}{N_{B0}} = \frac{a}{b} \frac{N_{B0}}{N_{A0}} X_B \tag{1-10}$$

所以

$$\frac{dX_A}{dt} = \frac{a}{b} \frac{N_{B0}}{N_{A0}} \frac{dX_B}{dt} \tag{1-11}$$

可见，反应物 A 或 B 的转化率随时间的变化率都可以用来表示体系的反应速度，二者可互相换算。

1.1.2　反应速度与物质浓度的关系——反应级数

化学反应速度与反应体系的压力、物质浓度、温度及催化剂等有关。实验发现，在一

定温度和压力下，化学反应速度与反应物浓度乘方的乘积成正比，各物质浓度的方次等于反应方程式中相应物质的计量系数。例如，对于式（1-1）所示的反应，反应的速度（$mol/(m^3 \cdot s)$）可表达为

$$r = kC_A^a C_B^b \tag{1-12}$$

式（1-12）所表达的关系称为质量作用定律。式中的浓度项的指数和（$n = a + b$）称为该反应的级数，比例常数 k 称为反应速度常数或反应比速，其物理意义为各反应物浓度为 1 时的反应速度，k 的数值取决于反应体系的本性和温度。当然，所用的浓度和时间单位不同，k 值也会相应改变。显然，k 的单位取决于反应级数。例如，对于一级反应 k 的单位为 $1/s$，对于二级反应 k 的单位为 $m^3/(mol \cdot s)$ 等。

应该指出，反应的级数是必须通过实验才能确定的动力学参数。这是因为化学反应本身可分为简单反应和复杂反应两大类。只有按化学反应计量方程式一步完成的简单（又称基元）反应，反应级数才等于反应方程式中反应物的计量系数之和，n 才可能是正整数。对于普遍存在的由多个简单反应构成、经几个步骤才完成的复杂反应，化学反应计量方程式只表达一个复杂反应的总方程式，并不代表实际反应的历程。在后者的情况下，反应级数 n 不等于反应方程式中反应物的计量系数之和，它有可能不是正整数而是分数，甚至是负数。

1.1.3 反应速度与温度的关系——反应活化能

大量实践证明，提高反应体系的温度能使化学反应速度增大。阿伦尼乌斯（Arrhenius）在一百多年前（1889 年）总结的经验方程较准确地反映了大多数反应的速度与温度的关系，至今仍被广泛应用于动力学研究中。该方程的一般形式为

$$k = k_0 \exp\left(-\frac{E}{RT}\right) \tag{1-13}$$

或

$$\ln k = \ln k_0 - \frac{E}{RT} \tag{1-14}$$

式中，k_0 为频率因子，其单位与 k 相同；E 为反应的活化能，J/mol；R 为摩尔气体常数，$J/(mol \cdot K)$；T 为绝对温度，K。式（1-14）是借助动力学实验求取 k_0 和 E 等动力学参数的基本方程。将 $\ln k$ 对 $1/T$ 作图，并回归得到直线关系，该直线的斜率为 $-E/R$，截距为 $\ln k_0$。活化能 E 可根据斜率确定，而 k_0 可通过将直线上的点（$1/T_1$，$\ln k_1$）的坐标值代入式（1-14）中求得（如图 1-1（a）所示）。此外，由式（1-14）可知，活化能 E 越大，则温度对反应速度的影响越大。所以，虽然在低温时 k 值较小，当温度升高时 k 可能会突然变得很大（如图 1-1（b）所示）。

严格意义上说，阿伦尼乌斯方程只适用于简单反应。对于复杂反应或物理传递过程对反应速度有影响时，人们只是应用实验数据，按阿伦尼乌斯方程进行处理，回归得到某温度范围内的 E 和 k_0 值。在这种情况下，所得到的 E 称为表观活化能，相应的 k 值称为表观反应速度常数。

1.1.4 反应速度式的确定

化学反应速度方程式均须由实验研究确定。由于化学反应种类繁多，各具特点，要根

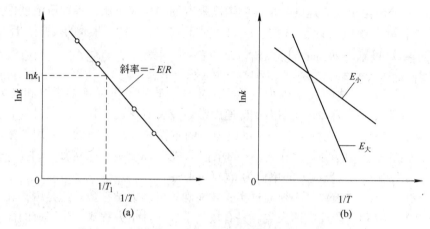

图 1-1　活化能的确定方法及温度对反应速度的影响

据反应过程的不同特点来选择或设计动力学实验用反应器。动力学实验反应器分为间歇式和连续流动式两大类。间歇式反应器比较简单，适合实验室研究，可以在恒温恒容下进行实验。一般采用间隔一定时间取样分析的方法，测定反应物（或生成物）浓度 C 和时间 t 的关系。此外，利用反应体系的某种物理性质（如导电率和 pH 值等）与反应物（或生成物）浓度的关系，连续测定该物理性质随时间的变化，也可以间接获得浓度 C 随时间 t 的连续变化关系。本节简要讨论使用间歇式反应器来确定均相反应速度方程式的两种常用方法。

1.1.4.1　积分法

积分法的步骤如下：

（1）测定一定温度下反应物浓度 C 和时间 t 的关系；

（2）按对反应的认识，假定反应级数为 n，写出速度方程；

（3）积分速度方程，整理成含反应物浓度的某种函数 $\psi(C)$ 与时间的直线关系式；

（4）使用实测的 C 和 t 数据，绘制 $\psi(C)$ 和 t 的关系图，若得到直线关系，则假定的反应级数 n 是正确的，由回归的直线斜率可求取反应速度常数 k，否则，重复（2）~（4）的过程，直至得到满意结果。

$\psi(C)$ 的具体形式取决于反应级数 n。例如，对于恒容单分子型一级不可逆反应 $A \rightarrow R$，有

$$-\frac{dC_A}{dt} = kC_A \qquad (1-15)$$

或

$$\frac{dX_A}{dt} = k(1 - X_A) \qquad (1-16)$$

在 $t = 0$，$C_A = C_{A0}$，$X_A = 0$ 的初始条件下积分得到

$$\ln\frac{C_A}{C_{A0}} = -kt \qquad (1-17)$$

或

$$\ln(1 - X_A) = -kt \qquad (1-18)$$

对于恒容双分子型二级不可逆反应 A + B→R，有

$$-\frac{dC_A}{dt} = -\frac{dC_B}{dt} = kC_A C_B \qquad (1-19)$$

在反应过程中任意时刻 t 有

$$\begin{cases} C_A = C_{A0}(1 - X_A) \\ C_B = C_{B0}(1 - X_B) \end{cases} \qquad (1-20)$$

按反应计量系数，在 t 时刻，已反应消耗的 A 和 B 的物质的量相等，即有：$C_{A0}X_A = C_{B0}X_B$，将这些关系式代入式（1-19）并整理，得

$$\begin{aligned} -\frac{dC_A}{dt} &= C_{A0}\frac{dX_A}{dt} \\ &= kC_{A0}(1 - X_A)C_{B0}(1 - X_B) \\ &= kC_{A0}(1 - X_A)(C_{B0} - C_{B0}X_B) \\ &= kC_{A0}(1 - X_A)(C_{B0} - C_{A0}X_A) \\ &= kC_{A0}^2(1 - X_A)(C_{B0}/C_{A0} - X_A) \end{aligned} \qquad (1-21)$$

即

$$-\frac{dC_A}{dt} = C_{A0}\frac{dX_A}{dt} = kC_{A0}^2(1 - X_A)(M - X_A) \qquad (1-22)$$

式中，$M = C_{B0}/C_{A0}$，是初始反应物摩尔比。

若 $M = 1$，即 A 和 B 初始浓度相等，则式（1-22）可简化为

$$-\frac{dC_A}{dt} = kC_{A0}^2(1 - X_A)^2 = kC_A^2 \qquad (1-23)$$

分离变量积分得

$$\frac{1}{C_A} - \frac{1}{C_{A0}} = \frac{1}{C_{A0}}\left(\frac{C_{A0}}{C_A} - 1\right) = \frac{1}{C_{A0}}\left(\frac{1}{1 - X_A} - 1\right) = \frac{1}{C_{A0}}\frac{X_A}{1 - X_A} = kt \qquad (1-24)$$

若 $M \neq 1$，则式（1-22）可简化为

$$\frac{dX_A}{dt} = kC_{A0}(1 - X_A)(M - X_A) \qquad (1-25)$$

分离变量积分得

$$\int_0^{X_A} \frac{dX_A}{(1 - X_A)(M - X_A)} = \frac{1}{M - 1}\ln\frac{M - X_A}{M(1 - X_A)} = kC_{A0}t$$

整理上式得

$$\ln\frac{M - X_A}{M(1 - X_A)} = k(M - 1)C_{A0}t = k\left(\frac{C_{B0}}{C_{A0}} - 1\right)C_{A0}t = k(C_{B0} - C_{A0})t$$

为适应不同的实验数据处理，上式最左侧的自然对数项可改写为不同形式，如

$$\ln\frac{M - X_A}{M(1 - X_A)} = \ln\frac{C_{B0} - C_{A0}X_A}{C_{B0}(1 - X_A)} = \ln\frac{C_{B0} - C_{B0}X_B}{MC_{A0}(1 - X_A)} = \ln\frac{C_B}{MC_A} = k(C_{B0} - C_{A0})t$$

$$(1-26)$$

对于其他类型的反应，可按类似方法推导出 $\psi(C)$ 的具体形式，参考有关动力学专著。表 1-1～表 1-3 列出了一些主要类型恒容反应的结果，可用于积分法处理实验数

据时参考。

表 1-1　简单基元反应的动力学方程式及其积分式

反应类型	反应速度式	反应速度式积分结果
$A \rightarrow R(0 \text{级})$	$-\dfrac{dC_A}{dt} = k$	$C_{A0} - C_A = C_{A0}X_A = kt$
$A \rightarrow R(1 \text{级})$	$-\dfrac{dC_A}{dt} = kC_A$	$\ln\left(\dfrac{C_{A0}}{C_A}\right) = \ln\dfrac{1}{1-X_A} = kt$
$2A \rightarrow R(2 \text{级})$	$-\dfrac{dC_A}{dt} = kC_A^2$	$\dfrac{1}{C_A} - \dfrac{1}{C_{A0}} = \dfrac{1}{C_{A0}}\left(\dfrac{X_A}{1-X_A}\right) = kt$
$A + B \rightarrow R(2 \text{级})$	$C_{A0} = C_{B0}, \ -\dfrac{dC_A}{dt} = kC_A^2$	$\dfrac{1}{C_A} - \dfrac{1}{C_{A0}} = \dfrac{1}{C_{A0}}\left(\dfrac{X_A}{1-X_A}\right) = kt$
	$C_{A0} \neq C_{B0}, \ -\dfrac{dC_A}{dt} = kC_A C_B$	$\dfrac{1}{C_{B0}-C_{A0}}\ln\left(\dfrac{1-X_B}{1-X_A}\right)$ $= \dfrac{1}{C_{B0}-C_{A0}}\ln\dfrac{C_B C_{A0}}{C_A C_{B0}} = kt$
$A + B + D \rightarrow R(3 \text{级})$	$-\dfrac{dC_A}{dt} = kC_A C_B C_D$	$\dfrac{1}{(C_{A0}-C_{B0})(C_{A0}-C_{D0})}\ln\dfrac{C_{A0}}{C_A} +$ $\dfrac{1}{(C_{B0}-C_{D0})(C_{B0}-C_{A0})}\ln\dfrac{C_{B0}}{C_B} +$ $\dfrac{1}{(C_{D0}-C_{A0})(C_{D0}-C_{B0})}\ln\dfrac{C_{D0}}{C_D} = kt$
$A + 2B \rightarrow R(3 \text{级})$	$-\dfrac{dC_A}{dt} = kC_A C_B^2$	$\dfrac{(2C_{A0}-C_{B0})(C_{B0}-C_B)}{C_{B0}C_B} + \ln\dfrac{C_{A0}C_B}{C_A C_{B0}}$ $= (2C_{A0}-C_{B0})^2 kt \quad \left(M = \dfrac{C_{B0}}{C_{A0}} \neq 2\right)$ $\left(\dfrac{1}{C_A}\right)^2 - \left(\dfrac{1}{C_{A0}}\right)^2 = 8kt \quad \left(M = \dfrac{C_{B0}}{C_{A0}} = 2\right)$

表 1-2　等温恒容可逆基元反应的动力学方程式及其积分式（产物初始浓度为零）

反应类型	反应速度式	反应速度式积分结果
$A \underset{k_2}{\overset{k_1}{\rightleftharpoons}} R(1 \text{级})$	$-\dfrac{dC_A}{dt} = k_1 C_A - k_2 C_R$ $= (k_1 + k_2)C_A - k_2 C_{A0}$	$\ln\left(\dfrac{C_{A0}-C_{Ae}}{C_A - C_{Ae}}\right) = (k_1 + k_2)t$
$A + B \underset{k_2}{\overset{k_1}{\rightleftharpoons}} R + S(2 \text{级})$ $(C_{A0} = C_{B0})$	$-\dfrac{dC_A}{dt} = k_1 C_A C_B - k_2 C_R C_S$ $= k_1\left[C_A^2 - (C_{A0}-C_A)^2/K\right]$	$\dfrac{\sqrt{K}}{2C_{A0}}\ln\left[\dfrac{X_{Ae}-(2X_{Ae}-1)X_A}{X_{Ae}-X_A}\right] = k_1 t$
$2A \underset{k_2}{\overset{k_1}{\rightleftharpoons}} R + S(2 \text{级})$	$-\dfrac{dC_A}{dt} = k_1 C_A^2 - k_2 C_R C_S$ $= k_1\left[C_A^2 - (C_{A0}-C_A)^2/4K\right]$	$\dfrac{\sqrt{K}}{C_{A0}}\ln\left[\dfrac{X_{Ae}-(2X_{Ae}-1)X_A}{X_{Ae}-X_A}\right] = k_1 t$

续表 1-2

反应类型	反应速度式	反应速度式积分式结果
$2A \underset{k_2}{\overset{k_1}{\rightleftharpoons}} 2R (2 级)$	$-\dfrac{dC_A}{dt} = k_1 C_A^2 - k_2 C_R^2$ $= k_1 [C_A^2 - (C_{A0} - C_A)^2 / K]$	$\dfrac{\sqrt{K}}{2C_{A0}} \ln \left[\dfrac{X_{Ae} - (2X_{Ae} - 1) X_A}{X_{Ae} - X_A} \right] = k_1 t$
$A + B \underset{k_2}{\overset{k_1}{\rightleftharpoons}} 2R (2 级)$	$-\dfrac{dC_A}{dt} = k_1 C_A C_B - k_2 C_R^2$ $= k_1 [C_A^2 - 4(C_{A0} - C_A)^2 / K]$	$\dfrac{\sqrt{K}}{4C_{A0}} \ln \left[\dfrac{X_{Ae} - (2X_{Ae} - 1) X_A}{X_{Ae} - X_A} \right] = k_1 t$

表 1-3　等温恒容连串与平行基元反应的动力学方程式及其积分式（产物初始浓度为零）

反应类型		反应速度式	反应速度式积分结果
连串反应	$A \xrightarrow{k_1} R \xrightarrow{k_2} S$	$-\dfrac{dC_A}{dt} = k_1 C_A$	$C_A = C_{A0} \exp(-k_1 t)$
		$\dfrac{dC_R}{dt} = k_1 C_A - k_2 C_R$	$C_R = C_{A0} \dfrac{k_1}{k_2 - k_1} [\exp(-k_1 t) - \exp(-k_2 t)]$
		$\dfrac{dC_S}{dt} = k_2 C_R$	$C_S = C_{A0} \left[1 - \dfrac{k_2}{k_2 - k_1} \exp(-k_1 t) + \dfrac{k_1}{k_2 - k_1} \exp(-k_2 t) \right]$
平行反应	$A \begin{cases} \xrightarrow{k_1} R \\ \xrightarrow{k_2} S \end{cases}$	$-\dfrac{dC_A}{dt} = (k_1 + k_2) C_A$	$C_A = C_{A0} \exp[-(k_1 + k_2) t]$
		$\dfrac{dC_R}{dt} = k_1 C_A$	$C_R = C_{A0} \dfrac{k_1}{k_1 + k_2} \{ 1 - \exp[-(k_1 + k_2) t] \}$
		$\dfrac{dC_S}{dt} = k_2 C_A$	$C_S = C_{A0} \dfrac{k_2}{k_1 + k_2} \{ 1 - \exp[-(k_1 + k_2) t] \}$

1.1.4.2　微分法

微分法的步骤如下：

（1）测定一定温度下反应物浓度 C 和时间 t 的关系，并绘制成拟合的圆滑曲线；

（2）选择一系列浓度，求曲线对应点的斜率 dC/dt（对应 C 和 t 的反应速度）；

（3）假设反应速度方程为 $-dC/dt = k\psi(C)$，并由实验数据算出对应于各 $-dC/dt$ 的 $\psi(C)$；

（4）在直角坐标图中标绘对应的 $-dC/dt$ 和 $\psi(C)$，若能得到通过一条原点的直线，则假定的速度方程正确，由回归的直线斜率可求取反应速度常数 k。否则，重复（3）~（4）的过程，直至得到满意结果。

应该指出，微分法在求 $-dC/dt$ 时，很难做到十分精确，拟合的圆滑曲线稍有偏差就会引起 $-dC/dt$ 的很大偏差。故采用数值微分和最小二乘法可以提高数据处理的精度。

例如，对于反应 $A + B \rightarrow R$，测得一组 C_R 和 t 的数据。设速度方程为

$$r_R = \frac{dC_R}{dt} = k C_A^m C_B^n \tag{1-27}$$

$$\lg\left(\frac{dC_R}{dt}\right) = \lg k + m\lg C_A + n\lg C_B \qquad (1-28)$$

应用最小二乘法可以同时求得 k、m 和 n。

再例如，对于反应 A →R，测得一组 C_A 和 t 的数据。设速度方程为

$$r_R = -\frac{dC_A}{dt} = kC_A^n \qquad (1-29)$$

$$\lg\left(-\frac{dC_A}{dt}\right) = \lg k + n\lg C_A \qquad (1-30)$$

按式（1-30）作图，由直线的斜率和截距可分别求出反应级数 n 和速度常数 k。

1.2 冶金宏观动力学概述

1.2.1 宏观动力学与微观动力学

传统的化学反应动力学是以反应体系均匀分散为条件，研究纯化学反应的微观机理、步骤和速度的科学，称为微观动力学（micro kinetics）。它从分子运动和分子结构等微观概念出发来寻找化学反应过程的内在联系，在其发展过程中，主要形成了两大速度理论：（1）建立在气体分子运动论基础上的分子碰撞理论；（2）在量子力学和统计热力学的发展中形成的过渡状态理论，又称绝对速度论或活化络合物理论。在这些理论的基础上，借助于同位素示踪或质谱分析等现代物理测试技术，在确定纯化学反应速度的同时，阐明化学反应本身的微观机理和步骤。

例如，对于反应（1-1），微观动力学就是研究 A 和 B 经过哪些步骤而转化为 E 和 F、哪一步骤为限制步骤从而决定反应本身的进行速度，以及确定反应级数及反应温度对反应速度的影响等。但是，它并不关心反应物 A 和 B 如何到达反应区域以及反应生成物 E 和 F 如何离开反应区域，也不涉及反应放出的热量如何传递出去或如何补充反应吸收的热量。事实上，虽然分子扩散、冷却过程、加热过程以及流体流动等引起的浓度、温度或压力等物理量的变化可以不涉及任何化学变化，但任何一个化学反应过程却必然伴随浓度、温度或压力等物理量的变化。

在实际反应过程中，除了纯化学反应外，一般总是伴随物质和热量的传递，而物质和热量的传递及反应又都与流体流动密切相关。在 20 世纪 50 年代末创立并在 60 年代以后得到迅速发展的、以实际反应器操作过程的定量解析为核心的新兴工程学科——反应工程学中，就是以实际反应器的优化设计和优化操作为目标，着重研究伴随各种传递过程的反应速度，即实际反应过程进行的速度。其研究方法是把决定上述各传递过程速度的操作条件与反应进行速度之间的关系，用数学公式联系起来，从而确定出一个综合反应速度来描述过程的进行，而不追究化学反应本身的微观机理。为了与传统的化学反应动力学相区别，将在伴有传输、流动条件下研究化学反应速度及机理的学说称为宏观动力学（macro kinetics）。

针对实际冶金反应，在推导所谓的综合反应速度式时，对于均相体系可用一般的化学动力学方法描述，而对于冶金中更常见的各类多相反应，则需要同时考虑化学反应和物理

传递过程的速度方程。把反应进行的过程模型化，再利用数学手段导出相应的综合反应速度式。当然，在建立或选取反应过程模型时，应该排除对实际反应过程速度本质上几乎没有影响的子过程，以便获得尽可能简化的综合反应速度的数学表达式。综合反应速度式中的动力学参数一般包括反应速度常数和传递过程常数，如边界层传质系数和多孔体内的扩散系数等。在没有准确的可利用资料时，这些常数应通过小型实验获得最基础的资料。至于综合反应速度式本身的容量因素，则根据反应体系特征，可以是单位床层体积、单个颗粒、某相的单位体积或单位面积等。

上面强调了化学反应动力学和宏观动力学的区别，这并不是说化学反应动力学不重要。恰恰相反，在宏观动力学的研究中，把化学反应动力学作为重要基础之一，接受它的全部理论研究成果。如化学反应动力学研究中获得的反应级数、速度常数和活化能等都是宏观动力学研究中的重要参数。显然，除冶金工艺过程理论本身外，传输理论和化学反应动力学是宏观动力学的主要理论基础。因此，在学习本书之前，要求读者具备有关这两方面的基础知识。本书不涉及反应工程学中常有的反应器理论，研究的目标仅局限于冶金过程中物质在空间上的分布、传输及化学反应这个统一体，即冶金宏观动力学。

1.2.2 冶金宏观动力学的特点

冶金工艺是从自然界的矿石或其他原料中提取金属或合金的生产过程。在冶金生产过程中，涉及的大多数反应是发生在不同相之间的反应，简称相间反应或多相反应。根据体系中相界面的性质，可将相间反应分为五大类，表 1-4 中给出了这种分类的情况及冶金中的应用实例。本书的其后各章即以这种分类方式展开论述，其中将发展相对较为成熟、内容较多的气 - 固反应分 3 章介绍。

表 1-4 冶金相间反应的分类和实例

界面类型	反应类型	实例
气 - 固	$S_1 + G = S_2$	金属氧化
	$S_1 + G_1 = S_2 + G_2$	氧化物气体还原
	$S_1 = S_2 + G$	氧化物、碳酸盐和硫酸盐分解
	$S_1 + G_1 = G_2$	碳燃烧
气 - 液	$L_1 + G = L_2$	气体吸收
	$L_1 + G_1 = L_2 + G_2$	冰铜吹炼、吹氧炼钢
液 - 液	$L_1 = L_2$	溶剂萃取、渣金反应
液 - 固	$L_1 + S = L_2$	溶剂浸出
	$L_1 + S_1 = L_2 + S_2$	置换沉淀
固 - 固	$S_1 + S_2 = S_2 + G$	氧化物碳还原
	$S_1 + S_2 = S_3 + S_4$	氧化物或卤化物金属还原
	$S_1 + S_2 = S_3$	合金化、固体渗碳、金属氧化物陶瓷化

注：S—固；G—气；L—液。

与均相反应体系比较，在上述各种类型的相间反应体系中，其共同特征是存在一个甚至多个相界面，且参加反应的反应物分别处于不同的相内，所以冶金反应的宏观动力学研究有其自身的特殊性。针对冶金宏观动力学是关于冶金过程多相反应的特点，将几个重要的基本概念简述如下。

1.2.2.1 限制环节

由于参加相间反应的反应物分别存在于不同的相内，各相中的反应物必须由主体不断地传输至反应界面，反应生成物的流体物质必须适时地离开反应界面并传输到流体主体中去才能使反应持续进行。对于包含固体反应物的相间反应体系，若有固体生成物层的新相生成，则生成的新相将导致反应界面的移动，同时将原来分别处于两相的反应物隔开。在这种情况下，至少有一种反应物需要通过固体生成物层的扩散才能到达反应界面。因此，相间反应过程是由多个基元步骤构成、分步骤串联或并联进行的。一般情况下，反应过程的速度是由各基元步骤组合所构成的过程总阻力决定的，不单纯取决于界面反应速度，因此，称之为综合反应速度或总反应速度（overall reaction rate）。各基元步骤的阻力受多种因素的不同影响，对过程总阻力的贡献也因条件而异，甚至随着反应过程的进行发生变化。但是，在特定反应条件下，若某个基元步骤阻力远大于其他步骤阻力，并由它决定过程总速度时，则称该基元步骤为整个过程的控制步骤或限制环节（rate controlling step）。例如，在钢铁冶金过程中所发生的化学反应一般都是在高温下进行的快速反应，故传质过程往往成为限制环节。影响或决定限制环节的因素很多，以下仅就相比和温度的影响予以论述。

（1）相比与限制环节。在流体－固体，特别是液体－固体间的反应动力学研究中，两相体积（或质量）之比的变化，可能会对反应进行过程中的反应物浓度、温度变化特性以及过程速度产生显著影响，有时甚至会改变过程的限制环节。例如，对于初始固体反应物质量和液相反应物浓度一定的固液反应体系，当固液比较大时，液相体积相对较小，反应过程中液相反应物的浓度下降较快，反应速度也会随之快速降低。随着液相反应物浓度的降低，过程的限制环节可能由化学反应控制转化为扩散步骤控制。反之当固液比较小时，液相体积相对较大，这时可以忽略反应过程中液相反应物浓度的变化，反应可能始终在一定速度下进行，限制环节为化学反应。

（2）温度与限制环节。对于通常的化学反应，其反应的活化能值通常大于40kJ/mol。气体分子的扩散活化能最多约为20kJ/mol，液体分子次之；固体中原子或离子的扩散活化能最高，一般高达800~1700kJ/mol。所以，除固体中原子或离子的扩散外，通常温度对化学反应速度的影响要比对传质速度的影响大得多。

通过分析传质和界面反应的活化能值的变化，可以初步判断多相反应过程中限制环节的变化情况。若界面化学反应为控制环节，其活化能一般应大于40kJ/mol；若扩散传质为控制环节，其活化能一般为4~13kJ/mol；而混合控制时，活化能一般为20~25kJ/mol。此外，由于传质和界面反应的活化能的大小不同，对于同一反应，有可能在低温下是化学反应控制，随着温度的提高，过程可转化为混合控制，在更高的温度下，过程又可变为扩散传质控制。在这种情况下，如果绘制速度常数的对数（$\ln k$）与温度的倒数（$1/T$）的关系图，在低温段和高温段可以分别回归得到斜率不同的两条直线，它们分别对应于高活化能的化学反应控制区和低活化能的扩散传质控制区。当然，在同一温度下的反应进行过程中，由于固体生成物层的生长，也可能导致限制环节由化学反应控制向生成物层内扩散控制的转变。

1.2.2.2 相间界面

不同相之间的界面性质、界面积的大小以及界面几何形状等都对反应速度有重要影响。

（1）界面的性质。相间反应中，界（表）面现象对反应速度有着极为重要的影响。这些现象包括界面张力、界面吸附、界面润湿性、界面电化学等。用这些现象可以说明乳浊液、悬浮液和泡沫液等分散体系的反应过程特点，也可以用以解释界面活性物质对界面反应的影响、熔体对耐火材料的渗透过程等。在包括有固体反应物的界面反应中，固体中的杂质、甚至固体的晶格结构都影响其反应速度。因此，界面性质对于确定过程的动力学机理具有重要意义。

（2）界面积和界面几何形状。由于反应是在不同相的界面上发生的，界面积的大小对相间反应速度的影响是显而易见的。大幅度增大反应界面积是许多冶金或化工反应器操作中强化过程的有效手段。冶金中的铁矿石流化床直接还原炉、煤的流化态气化炉、高炉风口喷煤粉或矿粉、喷粉脱硫铁水预处理以及钢包喷粉精炼等过程都是将固体反应物粉碎，使固体粉料在流态化或分散状态下实现增大反应界面积的实例；电渣重熔精炼、滴流法真空脱气、喷淋法处理冶金废气及许多雾化冶金操作过程则是利用使液体反应物滴状化、雾化或乳化以实现增大反应界面积的实例；氧气底吹或顶底复吹转炉、铜的吹炼转炉、RH真空脱气炉、吹氩钢包及 AOD 精炼炉等则是使气体反应物以鼓泡或喷射等形式增大反应界面积的实例。

界面的几何形状会对界面积的大小产生影响，从而成为影响反应过程的因素之一。例如，对于气－液或液－液相间反应，各种类型的搅拌都可能使界面的几何形状发生变化（液相表面波动），使反应界面积大于反应器的几何断面积，其增加程度与搅拌方式和搅拌强度有关。此外，对于有固体反应物的相间反应，固体颗粒的几何形状对过程进行速度的影响更大。例如，对于圆柱、球形或其他形状的团块颗粒，随着反应的进行，其反应界面积将不断减少；而对于平板或圆盘状固体，则可以认为反应过程中其反应界面积基本保持不变。

1.2.2.3 流体边界层

对于有流体相参加的相间反应（气－固反应、气－液反应、液－固反应、液－液反应），存在一个紧附于凝聚相表面的一薄层流体，称为边界层。流体相主体中的反应物分子必须经扩散通过该边界层才能到达界面进行反应，该边界层也称为有效边界层。对于互不相溶的液体与液体之间（液－液反应），可认为在界面两侧的液相中均存在液体边界层。

根据边界层（或称膜）理论，在这些有效边界层内，物质的传递靠分子扩散并服从菲克扩散定律。因此，边界层的厚度 δ，即扩散需要通过的距离将对这些传质过程的阻力有重要影响。

边界层厚度 δ 很大程度上取决于流体相的流动速度（严格意义上应为含流体相的两相间的相对速度），该速度越大，边界层越薄（δ 越小），相应的传质过程的阻力则越小。在冶金和化工过程中，利用上述原理强化操作的实例很多。例如，对于用溶液浸取矿物中有用成分的液固浸取反应，强化搅拌通常会使反应速度加快。对于气固反应，在气流速度较低，传质过程为控制环节时，增加气流速度也会使反应速度提高。但是，对于液相反应物浓度很高的液固反应或气流速度很高的气固反应体系，界面化学反应常成为过程的限制环节，在这种条件下，其综合反应速度不受流体流速及搅拌速度的影响。

1.2.2.4 固体产物特性

流体－固体间的冶金反应，如金属氧化、金属氧化物的气体还原、液固相间的置换沉淀和浸取反应等都是固体产物层（或残留惰性固体）从固体反应物表面形成并逐步生长的反应。固体产物的性质对过程的速度有相当大的影响。如果生成的是多孔且很疏松的固体产物层，则流体反应物可以方便地通过产物层的孔隙扩散到达反应界面，使反应持续进行。但是，随着固体产物层的致密程度和厚度的增加，流体反应物通过该层的扩散阻力会逐渐增大，反应速度也将随之降低。当反应产生非常致密的固体产物时，一旦固体产物层形成，则流体反应物很难通过该产物层进行扩散，反应的持续将仅借助于原子或离子在固体中的扩散，过程的总速度将大幅度降低，甚至导致反应实际上不能持续进行。

例如，铝的常温氧化会形成致密的氧化膜，可有效地防止铝的进一步氧化。在用金属 Fe 做还原剂将 Fe_2O_3 或 Fe_3O_4 还原为 FeO 的过程中，还原剂的还原势不足以将试样还原为金属 Fe，但能将其还原为低价氧化物，此时总的速度受 FeO 层中的离子扩散控制。在用 H_2 和 H_2O 的混合气体将 FeO 还原为 Fe 的研究中也曾发现脱氧速度受致密铁层中氧的扩散控制。

固体产物层的致密程度主要取决于固体反应物和相应固体产物的真实摩尔体积比（参见表 1－5）以及两者在反应过程中的结构变化情况。对结构变化的影响因素很多，例如在反应过程中，由于晶型转变而导致的膨胀或收缩从而引起的孔隙率变化、烧结或软化过程导致的空隙封闭等。此外，反应温度、固体反应物中的杂质或添加物甚至反应气体的组成等对固体产物层的致密程度都有影响。

假设反应中固体的总尺寸不发生变化，则通过简单的体积衡算可以计算出固体产物层的孔隙率。设体积为 V_T 的 1mol 固体反应物（孔隙率 $= \varepsilon_i$，真实摩尔体积 $= V_{si}$）转化为 Nmol 固体产物（孔隙率 $= \varepsilon_f$，真实摩尔体积 $= V_{sf}$），则由简单体积衡算可得

$$\frac{V_{si}}{1 - \varepsilon_i} = N \frac{V_{sf}}{1 - \varepsilon_f} = V_T \qquad (1-31)$$

整理得

$$\varepsilon_f = 1 - N(1 - \varepsilon_i) \frac{V_{sf}}{V_{si}} \qquad (1-32)$$

可见，生成固体产物的物质的量越多，固体产物和固体反应物的真实摩尔体积比越大，固体产物的空隙越小。表 1－5 给出了某些金属氧化物与对应金属的摩尔体积比，可供参考。

表 1－5 某些金属氧化物与对应金属的摩尔体积比（V_{MeO}/V_{Me}）

金属	Al	Zn	Ni	Cu	Cr	Fe	K	Na	Ca	Mg
氧化物	Al_2O_3	ZnO	NiO	Cu_2O	Cr_2O_3	Fe_2O_3	K_2O	Na_2O	CaO	MgO
比值	1.24	1.57	1.60	1.71	2.03	2.14	0.41	0.57	0.64	0.79

室温下，赤铁矿、磁铁矿、浮氏体和铁的比体积分别为 0.146、0.193、0.175 和

$0.127\mathrm{cm^3/g}$。因此，可以预料铁矿石在还原前期体积会膨胀，而在还原末期又会发生收缩。

1.2.2.5 准稳态假设

在一个多相复杂的反应过程中，若各个环节的速度经过相互制约和调整后，最终可达到各个环节的速度相等或近似相等，则称此状态为稳态或准稳态。在冶金宏观动力学的研究中，常利用准稳态假设（quasi steady state approximation）来简化多相复杂的反应过程。

例如，在气－固反应中，在边界层和固体产物层中气体反应物和产物均存在浓度梯度。在反应过程中，由于反应界面不断运动，在边界层和产物层中的浓度分布也随时间而变化。在边界层和产物层中，气体反应物 A 和气体产物 C 的浓度不仅是位置的函数，也是时间的函数，这就决定了这一反应体系在反应时的传质过程具有非稳态特性。然而，在建立数学模型时，若按非稳态方程求解在数学上比较困难和麻烦。

在气－固反应中，气体和固体具有很大的密度差。固体由结构紧密的晶体组成，密度高出稀疏气体上千倍。以水为例，1mol 水的蒸汽体积在标准状态下为 22.4L，而冰体积只有 $18\mathrm{cm^3}$，同一物质的固体密度比气体大 1244 倍。所以，在反应过程中，反应气体浓度的变化要比反应固体浓度的变化大得多，和气体反应物或产物在边界层及产物层中的传质速度相比，固体颗粒中反应界面的运动速度非常小，因此，就气相反应物和产物在边界层和产物层中的传质而言，反应界面可近似地看作是静止的。这样，气固反应时的传质过程就可以近似看作稳态过程，因而可以认为反应时气相传递物质在边界层和产物层孔隙内的积累量并不随时间而变化，且传质速度和反应速度经过相互制约和调整后，最终可达到相等或近似相等。于是在任一瞬间可以得出：

通过边界层的传质速度≈产物层内的扩散速度≈界面反应速度

这样在推导气－固反应动力学方程时，数学处理可以得到大大简化并能够确保所得到的解具有足够的精度。

本章符号列表

a：反应方程式中反应物 A 的化学反应计量系数

b：反应方程式中反应物 B 的化学反应计量系数

C：反应物（或产物）的浓度（$\mathrm{mol/m^3}$）

C_A：反应物 A 的浓度（$\mathrm{mol/m^3}$）

C_{A0}：反应物 A 的初始浓度（$\mathrm{mol/m^3}$）

C_{B0}：反应物 B 的初始浓度（$\mathrm{mol/m^3}$）

C_{Ae}：平衡时反应物 A 的浓度（$\mathrm{mol/m^3}$）

C_j：组分 j 的浓度（$\mathrm{mol/m^3}$）

e：反应方程式中反应产物 E 的化学反应计量系数

E：反应的活化能（$\mathrm{J/mol}$）

f：反应方程式中反应产物 F 的化学反应计量系数

k：反应速度常数（单位取决于反应级数）

k_1、k_2：分别为正、逆反应速度常数

k_0：频率因子（单位与 k 相同）

K：化学反应平衡常数

n：反应级数

N_j：（j = A，B，E，F）反应体系中组元 j 在反应过程中的量（mol）

N_{j0}：（j = A，B）反应体系中反应物 j 在反应初始时的量（mol）

N：固体产物的量（mol）

r_j：反应速度（mol/（m³·s）或 mol/（m²·s）或 mol/（kg·s），（j = A，B，E，F））

r：反应速度（mol/（m³·s））

R：气体常数（J/（mol·K））

S：相间界面积（m²）

t：反应进行的时间（s）

T：绝对温度（K）

V：反应体系的体积（m³）

V_{si}、V_{sf}：固体反应物及固体产物的真实摩尔体积（m³/mol）

V_{Me}、V_{MeO}：金属及其氧化物的真实摩尔体积（m³/mol）

V_T：固体反应物的摩尔体积（m³/mol）

W：固体的质量（kg）

X_{Ae}：平衡时反应物组分 A 的转化率

X_j：反应物组分 j 的转化率（j = A 或 B）

$\psi(C)$：含反应物浓度的某种函数

η_j：反应中组分 j 的化学计量系数

δ：边界层的厚度（m）

ε_i、ε_f：固体反应物及固体产物的孔隙率

思考与练习题

1-1　何谓冶金宏观动力学？它与传统的化学反应动力学有何区别和联系？

1-2　如何根据实际应用来表示化学反应速度？不同方式表达的化学反应速度之间有何关联？

1-3　化学反应速度方程式中的反应级数和活化能分别表示什么因素对反应速度的影响？

1-4　如何通过动力学实验来确定化学反应速度方程式中的动力学参数？

1-5　试分析利用积分法和微分法求解化学反应动力学参数的优缺点。

1-6　如何理解冶金多相反应的宏观动力学特征？

1-7　何谓反应过程的速度限制环节（控制步骤）？试举例说明同一反应体系中在不同条件下，速度限制环节发生变化的几种情况。

1-8　已知某一级反应进行到转化率为 30% 时，在 50℃ 条件下需 20min，而在 100℃ 条件下需要 5min。求该反应的活化能。

1-9　已知在一定温度下，渣中 FeO 被熔铁中碳还原，测得数据如下表所示。求还原反应的级数和速度常数。

$w(FeO)/\%$	20.00	11.50	9.35	7.10	4.40
时间/min	0	1.0	1.5	2.0	3.0

1-10　对于 A + 2B ——→ R 类型的反应,可以通过测定 A 的消失速度进行研究。下表是两次代表性实验结果,试确定反应的速度公式。

时间 t/min	第一次实验 [A 浓度/(mol/L)] $\times 10^3$ B 初始浓度 = 0.5(mol/L)	第二次实验 [A 浓度/(mol/L)] $\times 10^3$ B 初始浓度 = 0.25(mol/L)
0	1.00	1.00
4	0.75	0.87
8	0.56	0.75
12	0.42	0.65
16	0.32	0.56

2 气-固界面反应——缩核模型

在冶金过程中发生的许多气体与固体之间的反应（气-固反应）中，都有固体产物生成并且固体产物层包围着尚未反应的固体反应物，如金属的氧化、金属氧化物矿的气体还原、硫化物矿的氧化焙烧、石灰石和白云石的热分解以及含灰分煤的燃烧等。本章通过一个简单的气-固反应系统，即针对恒温条件下、总体积恒定的致密固体颗粒与气体间发生的、有产物层生成的一级不可逆气-固反应，介绍气-固反应动力学模型的建立及推导方法，最后推导出以微分形式及积分形式表现的反应速度表达式。

本章的主要目的是舍弃复杂繁琐的条件，在尽可能简单的气-固反应系统条件下引导读者熟悉气-固反应动力学模型的建立及推导方法，为其他复杂气-固反应的解析奠定基础。此外，对所得到的动力学方程进行分析、确定影响反应过程限制环节的因素及掌握反应过程限制环节的判断方法也是本章的重点内容之一。

2.1 模型的建立

以单个球形致密颗粒与气体间的反应为例，此类过程如图2-1所示。反应的通式为

$$A(g) + bB(s) \rightleftharpoons cC(g) + dD(s) \tag{2-1}$$

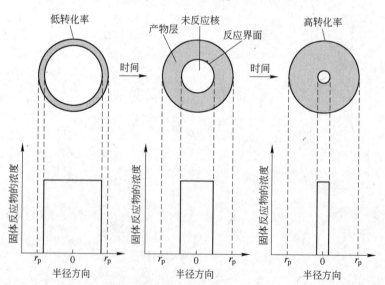

图2-1 有固体产物层生成的致密颗粒与气体间的反应模型（缩核模型）

可将致密的固体反应物视为无孔颗粒，所谓"无孔固体"或"致密固体"，是指可以不考虑气体在反应物固体内部的扩散，即反应仅局限在一个界面上。反应开始时仅在颗粒表面形成固体产物薄层且包围着未反应的固体反应物。如果固体产物层非常致密（如常温

下纯铝的氧化），气体反应物难以扩散通过该产物层与未反应的固体反应物接触，反应不能持续进行。这样，致密的产物层成为防止反应进一步进行的保护膜。但是对于金属氧化物矿的气体还原、硫化物矿的氧化焙烧、石灰石热分解及含灰分煤的燃烧等许多冶金反应，固体产物层较疏松，气体反应物可以扩散通过该产物层与未反应的固体反应物接触，且随着反应的持续进行，产物层厚度逐渐增加，被反应界面所包围的未反应的固体反应物核心随时间的增加而逐渐缩小直至消失，本节仅对后者进行讨论。

在此类反应中，虽然固体颗粒整体的大小可视为不变，但未反应的固体反应物核心却逐渐缩小，故针对这类反应的解析模型简称为缩核模型或未反应核模型。按此模型，式 (2-1) 所示的反应过程应包括以下串联进行的步骤：

（1）气体反应物 A 通过气体边界层向颗粒表面的扩散传质，又称外扩散或外传质；

（2）气体反应物 A 通过固体产物层向反应界面的扩散传质，又称内扩散或内传质；

（3）在反应界面上，A 与 B 发生反应，生成气体产物 C 和固体产物 D，反应界面向内部推移；

（4）气体产物 C 通过固体产物层向颗粒表面的扩散传质；

（5）气体产物 C 通过气体边界层向气流主体的扩散传质。

假定上述基元步骤（1）和（5）的速度可用同样的形式表示且在固体产物层内的气体扩散是等摩尔逆流扩散，则基元步骤（2）和（4）可简化为一个步骤。

下面以球形颗粒为例讨论三个主要基元步骤的速度表示方法。

（1）气膜内的传质。假定反应过程中单个球形颗粒的形状和体积都不变，则气体反应物 A 在气流主体与固体表面之间的传质速度 $N_{Ac}(mol/s)$ 为

$$N_{Ac} = 4\pi r_p^2 k_g (C_{Ab} - C_{As}) \tag{2-2}$$

式中，k_g 为 A 的传质系数，m/s；C_{Ab}、C_{As} 分别为 A 在气流主体及颗粒表面处的浓度，mol/m^3；r_p 为固体反应物的初始颗粒半径，m。

（2）产物层内的扩散。设 D_e 为 A 在产物层内的有效扩散系数，在产物层半径为 r 处 A 的浓度为 C_A，则气体反应物 A 通过固体产物层向反应界面的扩散速度 $N_{Ad}(mol/s)$ 可表示为

$$N_{Ad} = 4\pi r^2 D_e \frac{dC_A}{dr} = 定值 \tag{2-3}$$

随着反应的进行，产物层与未反应核心的界面向颗粒内部推移，因此这类反应的进行过程是非稳态的。但是一般情况下反应界面的移动速度比气体通过固体产物层的扩散速度低得多，气体反应物浓度也远小于固体反应物的摩尔密度，因此相对于气体反应物的扩散，反应界面的移动速度可以忽略不计。在任意较短的时间内，可以将过程的进行看成是稳态的，即所谓"拟稳态"或"准稳态"过程。在此假定下，任意时刻 A 通过固体产物层内各同心球面的扩散速度相等，将 N_{Ad} 作为定值，分离变量积分式 (2-3) 可得

$$N_{Ad} = 4\pi D_e \frac{C_{As} - C_{Ac}}{1/r_c - 1/r_p} \tag{2-4}$$

式中，r_c 为固体颗粒未反应核半径，m；C_{Ac} 为反应界面上 A 的浓度，mol/m^3。

（3）界面上的反应。在反应界面上以气体 A 的消耗来表示的一级不可逆化学反应速度 $N_{Ar}(mol/s)$ 可表示为

$$N_{Ar} = 4\pi r_c^2 k_r C_{Ac} \tag{2-5}$$

式中，k_r 为反应速度常数，m/s。

注意，在以上三个速度表达式中，速度的单位都取为（mol/s），而非一般通量表达式的单位（mol/($m^2 \cdot$ s）），这是下节在拟稳态假定下推导综合反应速度方程时所需要的。

2.2　综合反应速度方程

如果各基元步骤的阻力都不能忽略，在拟稳态假定下，串联的各基元步骤的速度会自动调节，可认为各基元步骤进行的速度相等。令 N_A 为以气体 A 的消耗表示的综合反应速度（mol/s），则有

$$N_A = N_{Ac} = N_{Ad} = N_{Ar} \tag{2-6}$$

将三个基元步骤的速度式（2-2）、式（2-4）和式（2-5）改写为

$$\begin{cases} \dfrac{N_A}{4\pi r_p^2 k_g} = C_{Ab} - C_{As} \\[3mm] \dfrac{N_A}{4\pi D_e/(1/r_c - 1/r_p)} = C_{As} - C_{Ac} \\[3mm] \dfrac{N_A}{4\pi r_c^2 k_r} = C_{Ac} \end{cases} \tag{2-7}$$

将式（2-7）中的三式相加，消去 C_{As} 和 C_{Ac} 项可导出

$$N_A = \frac{4\pi r_p^2 C_{Ab}}{\dfrac{1}{k_g} + \dfrac{r_p}{D_e}\left(\dfrac{r_p}{r_c} - 1\right) + \dfrac{1}{k_r}\left(\dfrac{r_p}{r_c}\right)^2} \tag{2-8}$$

可见，反应过程的总阻力是三个串联进行的基元步骤的阻力之和。若以 N_B（mol/s）表示单个球形固体颗粒 B 的转化速度，根据式（2-1）表示的化学反应计量系数，可得

$$N_A = \frac{N_B}{b} = -\frac{\rho_B}{b}\frac{d}{dt}\left(\frac{4\pi r_c^3}{3}\right) = -\frac{4\pi r_c^2 \rho_B}{b}\frac{dr_c}{dt} \tag{2-9}$$

式中，ρ_B 为固体反应物 B 的摩尔密度，mol/m^3。

将式（2-8）与式（2-9）联立可导出

$$-\frac{dr_c}{dt} = \frac{bC_{Ab}/\rho_B}{\dfrac{1}{k_g}\left(\dfrac{r_c}{r_p}\right)^2 + \dfrac{r_c}{D_e}\left(1 - \dfrac{r_c}{r_p}\right) + \dfrac{1}{k_r}} \tag{2-10}$$

式（2-10）即为一级不可逆气固反应缩核模型的综合速度微分方程。右侧的分子和分母分别是过程的总推动力和总阻力。可见，过程的总阻力是三个串联进行的基元步骤阻力之和，阻力具有加合性是串联进行的一级反应过程的普遍特性。

若假定 k_g 与 r_c 无关，则将式（2-10）分离变量并按 $t = 0$ 时，$r_c = r_p$ 初始条件积分，可得

$$t = \frac{\rho_B r_p}{bk_r C_{Ab}}\left[\left(1 - \frac{r_c}{r_p}\right) + \frac{k_r r_p}{6D_e}\left(1 - 3\frac{r_c^2}{r_p^2} + 2\frac{r_c^3}{r_p^3}\right) + \frac{k_r}{3k_g}\left(1 - \frac{r_c^3}{r_p^3}\right)\right] \tag{2-11}$$

转化率 X 与颗粒半径的关系为

$$X = 1 - \left(\frac{r_c}{r_p}\right)^3 \qquad (2-12)$$

将式（2-12）代入式（2-11），得

$$t = \frac{\rho_B r_p}{b k_r C_{Ab}}\left\{\left[1 - (1-X)^{1/3}\right] + \frac{k_r r_p}{6 D_e}\left[1 - 3(1-X)^{2/3} + 2(1-X)\right] + \frac{k_r}{3 k_g}X\right\} \qquad (2-13)$$

由式（2-11）和式（2-13）可计算反应时间 t 与反应程度 r_c 或转化率 X 的关系。完全转化（$X=1$）所需要的时间 t_c 为

$$t_c = \frac{\rho_B r_p}{b k_r C_{Ab}}\left(1 + \frac{k_r r_p}{6 D_e} + \frac{k_r}{3 k_g}\right) \qquad (2-14)$$

定义下列转化率函数、无因次时间、反应模数及准数：

（1）g 函数 $\qquad\qquad g(X) = 1 - (1-X)^{1/3} \qquad (2-15)$

（2）p 函数 $\qquad\qquad p(X) = 1 - 3(1-X)^{2/3} + 2(1-X) \qquad (2-16)$

（3）无因次时间 $\qquad\qquad t^* = \dfrac{t}{\dfrac{\rho_B r_p}{b k_r C_{Ab}}} \qquad (2-17)$

（4）模数及准数 $\qquad \begin{cases} \text{模数} \quad \sigma_s^2 = \dfrac{k_r r_p}{6 D_e} \\[2mm] \text{准数} \quad Sh^* = \dfrac{k_g r_p}{D_e} \end{cases} \qquad (2-18)$

则式（2-13）和式（2-14）可分别简化为下列形式

无因次反应时间： $\qquad t^* = g(X) + \sigma_s^2\left[p(X) + \dfrac{2X}{Sh^*}\right] \qquad (2-19)$

无因次完全转化时间： $\qquad t_c^* = 1 + \sigma_s^2\left(1 + \dfrac{2}{Sh^*}\right) \qquad (2-20)$

公式的无因次化是通过浓缩变量信息，达到揭示过程本质，从而获得一般性规律的有效手段。在这里，无因次时间的大小反映了进程的进行程度，它与转化率 X 具有相似的意义。式（2-19）及式（2-20）就是将这两个无因次同性变量联系起来的综合反应速度式。

式（2-19）及式（2-20）分别为无因次反应时间及无因次完全转化时间与转化率之间的关系式。其中，σ_s^2 表示固体产物层内扩散阻力与界面化学反应阻力相对大小的无因次数，Sh^* 是修正后的舍伍德准数，或简称为舍伍德数（所谓"修正后的"是指将其原定义式中的特征尺寸直径用半径来代替，同时加上标"$*$"以示区别），它表示固体产物层内的扩散阻力与气膜传质阻力的相对大小，可由其定义式看出。式（2-13）或式（2-19）的结果表明，固体达到一定转化率所需的时间等于串联的三个基元步骤分别为控制步骤时达到相同转化率时各自所需时间的加合，此即为时间的加合原理。

对式（2-12）两边微分并联立式（2-10），可得用颗粒 B 转化率的微分形式表达的综合速度方程式

$$\frac{\mathrm{d}X}{\mathrm{d}t} = -3\frac{1}{r_p}\left(\frac{r_c}{r_p}\right)^2\frac{\mathrm{d}r_c}{\mathrm{d}t} = 3\frac{1}{r_p}\left(\frac{r_c}{r_p}\right)^2\frac{b C_{Ab}/\rho_B}{\dfrac{1}{k_g}\left(\dfrac{r_c}{r_p}\right)^2 + \dfrac{r_c}{D_e}\left(1 - \dfrac{r_c}{r_p}\right) + \dfrac{1}{k_r}}$$

$$= \frac{3bC_{Ab}}{r_p \rho_B} \frac{1}{\frac{1}{k_g} + \frac{r_p}{D_e}\left(1 - \frac{r_c}{r_p}\right)\left(\frac{r_c}{r_p}\right)^{-1} + \frac{1}{k_r}\left(\frac{r_c}{r_p}\right)^{-2}} \tag{2-21}$$

整理得

$$\frac{dX}{dt} = \frac{3bC_{Ab}}{r_p \rho_B} \frac{1}{\left(\frac{1}{k_g} - \frac{r_p}{D_e}\right) + \frac{r_p}{D_e}(1-X)^{-1/3} + \frac{1}{k_r}(1-X)^{-2/3}} \tag{2-22}$$

颗粒 B 的转化速度 $N_B(\text{mol/s})$ 为

$$N_B = -\rho_B \frac{d}{dt}\left(\frac{4\pi r_c^3}{3}\right) = -\frac{4\pi}{3}\rho_B \frac{d}{dt}(r_c^3)$$

$$= -\frac{4\pi}{3}\rho_B \frac{d}{dt}\left[(1-X)r_p^3\right] \tag{2-23}$$

$$= \frac{4\pi}{3r_p^3}\rho_B \frac{dX}{dt}$$

将式 (2-22) 代入式 (2-23) 并整理得

$$N_B = \frac{4\pi r_p^2 bC_{Ab}}{\left(\frac{1}{k_g} - \frac{r_p}{D_e}\right) + \frac{r_p}{D_e}(1-X)^{-1/3} + \frac{1}{k_r}(1-X)^{-2/3}} \tag{2-24}$$

2.3　模数与转化率函数

为方便起见，在本节中将界面化学反应简称为"反应"，固体产物层内扩散简称为"扩散"，颗粒表面气膜传质简称为"传质"，与对应过程为控制环节时的相关时间变量的下脚标分别用"反"、"扩"、"传"表示，与对应过程为控制环节且完全转化时的时间变量则分别用下脚标"反完"、"扩完"、"传完"表示。

根据时间的加合原理，有

$$\begin{cases} t = t_{反} + t_{扩} + t_{传} \\ t_c = t_{反完} + t_{扩完} + t_{传完} \end{cases} \tag{2-25}$$

式中，等式左边为综合控制时所需的时间，等式右边三项分别为反应控制、扩散控制以及传质控制时达到相同转化率时所需的时间。

式 (2-25) 的两边各项分别对应式 (2-13)、式 (2-14) 的两边各项，即

$$\begin{cases} t_{反} = \frac{\rho_B r_p}{bk_r C_{Ab}}\left[1 - (1-X)^{1/3}\right] \\ t_{扩} = \frac{\rho_B r_p^2}{6bD_e C_{Ab}}\left[1 - 3(1-X)^{2/3} + 2(1-X)\right] \\ t_{传} = \frac{\rho_B r_p}{3bk_g C_{Ab}}X \end{cases} \tag{2-26}$$

$$t_{反完} = \frac{\rho_B r_p}{bk_r C_{Ab}}, \quad t_{扩完} = \frac{\rho_B r_p^2}{6bD_e C_{Ab}}, \quad t_{传完} = \frac{\rho_B r_p}{3bk_g C_{Ab}} \tag{2-27}$$

式（2-25）两边同时除 $t_{反完}$，得

$$\begin{cases} \dfrac{t}{t_{反完}} = \dfrac{t_{反}}{t_{反完}} + \dfrac{t_{扩}}{t_{反完}} + \dfrac{t_{传}}{t_{反完}} \\[3mm] \dfrac{t_c}{t_{反完}} = \dfrac{t_{反完}}{t_{反完}} + \dfrac{t_{扩完}}{t_{反完}} + \dfrac{t_{传完}}{t_{反完}} \end{cases} \quad (2-28)$$

即可得到以无因次形式表示的时间加合原理（加上角标" $*$ "以示区别）

$$\begin{cases} t^* = t_{反}^* + t_{扩}^* + t_{传}^* \\ t_c^* = t_{反完}^* + t_{扩完}^* + t_{传完}^* \end{cases} \quad (2-29)$$

式（2-29）的两边各项分别对应式（2-19）、式（2-20）的两边各项，即反应控制、扩散控制及传质控制时的无因次时间可分别表示为

$$t_{反}^* = g(X), \quad t_{扩}^* = \sigma_s^2 p(X), \quad t_{传}^* = \sigma_s^2 \frac{2X}{Sh^*} \quad (2-30)$$

$$t_{反完}^* = 1, \quad t_{扩完}^* = \sigma_s^2, \quad t_{传完}^* = \sigma_s^2 \frac{2}{Sh^*} \quad (2-31)$$

2.3.1 模数的意义——扩散时间与反应时间之比

当扩散控制且完全转化时，$p(X) = 1$，则由式（2-31）可得

$$\sigma_s^2 = t_{扩完}^* = \frac{t_{扩完}}{t_{反完}} \quad (2-32)$$

式中，$t_{扩完}$、$t_{扩完}^*$ 分别表示扩散控制时完全转化的实际时间及无因次时间。可见，模数 σ_s^2 为扩散控制时以无因次形式表示的完全转化时间，即扩散控制时的完全反应时间与反应控制时的完全反应时间之比（或者说，σ_s^2 是一个时间的比值，这个比值的分子是扩散单独控制时的完全反应时间，分母是反应单独控制时的完全反应时间），这就是模数 σ_s^2 的意义所在。σ_s^2 越大，则表示扩散所需时间越长，扩散阻力相对于反应阻力越大。从时间角度对 σ_s^2 的解析与前面所述" σ_s^2 是表示固体产物层内扩散阻力和界面化学反应阻力相对大小的无因次数"的实质是一致的。

其实，对于修正后的舍伍德数也可以从时间角度来理解。由式（2-31）可知：

$$Sh^* = 2\frac{t_{扩完}^*}{t_{传完}^*} = 2\frac{t_{扩完}}{t_{传完}} \quad (2-33)$$

可见，Sh^* 越大，则表示扩散所需时间相对传质所需时间越长，即扩散阻力相对于传质阻力越大，这与前述"表示固体产物层内的扩散阻力与气膜传质阻力的相对大小"的实质是一致的。模数（modulus）、准数（criterion）都是过程性质的一个判断标准。在这里，就是过程控制环节的一个判断指标。

2.3.2 转化率函数的实质——无因次时间

联立式（2-30）及式（2-31）两组公式中的第二个可得

$$p(X) = \frac{t_{扩}^*}{t_{扩完}^*} = \frac{t_{扩}}{t_{扩完}} = t_{扩}^+ \quad (2-34)$$

可见，转化率函数 $p(X)$ 是扩散控制时的无因次时间，但此无因次时间不同于前面所

定义的带上角标"*"的无因次时间。前者中的分母是反应控制时的完全反应时间，而式（2-34）所表示的无因次时间的分母则是实际控制过程的完全反应时间（这里为扩散控制）。为区别起见，后者用上角标"+"表示。

由式（2-30）可见，转化率函数 $g(X)$ 是反应控制时的无因次时间 $t_反^*$，由于实际控制过程就是反应控制过程，故 $t_反^* = t_反^+$。也可联立式（2-30）及式（2-31）两组公式中的第一个，得到相同结果，即

$$g(X) = \frac{t_反^*}{t_{反完}^*} = \frac{t_反}{t_{反完}} = t_反^* = t_反^+ \tag{2-35}$$

同理，联立式（2-30）及式（2-31）两组公式中的第三个可得

$$X = \frac{t_传^*}{t_{传完}^*} = \frac{t_传}{t_{传完}} = t_传^+ \tag{2-36}$$

即转化率 X 代表了传质控制时的无因次时间。

2.3.3 两种无因次时间——t^* 和 t^+

无因次时间是实际反应时间与一个时间参照值的比值。当参照值为化学反应控制时的完全转化时间（式（2-17）的分母，即 $t_{反完}$）时，用 t^* 表示；当参照值为实际完全转化时间（t_c）时，用 t^+ 表示。即

$$t^* = \frac{实际反应时间}{反应控制时完全转化时间} = \frac{t}{t_{反完}} \tag{2-37}$$

$$t^+ = \frac{实际反应时间}{实际控制过程完全转化反应时间} = \frac{t}{t_c} \tag{2-38}$$

其中，式（2-38）中的分母，即实际完全转化反应时间的限制环节可以是任意的（综合控制时为 t_c，反应控制时为 $t_{反完}$，扩散控制时为 $t_{扩完}$，传质控制时为 $t_{传完}$）。当反应为限制环节时 $t^+ = t^* = g(X)$，而当其他过程为限制环节时 $t^+ \neq t^*$。t^+ 是真正意义上的无因次时间（即当转化完全时，其值为1），而 t^* 只具有数学意义。对综合控制过程，时间 t^*、t、t_c 具有加合性，或者反过来说，正是为了实现时间的加合性才这样定义了 t^*。但对于 t^+，由于所选的参照值不同，不能简单地应用这种加合关系，即对综合控制过程，$t^+ \neq g(X) + p(X) + X$，引出 t^+ 的目的在于理解转化率函数 $g(X)$、$p(X)$ 及 X。所以，转化率函数的实质是无因次时间，但这个无因次时间是以式（2-38）的形式定义的，与式（2-37）定义的形式不同，仅当化学反应控制时二者一致，即式（2-37）是式（2-38）的一个特例，后者包含了前者。

其实，将式（2-28）中的第一组等式进行变形，也可验证以上的分析结果。对此等式右边的第二项乘 $t_{扩完}/t_{扩完}$，第三项乘 $(t_{扩完}/t_{扩完})(t_{传完}/t_{传完})$，得

$$\frac{t}{t_{反完}} = \frac{t_反}{t_{反完}} + \frac{t_{扩完}}{t_{反完}}\frac{t_扩}{t_{扩完}} + \frac{t_{扩完}}{t_{扩完}}\frac{t_{传完}}{t_{传完}}\frac{t_传}{t_{反完}} \tag{2-39}$$

即

$$\frac{t}{t_{反完}} = \frac{t_反}{t_{反完}} + \frac{t_{扩完}}{t_{反完}}\frac{t_扩}{t_{扩完}} + \frac{t_{扩完}}{t_{反完}}\frac{t_{传完}}{t_{扩完}}\frac{t_传}{t_{传完}} \tag{2-40}$$

整理得

$$\frac{t}{t_{反完}} = \frac{t_{反}}{t_{反完}} + \frac{t_{扩完}}{t_{反完}}\left(\frac{t_{扩}}{t_{扩完}} + \frac{t_{传}}{t_{传完}}\bigg/\frac{t_{扩完}}{t_{传完}}\right) \tag{2-41}$$

将式（2-41）与式（2-19）对比，即可确认综合反应速度方程中各项的意义，如下式所示。

$$\frac{t}{t_{反完}} = \frac{t_{反}}{t_{反完}} + \frac{t_{扩完}}{t_{反完}}\left(\frac{t_{扩}}{t_{扩完}} + \frac{t_{传}}{t_{传完}}\bigg/\frac{t_{扩完}}{t_{传完}}\right)$$

$$\downarrow \qquad \downarrow \qquad \downarrow \qquad \downarrow \qquad \downarrow \qquad \downarrow$$

$$t^* = g(X) + \sigma_s^2[p(X) + X/(Sh^*/2)] \tag{2-42}$$

2.4 转化率与时间及反应速度的关系

2.4.1 转化率与时间的关系

各基元环节的阻力分数（即对应项的时间分数）不仅取决于各自的速度参数（k_r，D_e 和 k_g），而且受固体颗粒半径及达到的转化率的影响。这意味着随着反应过程的进行，阻力分数甚至限制环节都可能发生变化。根据前面推导所得到的综合反应速度方程及加合性原理，可得到反应在不同独立控制条件下的无因次及有因次的反应速度方程式（或反应进度与时间的关系式），当然也可在各自独立控制条件下采用上述同样推导方法获得相同结果。时间（t 与 t^*）与转化率 X 的关系式总结结果列于表 2-1 中，完全转化所需时间 t_c 以及 t^+ 与 X 的关系式见表 2-2，t^+ 与 X 的关系如图 2-2 所示。

表 2-1 有产物层生成条件下时间与反应进度的关系（t 与 t^*）

限制环节	有因次时间（t）	无因次时间（t^*）
综合	$t = \dfrac{\rho_B r_p}{bk_r C_{Ab}}\left\{[1-(1-X)^{1/3}] + \dfrac{k_r r_p}{6D_e}[1-3(1-X)^{2/3} + 2(1-X)] + \dfrac{k_r}{3k_g}X\right\}$	$t^* = g(X) + \sigma_s^2\left[p(X) + \dfrac{2X}{Sh^*}\right]$
反应	$t = t_{反} = \dfrac{\rho_B r_p}{bk_r C_{Ab}}[1-(1-X)^{1/3}]$	$t^* = t_{反}^* = g(X)$
扩散	$t = t_{扩} = \dfrac{\rho_B r_p^2}{6bD_e C_{Ab}}[1-3(1-X)^{2/3} + 2(1-X)]$	$t^* = t_{扩}^* = \sigma_s^2 p(X)$
传质	$t = t_{传} = \dfrac{\rho_B r_p}{3bk_g C_{Ab}}X$	$t^* = t_{传}^* = \sigma_s^2 \dfrac{2X}{Sh^*}$
加合性	$t = t_{反} + t_{扩} + t_{传}$	$t^* = t_{反}^* + t_{扩}^* + t_{传}^*$

表 2-2 有产物层生成条件下时间与反应进度的关系（t_c 与 t^+）

限制环节	有因次完全转化时间（t_c）	无因次时间（t^+）
综合	$t_c = \dfrac{\rho_B r_p}{bk_r C_{Ab}} + \dfrac{\rho_B r_p^2}{6bD_e C_{Ab}} + \dfrac{\rho_B r_p}{3bk_g C_{Ab}}$	$t^+ = t/t_c$

限制环节	有因次完全转化时间（t_c）	无因次时间（t^+）
反应	$t_c = t_{反完} = \dfrac{\rho_B r_p}{b k_r C_{Ab}}$	$t^+ = t_{反}^+ = g(X) = t^*$
扩散	$t_c = t_{扩完} = \dfrac{\rho_B r_p^2}{6 b D_e C_{Ab}}$	$t^+ = t_{扩}^+ = p(X)$
传质	$t_c = t_{传完} = \dfrac{\rho_B r_p}{3 b k_g C_{Ab}}$	$t^+ = t_{传}^+ = X$
加合性	$t_c = t_{反完} + t_{扩完} + t_{传完}$	$t^+ \ne t_{反}^+ + t_{扩}^+ + t_{传}^+$

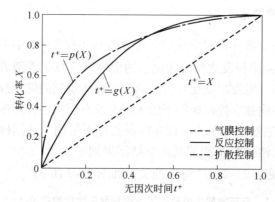

图 2 - 2　缩核模型中转化率（X）与无因次时间（t^+）间的关系

根据表 2 - 1 及表 2 - 2，将综合控制过程时 t 及 t_c 的表达式代入到 t^+ 的定义式中，得

$$t^+ = \frac{t}{t_c} = \frac{\dfrac{\rho_B r_p}{b k_r C_{Ab}} \left\{ \left[1 - (1 - X)^{1/3} \right] + \dfrac{k_r r_p}{6 D_e} \left[1 - 3(1 - X)^{2/3} + 2(1 - X) \right] + \dfrac{k_r}{3 k_g} X \right\}}{\dfrac{\rho_B r_p}{b k_r C_{Ab}} + \dfrac{\rho_B r_p^2}{6 b D_e C_{Ab}} + \dfrac{\rho_B r_p}{3 b k_g C_{Ab}}}$$

$$(2 - 43)$$

整理得

$$t^+ = 1 - \frac{\dfrac{1}{3}(1 - X)\left(\dfrac{1}{k_g} - \dfrac{r_p}{D_e} \right) + \dfrac{r_p}{2 D_e}(1 - X)^{2/3} + \dfrac{1}{k_r}(1 - X)^{1/3}}{\dfrac{1}{k_r} + \dfrac{r_p}{6 D_e} + \dfrac{1}{3 k_g}}$$

$$(2 - 44)$$

无因次的完全转化时间 t_c^+、t_c^* 在不同条件下，结果有所不同（时间变量 t 的下标 "c" 表示完全反应之意，上标 "+"、"*" 分别表示两种不同的无因次标准）。完全转化时，无因次时间 t_c^+ 在三种限制环节控制条件下都恒等于 1，即

$$t_c^+ = t/t_c = t_c/t_c = 1 \qquad (2 - 45)$$

而对于 t_c^*，仅当化学反应控制时为 1，即

$$t_c^* = g(X) = 1 \qquad (2 - 46)$$

无因次的完全转化时间 t_c^+、t_c^* 在各个限制环节条件下的取值情况列于表2-3中。

表2-3 有产物层生成条件下无因次完全反应时间（t_c^* 与 t_c^+）

限制环节	无因次完全转化时间（t_c^*）	无因次完全转化时间（t_c^+）
综合	$t_c^* = 1 + \sigma_s^2 \left(1 + \dfrac{2}{Sh^*} \right)$	$t_c^+ = 1$
反应	$t_c^* = t_{反完}^* = 1$	$t_c^+ = t_{反完}^+ = 1$
扩散	$t_c^* = t_{扩完}^* = \sigma_s^2$	$t_c^+ = t_{扩完}^+ = 1$
传质	$t_c^* = t_{传完}^* = \dfrac{2\sigma_s^2}{Sh^*}$	$t_c^+ = t_{传完}^+ = 1$
加合性	$t_c^* = t_{反完}^* + t_{扩完}^* + t_{传完}^*$	$t^+ \neq t_{反完}^+ + t_{扩完}^+ + t_{传完}^+$

2.4.2 转化率与反应速度的关系

在以上分析及推导过程中，反应速度方程既有微分形式，也有积分形式，这两种形式都是很重要的。表2-1~表2-3中所列的都是动力学速度积分式（有因次及无因次），动力学积分式在工程上是很有用的，它可以预测在一定反应条件下转化率和时间的关系。其实，在工程上动力学微分式也是很重要的。例如，在工业反应器中，气相反应物浓度、固相转化率和反应温度一般不是恒定的，或是随时间而变化，或是随反应器中的位置而变化，故有必要将不同状态下反应的瞬时速度加以关联，以对操作过程进行解析，进而评价反应器中反应进行的好坏。另外，根据动力学微分方程式所表达的反应速度特性，可提出在反应器中气相反应物浓度、固相转化率和反应温度的合理分布，为选择流程、反应器类型和进行反应器的设计提供动力学依据。以下，针对本章所定义的简单气固反应体系，对固体颗粒转化率与反应速度之间的关系进行分析。

将综合反应速度积分式，即式（2-19）对无因次时间求导并取倒数，可得到反应速度的微分式，即

$$\frac{\mathrm{d}X}{\mathrm{d}t^*} = \left\{ g'(X) + \sigma_s^2 \left[p'(X) + \frac{2}{Sh^*} \right] \right\}^{-1} \tag{2-47}$$

式中，$g'(X)$、$p'(X)$ 分别为 $g(X)$ 和 $p(X)$ 对 X 的导数。

将 $g(X)$ 和 $p(X)$ 与 X 的关系，即式（2-15）、式（2-16）求导后代入式（2-47）中，并忽略外扩散阻力，得

$$\frac{\mathrm{d}X}{\mathrm{d}t^*} = \left\{ \frac{1}{3}(1-X)^{-2/3} - 2\sigma_s^2 \left[1 - (1-X)^{-1/3} \right] \right\}^{-1} \tag{2-48}$$

由上式可见，反应速度是转化率 X 的函数，即反应速度随固相转化率的变化而变化。无因次反应速度与转化率的关系如图2-3所示。

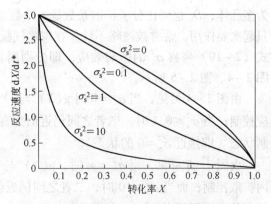

图2-3 球形颗粒反应速度与转化率的关系

　　由图 2 – 3 可知，反应速度随转化率的升高而降低，特别是当内扩散阻力较大（σ_s^2 较大）时，这种现象更加明显。在高转化率时反应速度很低，这一动力学特性常常决定了气固反应需采用逆流性能良好的设备，这样既可以保证产品出口处有较为剧烈的反应条件，又可以尽可能地降低尾气中气体反应物的浓度。

2.5　过程限制环节的推断

2.5.1　利用转化时间与颗粒半径间的关系推断

　　由表 2 – 1 及表 2 – 2 中的公式可知，界面化学反应为过程限制环节时，固体 B 达到一定转化率所需的时间与颗粒半径成正比（即反应速度与颗粒的半径成反比）；固体产物层内扩散为限制环节时，固体 B 达到一定转化率所需的时间与颗粒半径的平方成正比（即反应速度与颗粒半径的平方成反比）；当气体边界层传质为限制环节时，由于 k_g 是 r_p 的函数，固体 B 达到一定转化率所需时间与颗粒半径呈现复杂关系，不能简单判断。总之，粒度越大，则反应速度越小。尤其当内扩散控制时，粒度对反应速度的影响是一个极为敏感的因素。当化学反应阻力和内扩散阻力同时控制反应速度时，达到一定转化率所需的时间为二者单独控制的时间之和，因此粒度效应为颗粒半径的 1 ~ 2 次方之间。

　　对于气体边界层传质为限制环节的情况，当气流速度和颗粒尺寸均很小时，由于 $k_g = D/r_p$（D 为气体的分子扩散系数），固体 B 达到一定转化率所需的时间与颗粒半径的平方成正比。当气流速度和颗粒尺寸很大，从而雷诺数 Re 很大时，k_g 近似与 r_p 的 0.5 次方成反比。这种条件下，固体 B 达到一定转化率所需的时间与 r_p 的 1.5 次方成正比。

　　因此，通过测定不同粒径固体颗粒达到一定转化率所需要的时间 $t(X)$，可判断过程的限制环节。时间 $t(X)$ 与颗粒半径 r_p 的比例关系可写为 $t(X) \propto r_p^\alpha$，其中 α 值对应反应控制、产物层扩散控制及气膜传质控制时的值分别为 1、2 及（1.5 ~ 2）。

2.5.2　根据准数或模数值的大小推断

　　如前所述，当产物层扩散为限制环节且转化率 $X = 1$ 时，$p(X) = 1$，则完全转化无因次时间 $t^* = \sigma_s^2 p(X) = \sigma_s^2$。可见，$\sigma_s^2$ 越大则表明完全转化无因次时间越长，即产物层扩散的影响也越大，故可以用 σ_s^2 值来确定反应过程的限制环节。一般条件下，即使固体产物为多孔体，D_e 也要比分子扩散系数低一个数量级，所以 Sh^* 是相当大的，即气膜传质阻力只起次要作用，常常被忽略不计。在忽略气膜传质阻力（外扩散阻力）的情况下，可利用式（2 – 19）考察 σ_s^2 的影响效应，即分别用 $g(X)$ 对 t^* 和 $p(X)$ 对 t^*/σ_s^2 作图，结果如图 2 – 4、图 2 – 5 所示。

　　由图 2 – 4 可见，当 $\sigma_s^2 = 0$ 时 $g(X)$ 与 t^* 为严格的直线关系，即过程为真正的化学反应控制；当 $\sigma_s^2 \leqslant 0.1$ 时，二者之间仍近似为直线关系（稍有偏离），过程接近化学反应控制状态（即接近 $\sigma_s^2 = 0$ 的状态）。

　　由图 2 – 5 可见，当 $\sigma_s^2 = \infty$ 时，$p(X)$ 与 t^*/σ_s^2 为严格的直线关系，即过程为真正的内扩散控制；而当 $\sigma_s^2 \geqslant 10$ 时，二者之间仍近似为直线关系（稍有偏离），过程接近内扩散控制状态（即接近 $\sigma_s^2 = \infty$ 的状态）。

当 $0.1 < \sigma_s^2 < 10$ 时，可认为两种阻力同时控制反应速度，即混合控制。所以可以利用反应模数 σ_s^2 的这两个边界值来推断反应过程的控制机理。需要指出的是，即使是混合控制，图 2-4 和图 2-5 中所呈现的曲线关系并不十分明显，尤其是在某一段时间范围内更容易被认为是直线关系。

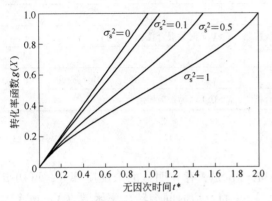 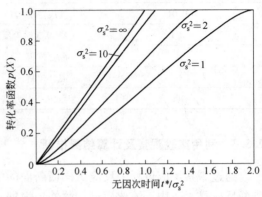

图 2-4　反应模数逐渐减小时控制环节的变化　　图 2-5　反应模数逐渐增大时控制环节的变化

在忽略外扩散阻力的情况下，也可以利用反应速度的微分式即式（2-47）来分析 σ_s^2 对反应控制环节的影响。在一定温度条件下定义固体的有效因子 E^* 如下

$$E^* = \frac{\text{固体颗粒的实际反应速度}}{\text{无扩散阻力条件下固体颗粒的反应速度}} \tag{2-49}$$

将式（2-47）代入到式（2-49）中得

$$E^* = \frac{g'(X)}{g'(X) + \sigma_s^2 p'(X)} \tag{2-50}$$

可利用 E^* 值来推断过程的控制环节。例如，当 $E^* \geqslant 0.95$ 时可认为是化学反应控制，当 $E^* \leqslant 0.05$ 时可认为是扩散控制，当 $0.05 < E^* < 0.95$ 时可认为是两种阻力同时控制反应速度，即混合控制。在几种反应模数 σ_s^2 条件下，转化率与有效因子 E^* 之间的关系如图 2-6 所示。由图可见，当 $0.1 < \sigma_s^2 < 10$ 时，同样可以得到混合控制的结论。当然，如果严格按照以上的标准，当 $\sigma_s^2 = 0.1$ 时，仅当转化率 $X > 0.3$ 时，才是混合控制。五种模数条件下的计算分析结果见表 2-4。

从图 2-6 中还可看到，除了反应末期

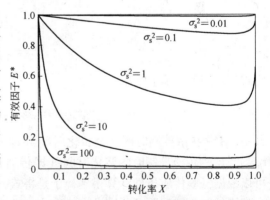

图 2-6　球形颗粒有效因子 E^*
与转化率 X 的关系

外，有效因子 E^* 随转化率的增大而降低，尤其在反应初期最为明显。当 σ_s^2 值较大时，高转化率处固体的反应性能大大降低，这正是扩散阻力的影响结果，说明固体的反应性能与产物层的宏观结构有密切关系。

其实，$g'(X)$ 代表了化学反应阻力，$\sigma_s^2 p'(X)$ 则代表了内扩散阻力。所以有效因子 E^* 是化学反应阻力占全部阻力（反应阻力 + 扩散阻力）的分数（见式（2-50））。E^* 越大

则化学反应控制所占的份额越大，反之 E^* 越小则扩散控制所占的份额越大。式（2-49）
与式（2-50）其实是同一个公式，但可以从不同的角度来理解。

表2-4　反应模数对反应控制环节的影响

反应模数（σ_s^2）	反应控制环节
0.01	反应控制
0.1	$X \leqslant 0.3$ 时为反应控制，$X > 0.3$ 时为混合控制
1	混合控制
10	混合控制
100	$X \leqslant 0.1$ 时为混合控制，$X > 0.1$ 时为扩散控制

2.5.3　利用实验观察及计算结果推断

通过观察反应过程中反应试样横断面的中心部位是否存在明显的未反应部分，可初步
判断反应是否适用于缩核模型。此外，根据表2-1将反应时间与转化率函数（X，$g(X)$，
$p(X)$）作图（即根据 $t = t^+ \times t_c$，将 t 对 t^+ 作图），如果是直线关系，则可初步判断过程的
限制环节，并可通过直线的斜率和截距计算其他参数。所得直线应该是过原点的直线，且
直线的斜率为 t_c，其中包含了相应过程的动力学参数，即反应速度常数、扩散系数及传质
系数等。

也可根据单独限制环节的实验结果，分别求取 k_r 和 D_e。如定义

$$\begin{cases} t_1 = \dfrac{\rho_B r_p}{3 b k_g C_{Ab}} X \\[2mm] A = \dfrac{\rho_B r_p^2}{6 b D_e C_{Ab}} \\[2mm] B = \dfrac{\rho_B r_p}{b k_r C_{Ab}} \end{cases} \qquad (2-51)$$

则式（2-13）可改写为

$$\frac{t - t_1}{g(X)} = A[3g(X) - 2g^2(X)] + B \qquad (2-52)$$

式中，A 为扩散控制时的完全转化时间（即 $t_{扩完}$），B 为反应控制时的完全转化时间（即
$t_{反完}$），t_1 为传质控制时的转化时间（即传质控制时的完全转化时间×转化率）。通常，t_1
可以根据气膜传质条件计算得到，于是将式（2-52）的等号左侧与右侧中括号内项作图，
由直线的斜率和截距可分别求出 A 和 B，进而求得 k_r 和 D_e。

在实验过程中，可以通过提高气流速度的方法，尽可能削弱气体通过边界层外传质步
骤的影响，使气固反应处于气体通过固态产物层扩散步骤和界面化学反应步骤共同控制，
这时 t_1 很小可将其忽略。但需注意，由于在反应初期，固态产物层很薄，内扩散阻力很
小，气体通过边界层的传质阻力不可忽略，在这种情况下若忽略 t_1，则实验点可能会偏离
直线。

大量实验结果表明，最好用实验中期所得的结果代入式（2-52）中来确定动力学参
数。当反应至后期转化率较大时（例如转化率 $X > 85\%$），则界面模型可能不再适用，这

时式（2-52）可能不再成立。

2.5.4 考察过程机理时的注意点

如前所述，即使 σ_s^2 值为 0.5、1、2 时（混合控制），$g(X)$ 对 t^* 以及 $p(X)$ 对 t^*/σ_s^2 仍呈现出良好的线性关系（见图 2-4、图 2-5）。所以，仅根据实验数据，将 $g(X)$ 对 t 作图或将 $p(X)$ 对 t 作图，若呈直线关系就认为是反应控制或扩散控制是不妥的。换言之，若过程是反应控制或扩散控制，则将 $g(X)$ 对 t 作图或将 $p(X)$ 对 t 作图一定会呈直线关系这个结论是正确的，但反过来推论则不一定成立。$g(X)$ 对 t^* 以及 $p(X)$ 对 t^*/σ_s^2 所呈现的对直线关系的微小偏离很难用实际实验数据体现出来，往往被实验误差所掩盖。因此，在实际判断反应机理时，应辅以其他验证手段，诸如反应式样的显微形态观察、部分反应颗粒的截面磨片的显微观察、粒度效应、压力和温度效应等。

温度对反应速度的影响较为复杂，在不同反应机理的情况下，其影响程度不同。当化学反应控制时，由于温度对反应速度常数是比较敏感的，因此随反应温度的升高，反应速度明显加快，通常测得的表观活化能为 40kJ/mol 以上。当内扩散控制时，提高温度对加快反应速度也是有利的，但是，由于温度对有效扩散系数的影响较小，因此，温度对反应速度的影响不如化学反应控制时那样敏感，一般测出的反应表观活化能在 40kJ/mol 以下。一般条件下，仅依靠改变温度很难确定过程真正的控制环节或反应机理，应辅以其他手段进行综合判断。

例题 2-1

硫化锌的氧化反应可表示为：$3O_2 + 2ZnS = 2SO_2 + 2ZnO$，将半径为 0.85cm 的球形固体硫化锌颗粒放入 101325Pa、903.2K 的空气中进行氧化反应，结果如下表所示。根据缩核模型推断反应过程的限制环节，并计算反应完全所需时间及反应速度常数。已知固体颗粒的密度为 0.04238mol/cm³。

反应时间 t/s	660	1380	2460	3900	5640	6540
转化率 X	0.169	0.341	0.552	0.756	0.903	0.959
$g(X)$	0.060	0.130	0.235	0.375	0.541	0.655
$p(X)$	0.010	0.046	0.140	0.317	0.561	0.725

解：

与式（2-1）比较可知，计量系数 $b = 2/3$。以反应时间为横坐标、表中其他三行数据为纵坐标作图，结果如图 2-7 所示。由于反应时间对 $g(X)$ 的关系近似为通过原点的直线，所以可判断过程是界面化学反应控制。

经计算得知此直线方程为 $\qquad g(X) = 9.77 \times 10^{-5} t$

即 $$t = \frac{1}{9.77 \times 10^{-5}} g(X)$$

所以完全反应所需时间为 $$t_c = \frac{1}{9.77 \times 10^{-5}} = 10235(\text{s}) = 2.84(\text{h})$$

氧的浓度为 $$C_{Ab} = \frac{P_{Ab}}{RT} = \frac{0.21 \times 101325}{8.314 \times 903.2} = 2.834(\text{mol/m}^3)$$

此外
$$r_p = 0.85(\text{cm}) = 8.5 \times 10^{-3} \ (\text{m})$$
$$\rho_B = 0.04238(\text{mol/cm}^3) = 4.238 \times 10^4(\text{mol/m}^3)$$

因为
$$t_c = \frac{\rho_B r_p}{b k_r C_{Ab}}$$

所以，$k_r = \dfrac{1}{t_c} \dfrac{\rho_B r_p}{b C_{Ab}} = \dfrac{(9.77 \times 10^{-5})(4.238 \times 10^4)(8.5 \times 10^{-3})}{(2/3)(2.833)} = 1.86 \times 10^{-2}(\text{m/s})$

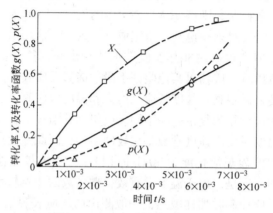

图 2-7　气固反应限制环节的确定

例题 2-2

在某气体与固体间的反应中，针对三种半径不同的固体颗粒，测定了参加反应的固体原料中反应率为50%时的反应时间 $t_{1/2}(\text{min})$，如下表所示。假设反应遵循界面反应模型，试确定反应的限制环节以及三种固体颗粒完全反应时间 t_c，已知气体在固体表面的外传质阻力可忽略不计。

颗粒半径 r_p/mm	0.5	1	1.5
$t_{1/2}$/min	1.25	2.5	3.75

解：

（1）扩散控制。假设过程的限制环节为气体在产物层中的扩散，则
$$t_{1/2} = t_{1/2}^+ t_c = p(0.5) t_c = p(0.5) \frac{\rho_B r_p^2}{6 b D_e C_{Ab}} \propto r_p^2$$

式中，$t_{1/2}^+$、$p(0.5)$ 分别为转化率 X 为50%时的无因次时间和转化率函数。

所以，对三种固体颗粒，$t_{1/2}/r_p^2$ 应该为定值。但根据表中数据计算可知：
$$1.25/(0.5)^2 = 5, \quad 2.5/(1)^2 = 2.5, \quad 3.75/(1.5)^2 = 1.67$$
可见，本假设不成立。

（2）反应控制。假设过程的限制环节为气固界面反应，则
$$t_{1/2} = t_{1/2}^+ t_c = g(0.5) t_c = g(0.5) \frac{\rho_B r_p}{b k_r C_{Ab}} \propto r_p$$

所以，对三种固体颗粒，$t_{1/2}/r_p$ 应该为定值，根据表中数据计算可知：
$$1.25/0.5 = 2.5, \quad 2.5/1 = 2.5, \quad 3.75/1.5 = 2.5$$

可见，本假设成立。

在气固界面反应为限制环节条件下，完全反应时间可由下式计算

$$t_c = \frac{t_{1/2}}{g(0.5)} = \frac{t_{1/2}}{1 - (1 - 0.5)^{1/3}} = 4.847 t_{1/2}$$

计算结果如下表所示。

颗粒半径 r_p/mm	0.5	1	1.5
t_c/min	6.06	12.1	18.2

2.6 固体颗粒形状的广义化

2.6.1 广义半径及形状系数

对于一般形状的固体颗粒，可令颗粒几何中心到颗粒表面的距离为 r_p（初始广义半径）、过程进行到 t 时刻时颗粒几何中心到反应界面的距离为 r_c（变化后的广义半径）。则广义半径 r_p 可由下式求得

$$r_p = F_p \frac{V_p}{A_p} \tag{2-53}$$

式中，F_p 为固体颗粒的形状系数；A_p、V_p 分别表示颗粒的初始外表面积和体积。

为计算方便起见，可将固态试样按其形状划分为三类：

（1）无限大平板状（薄平板形颗粒）。在反应过程中试样的长和宽保持不变，反应界面仅沿厚度方向一维收缩；

（2）无限长圆柱体（长圆柱形颗粒）。在反应过程中长度保持不变，反应界面沿径向二维收缩；

（3）球体（球形颗粒）。在反应过程中反应界面沿径向三维收缩。

三种形状固体的初始广义半径分别为平板的半厚度、圆柱及球体的半径（见图2-8）。

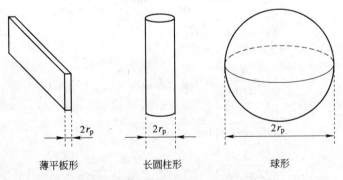

图2-8 三种形状固体颗粒的广义半径

2.6.2 广义颗粒的反应速度方程式

在有产物层生成的气固界面反应中，对不同形状的固态试样仍可推导得到与式（2-19）

形式相同的缩核模型的综合反应速度关系式，即

$$t^* = g_{F_p}(X) + \sigma_s^2 \left[p_{F_p}(X) + \frac{2X}{Sh^*} \right] \qquad (2-54)$$

式中的各项表示如下

固体转化率：

$$X = 1 - (r_c/r_p)^{F_p} \qquad (2-55)$$

反应模数：

$$\sigma_s^2 = \frac{k_r r_p}{2F_p D_e} \qquad (2-56)$$

转化率函数：

$$g_{F_p}(X) = 1 - (1-X)^{1/F_p} \qquad (2-57)$$

形状系数 F_p 及转化率函数 $p_{F_p}(X)$ 见表2-5。需要指出的是，实际颗粒的形状可能更加复杂，其形状系数可能会偏离表2-5中所列数值。对于任意几何形状的颗粒，只要在反应过程中颗粒基本保持原有形状，且已知 V_p、A_p 并适当地估算 F_p，式（2-54）仍可近似应用。例如，对于立方体及直径和高度相等的圆柱体，可取 $F_p = 3$，对于高度很有限但大于直径的圆柱体，F_p 处于2和3之间。

广义半径对于分析各种形状颗粒的反应具有重要意义。以下，仅以长圆柱形（无限长圆柱）及薄平板形（无限大平板）颗粒为例，导出速度方程的微分形式并证明式（2-54）成立。

表2-5　不同形状固态试样参数及相关转化率函数

形状	形状系数 F_p	广义半径 r_p	转化率函数 $g_{F_p}(X)$	转化率函数 $p_{F_p}(X)$
薄平板	1	初始半厚度	X	X^2
长圆柱	2	初始半径	$1-(1-X)^{1/2}$	$X+(1-X)\ln(1-X)$
球体	3	初始半径	$1-(1-X)^{1/3}$	$1-3(1-X)^{2/3}+2(1-X)$

2.6.2.1　长圆柱形颗粒

以初始半径为 r_p、长为 h 的长圆柱颗粒的一级不可逆恒温反应为例，式（2-2）~式（2-5）可改写为

$$\begin{cases} N_{Ac} = 2\pi r_p h k_g (C_{Ab} - C_{As}) \\ N_{Ad} = 2\pi r h D_e \dfrac{dC_A}{dr} = 2\pi h D_e \dfrac{C_{As} - C_{Ac}}{\ln r_p - \ln r_c} \\ N_{Ar} = 2\pi r_c h k_r C_{Ac} \end{cases} \qquad (2-58)$$

根据式（2-6），式（2-58）可改写为

$$\begin{cases} \dfrac{N_A}{2\pi r_p h k_g} = C_{Ab} - C_{As} \\ \dfrac{N_A}{2\pi h D_e/(\ln r_p - \ln r_c)} = C_{As} - C_{Ac} \\ \dfrac{N_A}{2\pi r_c h k_r} = C_{Ac} \end{cases} \qquad (2-59)$$

将式（2-59）中的三式相加消去 C_{As} 和 C_{Ac} 项可导出

$$N_A = \frac{2\pi h C_{Ab}}{\dfrac{1}{r_p k_g} + \dfrac{\ln r_p - \ln r_c}{D_e} + \dfrac{1}{r_c k_r}} \qquad (2-60)$$

根据式（2-1）表示的化学反应计量系数，可得

$$N_A = \frac{N_B}{b} = -\frac{\rho_B}{b}\frac{d(\pi r_c^2 h)}{dt} = -\frac{2\pi r_c h \rho_B}{b}\frac{dr_c}{dt} \qquad (2-61)$$

将式（2-60）与式（2-61）联立可导出

$$-\frac{dr_c}{dt} = \frac{bC_{Ab}/\rho_B}{\dfrac{1}{k_g}\dfrac{r_c}{r_p} + \dfrac{r_c}{D_e}\ln(r_p/r_c) + \dfrac{1}{k_r}} \qquad (2-62)$$

式（2-62）即为长圆柱形颗粒反应半径的时间变化率，即反应速度的微分形式。
将半径项无因次化得

$$-\frac{d(r_c/r_p)}{dt} = \frac{bC_{Ab}/\rho_B r_p}{\dfrac{1}{k_g}(r_c/r_p) - \dfrac{r_p}{D_e}(r_c/r_p)\ln(r_c/r_p) + \dfrac{1}{k_r}} \qquad (2-63)$$

分离变量积分上式，并将转化率 $X = 1 - (r_c/r_p)^2$ 代入可得

$$-\int_1^{r_c/r_p}\left[\frac{1}{k_g}(r_c/r_p) - \frac{r_p}{D_e}(r_c/r_p)\ln(r_c/r_p) + \frac{1}{k_r}\right]d(r_c/r_p) = \int_0^t (bC_{Ab}/\rho_B r_p)dt \qquad (2-64)$$

所以

$$\frac{t}{\rho_B r_p/bk_r C_{Ab}} = \left[1 - (1-X)^{1/2}\right] + \frac{k_r r_p}{4D_e}\left[X + (1-X)\ln(1-X) + \frac{2X}{k_g r_p/D_e}\right] \qquad (2-65)$$

即

$$t^* = g_{F_p}(X) + \sigma_s^2\left[p_{F_p}(X) + \frac{2X}{Sh^*}\right] \qquad (2-66)$$

注意，上面推导中用到了以下积分公式

$$\int x\ln x\,dx = \frac{1}{2}x^2\left(\ln x - \frac{1}{2}\right) + c$$

2.6.2.2 薄平板形颗粒

以初始广义半径为 r_p、面积为 S 的薄平板形颗粒的一级不可逆恒温反应为例，考虑薄平板形颗粒的一个侧面，式（2-2）~式（2-5）可改写为

$$\begin{cases} N_{Ac} = Sk_g(C_{Ab} - C_{As}) \\[2mm] N_{Ad} = SD_e\dfrac{dC_A}{dr} = SD_e\dfrac{C_{As} - C_{Ac}}{r_p - r_c} \\[2mm] N_{Ar} = Sk_r C_{Ac} \end{cases} \qquad (2-67)$$

根据式（2-6），式（2-67）可改写为

$$\begin{cases} \dfrac{N_A}{Sk_g} = C_{Ab} - C_{As} \\[3mm] \dfrac{N_A}{SD_e/(r_p - r_c)} = C_{As} - C_{Ac} \\[3mm] \dfrac{N_A}{Sk_r} = C_{Ac} \end{cases} \qquad (2-68)$$

将式（2-68）中的三式相加消去 C_{As} 和 C_{Ac} 项可导出

$$N_A = \frac{C_{Ab}}{\dfrac{1}{Sk_g} + \dfrac{r_p - r_c}{SD_e} + \dfrac{1}{Sk_r}} \tag{2-69}$$

根据反应式（2-1）表示的化学反应计量系数，可得

$$N_A = \frac{N_B}{b} = -\frac{\rho_B}{b}\frac{d(Sr_c)}{dt} = -\frac{S\rho_B}{b}\frac{dr_c}{dt} \tag{2-70}$$

将式（2-69）与式（2-70）联立可导出

$$-\frac{dr_c}{dt} = \frac{bC_{Ab}/\rho_B}{\dfrac{1}{k_g} + \dfrac{r_p - r_c}{D_e} + \dfrac{1}{k_r}} \tag{2-71}$$

式（2-71）即为薄平板形颗粒反应半径的时间变化率，即反应速度的微分形式。

分离变量积分上式，并将转化率 $X = 1 - r_c/r_p$ 代入可得

$$\int_{r_p}^{r_c}\left(\frac{r_c}{D_e} - \frac{r_p}{D_e} - \frac{1}{k_g} - \frac{1}{k_r}\right)dr_c = \int_0^t \frac{bC_{Ab}}{\rho_B}dt \tag{2-72}$$

所以

$$\frac{t}{\rho_B r_p/bk_r C_{Ab}} = \left[1 - (1-X)^{1/1}\right] + \frac{k_r r_p}{2D_e}\left[X^2 + \frac{2X}{k_g r_p/D_e}\right] \tag{2-73}$$

即

$$t^* = g_{F_p}(X) + \sigma_s^2\left[p_{F_p}(X) + \frac{2X}{Sh^*}\right] \tag{2-74}$$

2.6.3　颗粒形状对反应速度的影响

将综合反应速度积分式，即式（2-54）对无因次时间求导并取倒数，求得无因次反应速度的微分式，即

$$\frac{dX}{dt^*} = \left\{g'_{F_p}(X) + \sigma_s^2\left[p'_{F_p}(X) + \frac{2}{Sh^*}\right]\right\}^{-1} \tag{2-75}$$

式中，$g'_{F_p}(X)$、$p'_{F_p}(X)$ 分别为 $g_{F_p}(X)$ 和 $p_{F_p}(X)$ 对 X 的导数。在忽略外传质阻力的条件下，可分别对长圆柱形颗粒和薄平板形颗粒的无因次反应速度求解。

（1）对长圆柱形颗粒

$$g'_{F_p}(X) = \left[1 - (1-X)^{1/2}\right]' = \frac{1}{2}(1-X)^{-1/2} \tag{2-76}$$

$$p'_{F_p}(X) = \left[X + (1-X)\ln(1-X)\right]' = -\ln(1-X) \tag{2-77}$$

所以

$$\frac{dX}{dt^*} = \left[\frac{1}{2}(1-X)^{-1/2} - \sigma_s^2\ln(1-X)\right]^{-1} \tag{2-78}$$

（2）对薄平板形颗粒

$$g'_{F_p}(X) = X' = 1 \tag{2-79}$$

$$p'_{F_p}(X) = (X^2)' = 2X \tag{2-80}$$

所以

$$\frac{dX}{dt^*} = (1 + 2\sigma_s^2 X)^{-1} \tag{2-81}$$

两种形状固体颗粒的无因次反应速度与转化率的关系如图2-9、图2-10所示。

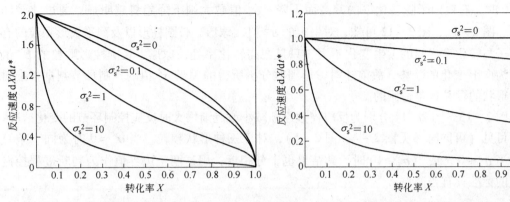

图2-9　长圆柱形颗粒反应速度与转化率的关系　图2-10　薄平板形颗粒反应速度与转化率的关系

由图2-9、图2-10可见，薄平板形颗粒在化学反应控制时（$\sigma_s^2 = 0$）反应速度不受转化率的影响，恒定为1.0，这是由于对于薄平板而言，反应界面面积始终保持不变的缘故造成的。对于长圆柱以及球形颗粒，在任何反应模数条件下反应速度都是随转化率的升高而降低，且反应模数对这种关系有很大影响。

比较图2-3、图2-9、图2-10可知，球形、长圆柱形以及薄平板形颗粒的最大无因次速度分别为3、2、1，此值对应各自的反应界面收缩的方向维数，也与各自的形状系数相等，易于记忆。除反应末期外，在相同转化率及反应模数条件下，三种形状颗粒的反应速度关系为球形 > 长圆柱形 > 薄平板形。

2.6.4　过程限制环节判据的验证

对于长圆柱形以及薄平板形颗粒，参考图2-4、图2-5和图2-6，可作出这两种形状颗粒在相应的各种反应模数条件下，转化率函数与无因次时间之间或有效因子与转化率之间的关系图形，如图2-11～图2-14所示。所得结果与前述2.5.2节中对于球形颗粒情况下所得的结论基本一致，即判断过程限制环节的反应模数值可普遍适用于各种形状的固体颗粒。

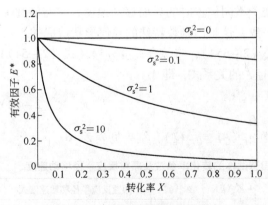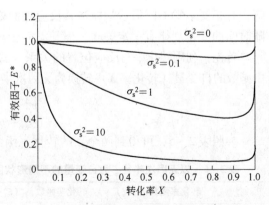

图2-11　薄平板形颗粒有效因子
　　　　　与转化率之间的关系

图2-12　长圆柱形颗粒有效因子
　　　　　与转化率之间的关系

　　由图 2-11、图 2-12 可见，当 $\sigma_s^2 = 0$ 时，有效因子恒等于 1，不随转化率变化。当 $\sigma_s^2 \neq 0$ 时，有效因子随转化率的升高而下降，σ_s^2 值越大则下降趋势越明显。通过比较图 2-6、图 2-11、图 2-12 可知，对一定的 σ_s^2 值，球形、长圆柱形以及薄平板形颗粒的有效因子与转化率之间的关系变化不大，只是在高转化率处，球形、长圆柱形颗粒的 E^* 值有稍为向上变化的趋势，故前述对球形颗粒分析所得的关于 σ_s^2 值的控制环节判据标准对一般形状的颗粒也是适用的。

　　图 2-13、图 2-14 分别为反应模数逐渐减小或逐渐增大时反应控制环节的变化情况。由图可见（可同时参见图 2-4、图 2-5），对于三种形状颗粒，当 $\sigma_s^2 = 0$ 时为同一条直线，当 $\sigma_s^2 \leqslant 0.1$ 或当 $\sigma_s^2 \geqslant 10$ 时，其结果也十分相近，用这两个边界值作为判断过程控制环节的标准具有普遍性。

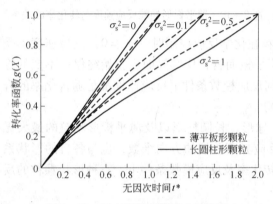
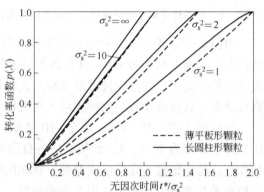

图 2-13　反应模数逐渐减小时控制　　　　　图 2-14　反应模数逐渐增大时控制
　　环节的变化（非球形颗粒）　　　　　　　　环节的变化（非球形颗粒）

2.6.5　颗粒形状对反应界面移动速度的影响

　　前面已经对反应速度随反应进程的变化规律进行了分析，但反应速度是以无因次的形式，即以 dX/dt^* 的形式表达的（见图 2-3、图 2-9、图 2-10），这种表达形式反映了固体反应物的转化率随时间的变化规律情况。为了对反应过程中的物理图像有更加清晰的了解，有必要了解不同形状颗粒当其反应界面处于不同位置时的界面移动速度，它与转化率随时间的变化规律有一定关联，但并不完全一致，这是由颗粒特殊的几何形状造成的。

　　首先，利用转化率与反应位置的关系（式（2-55）），将综合速度方程（式（2-54））中函数的自变量（转化率 X）转换为无因次半径 ξ 的关系式，即

$$\begin{cases} X = 1 - \xi^{F_p} \\ \xi = r_c / r_p \end{cases} \qquad (2-82)$$

　　参照表 2-5，可得到两个新的转化率函数 $g_{F_p}(\xi)$、$p_{F_p}(\xi)$，结果见表 2-6。

表 2-6　以无因次半径 ξ 为自变量的不同形状固态试样的转化率函数及颗粒反应半径移动速度

形状	转化率函数 $g_{F_p}(\xi)$	转化率函数 $p_{F_p}(\xi)$	$g'_{F_p}(\xi)$	$p'_{F_p}(\xi)$	颗粒反应半径移动速度式
薄平板	$1-\xi$	$(1-\xi)^2$	-1	$2\xi-2$	$-\dfrac{d\xi}{dt^*} = [1 + 2\sigma_s^2(1-\xi)]^{-1}$

形状	转化率函数 $g_{F_p}(\xi)$	转化率函数 $p_{F_p}(\xi)$	$g'_{F_p}(\xi)$	$p'_{F_p}(\xi)$	颗粒反应半径移动速度式
长圆柱	$1-\xi$	$1-\xi^2+2\xi^2\ln\xi$	-1	$4\xi\ln\xi$	$-\dfrac{\mathrm{d}\xi}{\mathrm{d}t^*}=(1-4\sigma_s^2\xi\ln\xi)^{-1}$
球体	$1-\xi$	$1-3\xi^2+2\xi^3$	-1	$-6\xi+6\xi^2$	$-\dfrac{\mathrm{d}\xi}{\mathrm{d}t^*}=[1+6\sigma_s^2(\xi-\xi^2)]^{-1}$

这样，在忽略外扩散阻力情况下，综合速度方程可用下式表示

$$t^*=g_{F_p}(\xi)+\sigma_s^2 p_{F_p}(\xi) \tag{2-83}$$

式（2-83）表示反应界面的无因次位置 ξ 与无因次反应时间 t^* 的关系。将上式对 ξ 求导并取倒数，得

$$\frac{\mathrm{d}\xi}{\mathrm{d}t^*}=[g'_{F_p}(\xi)+\sigma_s^2 p'_{F_p}(\xi)]^{-1} \tag{2-84}$$

式中，$g'_{F_p}(\xi)$、$p'_{F_p}(\xi)$ 分别为转化率函数 $g_{F_p}(\xi)$、$p_{F_p}(\xi)$ 对 ξ 的导数。根据式（2-84）可求出不同形状颗粒在不同反应模数 σ_s^2 值时反应界面移动速度与反应界面位置的关系，将 $g'_{F_p}(\xi)$、$p'_{F_p}(\xi)$ 的值带入式（2-84）中，可得到三种形状颗粒的反应半径移动速度公式，见表2-6。

以 $1-\xi$ 为横坐标（$1-\xi=0$ 对应 $X=0$，$1-\xi=1$ 对应 $X=1$），以 $-\mathrm{d}\xi/\mathrm{d}t^*$ 为纵坐标，得到三种形状颗粒的反应半径移动速度曲线，如图2-15～图2-17所示。

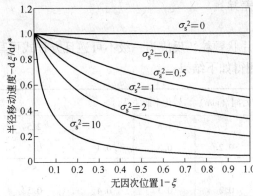

图 2-15　薄平板形颗粒的反应半径移动速度曲线

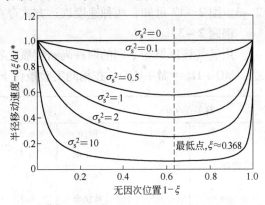

图 2-16　长圆柱形颗粒的反应半径移动速度曲线

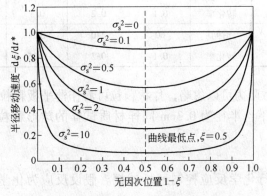

图 2-17　球形颗粒的反应半径移动速度曲线

由图 2－15 可见，当 $\sigma_s^2 = 0$ 时，薄平板状颗粒反应界面的移动速度不随反应界面位置的变化而变化；当 σ_s^2 值增大时，界面移动速度减慢，而且随反应的进行而减小。图 2－16、图 2－17 示出了长圆柱形和球形颗粒反应时界面移动速度的变化规律。当 $\sigma_s^2 = 0$ 时，反应界面的移动速度也不随反应界面位置的变化而变化。当 $\sigma_s^2 \neq 0$ 时，反应界面的移动速度和界面位置的关系曲线呈凹形，长圆柱形和球形颗粒反应界面的移动速度的最低点分别为 $\xi = \exp(-1) \approx 0.368$ 和 $\xi = 0.5$，这两个最小值也可从表 2－6 中的反应界面的移动速度公式中通过数学方法直接得出。

对于长圆柱形和球形颗粒反应界面移动速度而言，在反应前期，反应界面移动速度随固相转化率的升高而降低，当达到最低点之后，随着反应的进行，反应界面移动速度加快了。之所以会出现这种现象，其原因可归结为颗粒的几何性质。这可从两个方面来探讨：一方面，在反应过程中，由于固体产物层不断增加，内扩散阻力随之不断增加，因此扩散至反应界面的气体反应物的量就不断减少，从而使固体反应物的消耗速度不断减少，这一因素促使界面移动速度减小。另一方面，在反应过程中，由于圆柱形颗粒和球形颗粒反应界面积不断减小，单位厚度内包含的固体反应物的量也在不断减少，这一因素促使界面移动速度加快。由于这两种因素的综合影响，使得反应界面达到某一位置时会出现最小界面移动速度。

其实，图 2－10 和图 2－15 两个图重合，即完全一致，故对薄平板形颗粒而言，两种速度的表达方式是一致的。对于长圆柱和球形颗粒，通过比较图 2－9、图 2－16 以及图 2－3、图 2－17 可知，两种速度表达方式存在差异。

例题 2－3

用氢气还原厚薄不同的两种高密度氧化物片状颗粒，反应为一级不可逆且方程式可写为：$MO + H_2 = M + H_2O$。在相同实验条件下测得如下结果：

样品厚/cm		时间（min）与转化率的关系				
薄样品	0.05	时间	0.5	1	1.5	2	2.5
		转化率	0.1	0.2	0.3	0.4	0.5
	0.1	时间	1	2	3	4	5
		转化率	0.1	0.2	0.3	0.4	0.5
厚样品	1	时间	15	60	135	240	
		转化率	0.1	0.2	0.3	0.4	
	2	时间	60	240	375		
		转化率	0.1	0.2	0.25		

假定实验中外扩散阻力可以忽略，片状颗粒可看作薄平板颗粒处理，利用以上数据，计算在相同实验条件下，半径为 0.3cm 同样材质试样的球形颗粒反应转化率与时间的关系。

解：

（1）对薄样品进行化学反应控制解析试探。假设反应为化学反应控制，则根据式（2－54），得

$$t^* = g_{F_p}(X) \tag{2-85}$$

将 $b=1$ 及 $F_p=1$ 条件下的各无因次关系式代入上式，得

$$t = \frac{\rho_B r_p}{k_r C_{Ab}} X \tag{2-86}$$

根据实验数据将时间与转化率之间的关系作图，如图 2-18 所示。所得图形为通过原点的直线，厚度为 0.1cm 及厚度为 0.05cm 两条直线的斜率分别为 10 和 5，下面再分析直线斜率与半径的关系。

对厚度为 0.1cm 的样品，$r_p = 0.05$，则

$$\frac{\rho_B}{k_r C_{Ab}} = \frac{10}{r_p} = \frac{10}{0.05} = 200 (\text{min/cm}) \tag{2-87}$$

对厚度为 0.05cm 的样品，$r_p = 0.025$，则

$$\frac{\rho_B}{k_r C_{Ab}} = \frac{5}{r_p} = \frac{5}{0.025} = 200 (\text{min/cm}) \tag{2-88}$$

故所做假定正确，此实验条件下的实验数据可用式（2-86）来表达。

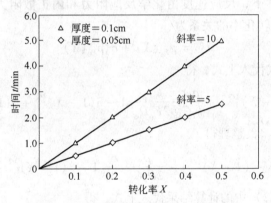

图 2-18 薄片颗粒转化率与时间的关系

（2）对厚样品进行内扩散控制解析试探。假设反应为内扩散控制，则根据式（2-54），得

$$t^* = \sigma_s^2 p_{F_p}(X) \tag{2-89}$$

将 $b=1$ 及 $F_p=1$ 条件下的各无因次关系式代入上式，得

$$t = \frac{\rho_B r_p^2}{2 D_e C_{Ab}} X^2 \tag{2-90}$$

根据实验数据将时间与转化率的平方之间的关系作图，如图 2-19 所示。所得图形为通过原点的直线，厚度为 2cm 及厚度为 1cm 两条直线的斜率分别为 6000 和 1500，下面再分析直线斜率与半径的关系。

对厚度为 2cm 的样品

$$\frac{\rho_B}{2 D_e C_{Ab}} = \frac{6000}{r_p^2} = \frac{6000}{1^2} = 6000 (\text{min/cm}^2) \tag{2-91}$$

对厚度为 1cm 的样品

$$\frac{\rho_B}{2 D_e C_{Ab}} = \frac{1500}{r_p^2} = \frac{1500}{0.5^2} = 6000 (\text{min/cm}^2) \tag{2-92}$$

故所做假定正确，此实验条件下的实验数据可用式（2–90）来表达。

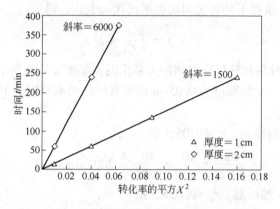

图 2–19　厚片颗粒转化率的平方与时间的关系

（3）计算半径为 0.3cm 的球形颗粒转化率与时间的关系。对于半径为 0.3cm 的球形颗粒，假设在实验条件下，反应速度由化学反应阻力和内扩散阻力同时控制，则根据式（2–54），反应时间与转化率的关系为

$$t^* = g_{F_p}(X) + \sigma_s^2 p_{F_p}(X) \tag{2–93}$$

将各无因次关系式代入上式，得

$$t = \frac{\rho_B r_p}{k_r C_{Ab}}\left[1 - (1 - X)^{1/3}\right] + \frac{\rho_B r_p}{k_r C_{Ab}} \frac{k_r r_p}{2 F_p D_e}\left[1 - 3(1 - X)^{2/3} + 2(1 - X)\right] \tag{2–94}$$

对球形颗粒，$F_p = 3$，整理得

$$t = \frac{\rho_B}{k_r C_{Ab}} r_p\left[1 - (1 - X)^{1/3}\right] + \frac{\rho_B}{2 D_e C_{Ab}} \frac{r_p^2}{3}\left[1 - 3(1 - X)^{2/3} + 2(1 - X)\right] \tag{2–95}$$

将上述（1）和（2）中的计算结果代入上式，得

$$t = 60\left[1 - (1 - X)^{1/3}\right] + 180\left[1 - 3(1 - X)^{2/3} + 2(1 - X)\right] \tag{2–96}$$

即

$$t = 360(1 - X) - 60(1 - X)^{1/3} - 540(1 - X)^{2/3} + 240 \tag{2–97}$$

根据式（2–97），可得此实验条件下的转化率与时间的关系，如图 2–20 所示。

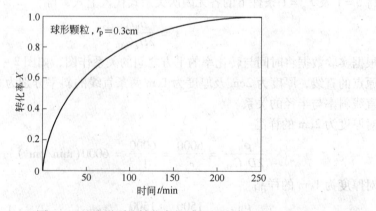

图 2–20　球形颗粒转化率与时间的关系

本章符号列表

A_p：颗粒的初始面积（m^2）

C_A：固体产物层中气体反应物 A 的浓度（mol/m^3）

C_{Ab}：气体反应物 A 在气流主体处的浓度（mol/m^3）

C_{As}：气体反应物 A 在颗粒表面处的浓度（mol/m^3）

C_{Ac}：反应界面上气体反应物 A 的浓度（mol/m^3）

D_e：气体在产物层内的有效扩散系数（m^2/s）

D：气体的分子扩散系数（m^2/s）

E^*：固体颗粒的有效因子

F_p：固体颗粒的形状系数

h：圆柱形颗粒的长度（m）

k_g：气体的传质系数（m/s）

k_r：反应速度常数（m/s）

N_A：以气体反应物 A 的消耗表示的综合反应速度（mol/s）

N_B：单个球形固体颗粒 B 的转化速度（mol/s）

N_{Ac}：气体反应物 A 在边界层的传质速度（mol/s）

N_{Ad}：气体反应物 A 通过固体产物层向反应界面的扩散速度（mol/s）

N_{Ar}：在反应界面上以气体反应物 A 的消耗表示的化学反应速度（mol/s）

r：固体产物层半径（m）

r_c：固体颗粒未反应核半径（m）

r_p：固体颗粒初始半径（初始广义半径）（m）

S：薄平板形颗粒的表面积（m^2）

t：时间（s）

t_c：完全转化所需时间（s）

t^*、t^+：无因次时间

t_c^*、t_c^+：完全反应所需无因次时间

$t_反$、$t_扩$、$t_传$：分别为反应控制、扩散控制以及传质控制时达到相同转化率所需时间（s）

$t_反^*$、$t_扩^*$、$t_传^*$：分别为对应 $t_反$、$t_扩$、$t_传$ 的无因次时间

$t_反^+$、$t_扩^+$、$t_传^+$：分别为对应 $t_反$、$t_扩$、$t_传$ 的无因次时间

$t_{反完}$、$t_{扩完}$、$t_{传完}$：分别为反应控制、扩散控制以及传质控制时完全转化所需时间（s）

$t_{反完}^*$、$t_{扩完}^*$、$t_{传完}^*$：分别为对应 $t_{反完}$、$t_{扩完}$、$t_{传完}$ 的无因次时间

$t_{反完}^+$、$t_{扩完}^+$、$t_{传完}^+$：分别为对应 $t_{反完}$、$t_{扩完}$、$t_{传完}$ 的无因次时间

V_p：颗粒的初始体积（m^3）

X：转化率

ρ_B：固体反应物 B 的摩尔密度（mol/m^3）

σ_s^2：反应模数

ξ：固体颗粒的无因次半径

思考与练习题

2-1　如何理解由多个基元步骤串联进行的一级过程的阻力加合性原理?

2-2　判断气-固一级反应过程的控制环节有哪些方法? 通过设计实验来确定控制环节时需注意哪些问题?

2-3　在气-固界面反应中, 对不同形状的固体颗粒, 试比较以界面移动速度表示的反应速度与以转化率随时间的变化关系表示的反应速度之间的异同点。

2-4　参考图2-4、图2-5和图2-6, 对于长圆柱形以及薄平板形颗粒作出相应的图形, 并分析决定过程限制环节的反应模数值范围。

2-5　将直径分别为4mm和2mm的两个固体样品置于一个恒温炉中持续1h进行了一级不可逆气-固反应。反应后它们的转化率分别达到0.578和0.875, 试判断此条件下该气-固反应过程的控制环节, 并求算直径为1mm的同种固体粒子在此炉中完全反应时所需要的时间。

2-6　进行氢气还原赤铁矿球团的实验, 获得如下表所示结果, 试根据缩核模型, 确定该实验条件下的过程控制环节。

还原时间/s	120	300	480	600	900	1200
还原率	0.18	0.42	0.6	0.7	0.88	0.96

2-7　在900℃、1大气压、含氧量为8%的氧气流中焙烧半径为1mm的球形闪锌矿粒子, 其化学反应式为: $2ZnS + 3O_2 = 2ZnO + 2SO_2$。假设缩核模型适用于此反应且气膜传质阻力可以忽略, 试计算完全转化所需要的时间和固体产物层的相对阻力。若粒子半径为0.05mm时重复上述计算, 并说明所得结果的差异。已知如下数据: $\rho_B = 4.25 \times 10^4 mol/m^3$, $k_r = 2 \times 10^{-2} m/s$, $D_e = 8.0 \times 10^{-6} m^2/s$。

2-8　利用半径不同的三种固体颗粒与某气体反应, 当反应至剩余颗粒质量为其初始质量的1/3时的时间如下表所示, 设反应为一级不可逆反应, 且符合缩核模型。试推断反应控制环节并计算反应完全终了所需时间, 忽略产物层质量及气膜传质阻力。

颗粒半径/mm	0.5	1	1.5
$t_{1/3}$/s	75	150	225

2-9　在某球形固体颗粒的气-固反应中, 测得固体转化率达50%时所需时间为1h, 完全反应所需时间为4.9h。设反应满足缩核模型, 试推断过程的控制环节。

2-10　利用半径r_p为1.5mm的固体颗粒进行了如下气-固反应: $A(g) + B(s) \rightarrow D(s)$。设此反应满足缩核模型, 且过程由产物层中的气体扩散控制。测得未反应核半径r_c达到0.75mm时所需时间为12min。试求产物层中气体A的有效扩散系数D_{eA}。已知反应参数: 压力$p = 101325Pa$, 温度$T = 1000K$, 气体中A的含量为21%, B的摩尔密度$\rho_B = 4.0 \times 10^4 mol/m^3$。

2-11　利用半径不同的两种固体颗粒进行了2h的同实验条件下的气-固反应实验, 测得直径为3mm的颗粒的转化率达到46%, 而直径为1mm的颗粒的转化率达到91.3%。设反应满足缩核模型, 忽略气膜中气体的传质阻力。试求: (1)过程的控制环节; (2)直径为2mm颗粒的完全反应时间。

2-12　利用半径$r_p = 3mm$的固体颗粒与浓度为C_{A0}的气体进行了气-固反应实验, 设反应为一级不可逆且满足缩核模型, 完全反应时间$t_c = 120min$, 产物层内气体A的有效扩散系数$D_{eA} = 5.0 \times 10^{-6} m^2/s$, 未反应核界面上的反应速度常数$k_r = 2 \times 10^{-2} m/s$, 忽略气膜中气体的传质阻力。试求: (1)产物层扩散阻力和界面反应阻力占全部过程阻力的百分数; (2)颗粒半径$r_p = 6mm$的完全反应时间；（3）颗粒半径 $r_p = 1.5\text{mm}$、转化率 $X = 87.5\%$ 时所需反应时间。

2-13 已知气-固反应：$3A(g) + 2B(s) = 2C(g) + 2D(s)$，不同初始半径条件下的完全反应时间如下表所示。设该反应为一级不可逆且满足缩核模型，求颗粒内气体有效扩散系数 D_e 以及界面反应速度常数 k_r。已知：固体 B 的摩尔密度 $\rho_B = 4.0 \times 10^4 \text{mol/m}^3$，气体 A 的浓度 $C_{Ab} = 3 \text{mol/m}^3$，可忽略气膜中气体的传质阻力。

r_p/mm	2.5	4	5	8
t_c/h	2.41	5.56	8.32	19.8

2-14 直径为 4mm 的 ZnS 颗粒在压力 $p = 101325\text{Pa}$、温度 $T = 1273\text{K}$、含氧为 10% 的气体中焙烧。反应式为：$3O_2 + 2ZnS = 2ZnO + 2SO_2$，反应时间与转化率的关系如下表所示。设反应为一级不可逆且满足缩核模型，可忽略气膜中气体的传质阻力。试推断过程的控制环节，并计算速度参数（颗粒内气体有效扩散系数 D_e 或界面反应速度常数 k_r）以及完全反应所需时间。已知：ZnS 的密度 $\rho_B = 4130\text{kg/m}^3$，ZnS 的摩尔质量 $M_{ZnS} = 97.45 \times 10^{-3}\text{kg/mol}$。

时间 t/s	15	35	'81	220
转化率 X	0.35	0.5	0.7	0.95

2-15 半径为 r_p，长为 L，密度为 ρ_B 的圆柱形颗粒 B 与气体 A 反应：$A(g) + bB(s) \rightarrow cC(g) + dD(s)$，完全反应时间 t_c 如下表所示。设反应为一级不可逆且满足缩核模型，L 与半径 r_p 相比足够长、圆柱的上下面的反应可以忽略，试证明表中的公式。其中，C_{Ab} 为气体本体浓度；k_g 为气体传质系数；D_e 为产物层中气体的有效扩散系数，k_r 为反应速度常数。

气膜传质控制	产物层扩散控制	界面化学反应控制
$t_c = \dfrac{\rho_B r_p}{2bk_g C_{Ab}}$	$t_c = \dfrac{\rho_B r_p^2}{4bD_e C_{Ab}}$	$t_c = \dfrac{\rho_B r_p}{bk_r C_{Ab}}$

2-16 用氢还原致密的氧化镍样品：$NiO + H_2 = Ni + H_2O(g)$。对于厚度为 0.16cm 的薄片样品，在某还原条件下测得其转化率随时间的变化如下表所示。试根据所给数据计算同一条件下球形致密氧化镍颗粒的转化率与时间的关系并图示。已知球形颗粒的直径为 0.6cm，在该条件下气膜传质阻力可以忽略，反应为一级不可逆且满足缩核模型。

时间 t/min	1	2	3	4	5	10
转化率 X	0.06	0.10	0.14	0.18	0.21	0.35
时间 t/min	15	20	25	30	35	40
转化率 X	0.45	0.54	0.63	0.70	0.77	0.84

3 气-固界面反应——模型扩展

前述的缩核模型仅是针对一个简单的气-固界面反应系统而言,即此模型只适用于恒温条件下、总体积恒定的致密固体颗粒与气体间发生的、有产物层生成的一级不可逆气-固界面反应系统。由于气-固反应的复杂性,在实际气-固反应系统的动力学分析中,应在掌握基本理论的基础上,根据实际具体条件进行模型设计和推导。

本章在前述气-固界面反应模型建立及推导的基础上,将气-固界面反应缩核模型进行扩展,即补充或改变一些条件,分析气-固界面反应模型的变化情况,得到与相应条件相符的动力学关系式。一般来讲,随着气-固界面反应系统条件的复杂化,其模型及解析也将随之变得复杂多样,有些甚至无法简单地得到解析解。但正如在基本缩核模型中所强调的那样,只要掌握了动力学分析问题的基本方法,复杂气-固界面反应模型的建立及最终反应速度关系式的获得仍可实现。由于实际气-固界面反应系统的具体条件无法全部涉及,所以本章所探讨的反应系统条件变化仍具典型性,重点仍然是动力学模型的建立及解析思路或方法。

3.1 无产物层生成的气-固反应

3.1.1 模型的建立

前面讨论的是有固体产物层存在的条件下致密固体与气体之间的反应。在没有固体产物生成(或虽然有固体产物生成但可立即从固体反应物表面脱落)时,随着反应的进行,固体反应物被消耗,固体颗粒的体积逐渐缩小以致最后消失。例如,碳的燃烧和气化、矿石的氯化焙烧、固体分解为气体的反应等都属于这类反应。对于这类反应体系,通常用不断缩小的反应颗粒模型来描述其宏观动力学特征,由于反应物颗粒随时间增加而逐渐缩小,故该模型简称为缩粒模型或无固体产物层生成的未反应核模型。

此类反应的通式可写为

$$A(g) + bB(s) \Longrightarrow cC(g) \tag{3-1}$$

图 3-1 为单个球形无孔颗粒(B)与气体(A)间生成气体产物(C)、无固体产物层生成的反应过程示意图。

缩粒模型的建立及解析方法与缩核模型类似。对于无孔颗粒,气体 A 不能扩散进入固体内部,反应局限在一个反应界面上,反应过程只有气体边界层内的传质和固体表面上的化学反应(包括吸附和解吸)两个基元步骤,它们的速度仍可用式(2-2)和式(2-5)来表达,只是在这种条件下的式(2-2)中,$r_p = r_c$、$C_{As} = C_{Ac}$。

但是,不能简单地认为去掉缩核模型中固体产物层中的气体扩散就可以成为缩粒模型了,缩粒模型与缩核模型还存在另一个显著区别,即传质系数 k_g 的确定。在缩粒模型中,

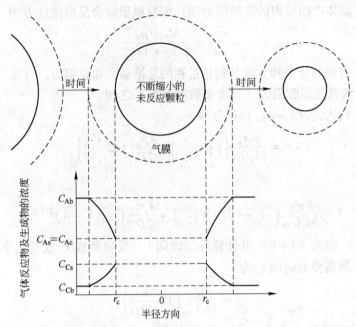

图 3 - 1 无固体产物层生成的致密颗粒与气体间的反应模型（缩粒模型）

随着反应的进行颗粒半径逐渐减少，气膜内气体的传质系数 k_g 将发生变化。k_g 受固体的尺寸和形状、气体流速及气体物理性质等许多因素的影响，一般可通过经验方程（准数方程）计算。在选用这些方程时，必须考虑体系的特点及方程的适用条件，以免误差过大。例如，对于大量流体中的单个球形颗粒，常使用 Ranz - Marshall 准数方程

$$Sh = 2.0 + 0.6Re^{1/2}Sc^{1/3} \qquad (3-2)$$

式中，Sh、Re、Sc 分别为舍伍德准数、雷诺数及施密特数，其定义如下

$$\begin{cases} Sh = \dfrac{k_g d_p}{D} \\[2mm] Re = \dfrac{d_p u \rho}{\mu} \\[2mm] Sc = \dfrac{\mu}{\rho D} \end{cases} \qquad (3-3)$$

式中，d_p 为颗粒的直径；u 为气体流速；ρ、μ 分别为气体的密度和黏度；D 为气体的分子扩散系数。

当雷诺数较小（气流速度或固体颗粒较小）、气体流动处于层流区时（气膜层流），式（3-2）右边第二项可以忽略，则 $k_g = D/r_c$。以下根据气膜状态由简至繁分别进行推导。

3.1.2 综合速度方程式

3.1.2.1 气膜层流

在界面化学反应和气体边界层传质阻力都不能忽略时，必须同时考虑二者对过程进行速度的影响。联立式（2-2）和式（2-5）并令 $r_p = r_c$、$C_{As} = C_{Ac}$，可得到同式（2-10）

相似的（去掉了固体产物层内的扩散阻力项）缩粒模型综合反应速度方程，即

$$-\frac{\mathrm{d}r_c}{\mathrm{d}t} = \frac{bC_{Ab}/\rho_B}{1/k_r + 1/k_g} \tag{3-4}$$

式（3-4）右侧的分子和分母分别是过程的总推动力和总阻力。可见，过程的总阻力是两个串联进行的基元步骤阻力（速度系数的倒数）之和。

将 $k_g = D/r_c$ 代入式（3-4）并积分得

$$t = \frac{\rho_B r_p}{bk_r C_{Ab}}\left[\left(1 - \frac{r_c}{r_p}\right) + \frac{k_r r_p}{2D}\left(1 - \frac{r_c^2}{r_p^2}\right)\right] \tag{3-5}$$

即

$$t = \frac{\rho_B r_p}{bk_r C_{Ab}}\left\{\left[1 - (1-X)^{1/3}\right] + \frac{k_r r_p}{2D}\left[1 - (1-X)^{2/3}\right]\right\} \tag{3-6}$$

由式（3-5）和式（3-6）可计算反应时间 t 与反应程度 r_c 或转化率 X 的关系。完全转化（$X = 1$）所需要的时间 t_c 为

$$t_c = \frac{\rho_B r_p}{bk_r C_{Ab}}\left(1 + \frac{k_r r_p}{2D}\right) \tag{3-7}$$

与式（2-19）类似，式（3-6）和式（3-7）也可以用无因次形式来表示，即

$$t^* = g(X) + \sigma_0^2 q(X) \tag{3-8}$$

$$t_c^* = 1 + \sigma_0^2 \tag{3-9}$$

式中

$$\sigma_0^2 = \frac{k_r r_p}{2D} \tag{3-10}$$

$$g(X) = 1 - (1-X)^{1/3} \tag{3-11}$$

$$q(X) = 1 - (1-X)^{2/3} \tag{3-12}$$

显然，与缩核模型类似，式（3-8）说明了达到某一转化率所需时间的加合原理，即右端第一项和第二项分别代表化学反应及边界层传质单独控制时达到相应转化率所需要的无因次时间，这与过程总阻力的加合性关系类似，即时间的加合性等同于阻力的加合性。

σ_0^2 与 σ_s^2 类似，是一个无因次准数，或称为反应模数。与前述的缩核模型中的情形类似，此处的模数 σ_0^2 的意义为传质控制时完全反应所需的无因次时间（$t_c^* = t_{传完}^* = \sigma_0^2$），即传质控制时完全反应所需时间与反应控制时完全反应所需时间之比。σ_0^2 越大，则传质阻力相对反应阻力越大。一般情况下与前述缩核模型类似，当 $\sigma_0^2 \geq 10$ 时可近似作为气膜传质控制处理，而当 $\sigma_0^2 \leq 0.1$ 时可近似作为化学反应控制处理。当 $0.1 < \sigma_0^2 < 10$ 时，则应同时考虑两个基元步骤的阻力。

同样与缩核模型类似，反应率函数 $q(X)$ 表示传质控制时的无因次时间，即 $q(X) = t^+$。根据加合性原理可推导出反应在不同独立控制条件下的无因次及有因次的反应速度方程式，见表3-1~表3-3。可见，在化学反应控制条件下，达到一定转化程度所需时间 t 与颗粒的初始半径成正比，而在气膜传质控制条件下达到一定转化程度所需时间 t 与颗粒的初始半径的平方成正比。

表 3 – 1 无产物层生成条件下时间与反应进度的关系（t 与 t^*）

限制环节	有因次时间（t）	无因次时间（t^*）
综合	$t = \dfrac{\rho_B r_p}{b k_r C_{Ab}} \left\{ \left[1 - (1-X)^{1/3} \right] + \dfrac{k_r r_p}{2D} \left[1 - (1-X)^{2/3} \right] \right\}$	$t^* = g(X) + \sigma_0^2 q(X)$
反应	$t = t_{反} = \dfrac{\rho_B r_p}{b k_r C_{Ab}} \left\{ \left[1 - (1-X)^{1/3} \right] \right\}$	$t^* = t_{反}^* = g(X)$
传质	$t = t_{传} = \dfrac{\rho_B r_p}{b k_r C_{Ab}} \left\{ \dfrac{k_r r_p}{2D} \left[1 - (1-X)^{2/3} \right] \right\}$	$t^* = t_{传}^* = \sigma_0^2 q(X)$
加合性	$t = t_{反} + t_{传}$	$t^* = t_{反}^* + t_{传}^*$

表 3 – 2 无产物层生成条件下时间与反应进度的关系（t_c 与 t^+）

限制环节	有因次完全转化时间（t_c）	无因次时间（t^+）
综合	$t_c = \dfrac{\rho_B r_p}{b k_r C_{Ab}} (1 + \sigma_0^2)$	$t^+ = t/t_c$
反应	$t_c = t_{反完} = \dfrac{\rho_B r_p}{b k_r C_{Ab}}$	$t^+ = t_{反}^+ = g(X) = t^*$
传质	$t_c = t_{传完} = \dfrac{\rho_B r_p^2}{2bD C_{Ab}}$	$t^+ = t_{传}^+ = q(X)$
加合性	$t_c = t_{反完} + t_{传完}$	$t^+ \neq t_{反}^+ + t_{传}^+$

表 3 – 3 无产物层生成条件下无因次完全反应时间（t_c^* 与 t_c^+）

限制环节	无因次完全转化时间（t_c^*）	无因次完全转化时间（t_c^+）
综合	$t_c^* = 1 + \sigma_0^2$	$t_c^+ = 1$
反应	$t_c^* = t_{反完}^* = 1$	$t_c^+ = t_{反完}^+ = 1$
传质	$t_c^* = t_{传完}^* = \sigma_0^2$	$t_c^+ = t_{传完}^+ = 1$
加合性	$t_c^* = t_{反完}^* + t_{传完}^*$	$t^+ \neq t_{反完}^+ + t_{传完}^+$

3.1.2.2 气膜紊流

当雷诺数较大（气流速度或固体颗粒较大）、气体流动处于非层流区时（气膜紊流），式（3 – 2）右边的第二项不可忽略。根据无因次时间和无因次半径的定义（式（2 – 17）、式（2 – 82）），式（3 – 4）可简化为

$$- \frac{dt^*}{d\xi} = 1 + \frac{k_r}{k_g} \tag{3 – 13}$$

式（3 – 13）是表示无因次时间 t^* 和反应进行程度 ξ 之间关系的微分方程。其中，$\xi = r_c/r_p$。传质系数 k_g 可根据式（3 – 2）得出，即

$$k_g = \frac{D}{r_c}(1 + a\xi^{1/2}) = \frac{D}{r_p} \cdot \frac{1 + a\xi^{1/2}}{\xi} \tag{3 – 14}$$

式中，a 称为综合气体流动无因次参数，其定义为

$$a = 0.3Re_0^{1/2}Sc^{1/3} = 0.3\left(\frac{2r_p u\rho}{\mu}\right)^{1/2}Sc^{1/3} \tag{3-15}$$

式中，Re_0 为初始雷诺数。

将表示 k_g 与 ξ 关系的式（3-14）代入式（3-13）中，可得

$$-\frac{dt^*}{d\xi} = 1 + \frac{k_r r_p}{D}\frac{\xi}{1 + a\xi^{1/2}} = 1 + \frac{2\sigma_0^2\xi}{1 + a\xi^{1/2}} \tag{3-16}$$

在 $t^* = 0$，$\xi = 1$ 的初始条件下，积分式（3-16）得到

$$t^* = (1 - \xi) + \sigma_0^2 q(\xi) \tag{3-17}$$

式中

$$q(\xi) = \frac{4}{3a}(1 - \xi^{3/2}) - \frac{2}{a^2}(1 - \xi) + \frac{4}{a^3}(1 - \xi^{1/2}) - \frac{4}{a^4}\ln\left(\frac{1 + a}{1 + a\xi^{1/2}}\right) \tag{3-18}$$

比较式（3-8）与式（3-17）可知，二者的差别仅在于转化率函数 $q(X)$ 与 $q(\xi)$，后者要复杂、繁琐些。另外，对于前者，传质控制时 $t_传^+ = q(X)$，而对于后者，因为固体完全转化时 $\xi = 0$，但 $q(0) \neq 1$，所以传质控制时

$$t_传^+ = \frac{q(\xi)}{q(0)} \neq q(\xi) \tag{3-19}$$

一般当 a 较大时，式（3-18）的右边后三项可忽略，则可改写为

$$q(\xi) = \frac{4}{3a}(1 - \xi^{3/2}) \tag{3-20}$$

3.1.2.3　广义颗粒情况

如果将 r_c 不仅看作是球形颗粒在反应过程中的未反应核半径，而是将其广义化为未反应核的特征尺寸，则式（3-4）可以推广应用于其他形状的颗粒，最终反应速度方程式与上述所得结果类似。省略推导过程，结果如下

$$t^* = g_{F_p}(X) + \sigma_0^2 q_{F_p}(X) \tag{3-21}$$

式中，反应模数为

$$\sigma_0^2 = \frac{k_r}{2D}\left(\frac{F_p V_p}{A_p}\right) \tag{3-22}$$

反应率函数 $g_{F_p}(X)$ 为

$$g_{F_p}(X) = 1 - (1 - X)^{1/F_p} \tag{3-23}$$

反应率函数 $q_{F_p}(X)$ 在两种极端气体流动状态时可按下式计算：

（1）气膜层流（$a = 0$）：

$$q_{F_p}(X) = 1 - (1 - X)^{2/F_p} \tag{3-24}$$

（2）强烈气膜紊流（a 较大）：

$$q_{F_p}(X) = \frac{4}{3a}[1 - (1 - X)^{3/2F_p}] \tag{3-25}$$

3.1.3　过程限制环节的判断

3.1.3.1　从颗粒尺寸考虑

在第2章中，论述过当密实固体发生有固体生成物的气－固反应时，粒度对反应速度

的影响。得到结论为，当界面化学反应为限制环节时，固体 B 达到一定转化率所需的时间与颗粒半径成正比（即反应速度与颗粒的半径成反比）；当固体产物层内扩散为限制环节时，固体 B 达到一定转化率所需的时间与颗粒半径的平方成正比（即反应速度与颗粒半径的平方成反比）；当气体边界层传质为限制环节时，由于 k_g 是 r_p 的函数，固体 B 达到一定转化率所需时间与颗粒半径呈现复杂关系。同样，当密实固体发生气化反应时，粒度对反应速度的影响也有类似关系。

（1）当过程为反应控制时，根据式（3－21），可得

$$t^* = g_{F_p}(X) = 1 - (1 - X)^{1/F_p} \tag{3-26}$$

即

$$t = \frac{\rho_B r_p}{b k_r C_{Ab}} [1 - (1 - X)^{1/F_p}] \tag{3-27}$$

所以，反应时间与颗粒特征尺寸的 1 次方成正比。

（2）当过程为传质控制且气流为层流时，$a = 0$，则根据式（3－24），得

$$t^* = \sigma_0^2 q_{F_p}(X) \tag{3-28}$$

$$t = \frac{\rho_B r_p^2}{2 b C_{Ab} D} [1 - (1 - X)^{2/F_p}] \tag{3-29}$$

可知，反应时间与颗粒特征尺寸的 2 次方成正比。

（3）当过程为传质控制且气流为强烈紊流时，a 值较大，则根据式（3－25），得

$$t = \frac{2 \rho_B r_p^2}{3 a b C_{Ab} D} [1 - (1 - X)^{3/2 F_p}] \tag{3-30}$$

将 a 的定义式（式（3－15））代入上式，得

$$t = \frac{2 \rho_B r_p^{1.5}}{0.9 \left(\frac{2 u \rho}{\mu}\right)^{1/2} \left(\frac{\mu}{\rho D}\right)^{1/3} b C_{Ab} D} [1 - (1 - X)^{3/2 F_p}] \tag{3-31}$$

可见，反应时间与颗粒特征尺寸的 1.5 次方成正比。

由以上分析可知，当反应为气膜传质控制时，反应速度与颗粒特征尺寸的 1.5～2 次方成正比，因此与化学反应控制相比，粒度对反应速度的影响更为敏感。

3.1.3.2 从反应有效因子考虑

式（3－21）的微分式可表示为

$$\frac{dX}{dt^*} = [g'_{F_p}(X) + \sigma_0^2 q'_{F_p}(X)]^{-1} \tag{3-32}$$

化学反应阻力和外扩散阻力的相对重要性可用式（3－32）右边括号内两项值的相对大小来判别，显然，反应模数在两项值相对大小的对比中起重要作用。假定两项中的某一项值超过两项和的 95% 时，可认为该项阻力对反应速度起控制作用，则类似式（2－50）定义有效因子如下

$$E^* = \frac{g'_{F_p}(X)}{g'_{F_p}(X) + \sigma_s^2 q'_{F_p}(X)} \tag{3-33}$$

式中

$$g'_{F_p}(X) = \frac{1}{F_p} (1 - X)^{1/F_p - 1} \tag{3-34}$$

气膜层流（$a = 0$）：

$$q'_{F_p}(X) = \frac{2}{F_p}(1 - X)^{2/F_p - 1} \qquad (3-35)$$

强烈气膜紊流（a 较大）：

$$q'_{F_p}(X) = \frac{2}{aF_p}(1 - X)^{3/2F_p - 1} \qquad (3-36)$$

以球形颗粒、$a = 0$ 的情况为例进行分析，则有效因子定义式中的转化率函数的导数可写为

$$g'_{F_p}(X) = \frac{1}{3}(1 - X)^{-2/3} \qquad (3-37)$$

$$q'_{F_p}(X) = \frac{2}{3}(1 - X)^{-1/3} \qquad (3-38)$$

有效因子与转化率的关系如图 3－2 所示。由图可知，在反应过程中，随着反应的进行，化学反应阻力对反应速度的影响是逐渐增加的。在反应初期若过程由传质控制，则反应后期就可能处于反应和传质混合控制；在反应初期若过程为混合控制，则在反应后期就可能转化为反应控制。例如，对于球形颗粒的气化反应，如果反应模数 σ_0^2 为 20，则在反应初期满足 $\sigma_0^2 \geq 10$ 的条件，因而反应速度处于传质控制；而在反应末期，由于 $0.1 < \sigma_0^2 < 50$，所以反应为混合控制。对于长圆柱和薄平板形颗粒可做出同样的计算，结果汇总于表 3－4 中。例如，对于薄平板形颗粒，如果反应模数 σ_0^2 为 1，则在反应初期满足 $0.02 < \sigma_0^2 < 10$ 的条件，反应为混合控制；在反应末期满足 $\sigma_0^2 \leq 2$ 的条件，故过程转变为反应控制。

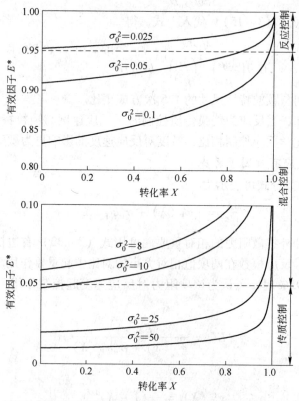

图 3－2   在各种模数下无产物层的球形颗粒有效因子与转化率的关系（$a = 0$）

表 3 - 4　不同形状颗粒反应控制环节转变的模数范围（$a = 0$）

颗粒形状	反应时期	反应控制	混合控制	传质控制
球形	初期（$X = 0$）	$\sigma_0^2 \leqslant 0.025$	$0.025 < \sigma_0^2 < 10$	$\sigma_0^2 \geqslant 10$
	末期（$X = 0.99$）	$\sigma_0^2 \leqslant 0.1$	$0.1 < \sigma_0^2 < 50$	$\sigma_0^2 \geqslant 50$
长圆柱	初期（$X = 0$）	$\sigma_0^2 \leqslant 0.025$	$0.025 < \sigma_0^2 < 10$	$\sigma_0^2 \geqslant 10$
	末期（$X = 0.99$）	$\sigma_0^2 \leqslant 0.25$	$0.25 < \sigma_0^2 < 100$	$\sigma_0^2 \geqslant 100$
薄平板	初期（$X = 0$）	$\sigma_0^2 \leqslant 0.02$	$0.02 < \sigma_0^2 < 10$	$\sigma_0^2 \geqslant 10$
	末期（$X = 0.99$）	$\sigma_0^2 \leqslant 2$	$2 < \sigma_0^2 < 1000$	$\sigma_0^2 \geqslant 1000$

采用类似方法，计算可得到当 $a = 1$、10、100 等其他气体流动条件下反应控制环节转变的模数范围。

例题 3 - 1

厚度为 2mm 的石墨板，在常压下 1173K 和含氧为 10% 的停滞气流中进行气化反应，反应式为 $CO + \frac{1}{2}O_2 = CO_2$，反应为一级不可逆。已知 $\rho = 2260\text{kg/m}^3$，$k_r = 0.2\text{m/s}$，$D = 2 \times 10^{-4}\text{m/s}$。（1）试分析反应控制环节并计算反应进行至 50% 所需的时间；（2）若试样改为球形石墨颗粒在扰动气流（$a = 2$）下进行反应，其他实验条件不变，试求燃烧完全所需时间与颗粒半径的关系。

解：

（1）计算反应模数：

$$\sigma_0^2 = \frac{k_r r_p}{2D} = \frac{0.2 \times 1 \times 10^{-3}}{2 \times 2 \times 10^{-4}} = 0.5$$

由表 3 - 4 可知，对于薄平板状颗粒，在反应初期，反应速度为化学反应和传质混合控制，在反应后期为化学反应控制。

则由式（3 - 21）可得：

$$
\begin{aligned}
t^* &= g_{F_p}(X) + \sigma_0^2 q_{F_p}(X) \\
&= 1 - (1 - X)^{1/F_p} + 0.5 \times \left[1 - (1 - X)^{2/F_p}\right] \\
&= 0.5 + 0.5 \times \left[1 - 0.5^2\right] \\
&= 0.875
\end{aligned}
$$

$$
\begin{aligned}
t &= \frac{\rho_B r_p}{b k_r C_{Ab}} t^* \\
&= \frac{\rho_B r_p RT}{b k_r P} t^* \\
&= \frac{(2260 \times 10^3 / 12) \times 10^{-3} \times 8.314 \times 1173}{1 \times 0.2 \times 0.1 \times 1.0133 \times 10^5} \times 0.875 \\
&= 793(\text{s}) \\
&= 13.2(\text{min})
\end{aligned}
$$

（2）将 $\xi = 0$ 带入式（3 - 18）中，得

$$q(\xi) = \frac{4}{3a} - \frac{2}{a^2} + \frac{4}{a^3} - \frac{4}{a^4}\ln(1 + a)$$

$$= \frac{4}{3 \times 2} - \frac{2}{2^2} + \frac{4}{2^3} - \frac{4}{2^4}\ln(1 + 2)$$

$$= 0.39$$

所以

$$t^* = (1 - \xi) + \sigma_0^2 q(\xi)$$

$$= 1 + 0.39\sigma_0^2$$

$$t = \frac{\rho_B r_p}{bk_r C_{Ab}}t^*$$

$$= \frac{\rho_B r_p RT}{bk_r P}(1 + 0.39\sigma_0^2)$$

$$= \frac{\rho_B r_p RT}{bk_r P}\left(1 + 0.39 \times \frac{k_r r_p}{2D}\right)$$

$$= \frac{(2260 \times 10^3/12) \times 8.314 \times 1173}{1 \times 0.2 \times 0.1 \times 1.0133 \times 10^5}r_p\left(1 + 0.39 \times \frac{0.2}{2 \times 2 \times 10^{-4}}r_p\right)$$

$$= 9.06 \times 10^5 r_p(1 + 195 r_p)$$

即

$$t = 1.77 \times 10^8 r_p^2 + 9.06 \times 10^5 r_p$$

例题 3-2

对于无产物层生产的气-固界面反应，当反应及传质都不可忽略，即过程为综合控制时，试求无因次时间 t^+ 与转化率 X 的关系式。假设过程的雷诺数较小、气体流动处于层流区，$k_g = D/r_c$，$k_{g0} = D/r_p$。

解：

将综合控制过程时 t 及 t_c 的表达式代入到 t^+ 的定义式中，得

$$t^+ = \frac{t}{t_c} = \frac{\dfrac{\rho_B r_p}{bk_r C_{Ab}}\left\{[1 - (1 - X)^{1/3}] + \dfrac{k_r r_p}{2D}[1 - (1 - X)^{2/3}]\right\}}{\dfrac{\rho_B r_p}{bk_r C_{Ab}}\left(1 + \dfrac{k_r r_p}{2D}\right)} \tag{3-39}$$

整理，得

$$t^+ = \frac{1}{\dfrac{1}{k_r} + \dfrac{r_p}{2D}}\left\{\frac{1}{k_r}[1 - (1 - X)^{1/3}] + \frac{r_p}{2D}[1 - (1 - X)^{2/3}]\right\}$$

$$= \frac{1}{\dfrac{1}{k_r} + \dfrac{1}{2k_{g0}}}\left\{\frac{1}{k_r}[1 - (1 - X)^{1/3}] + \frac{1}{2k_{g0}}[1 - (1 - X)^{2/3}]\right\} \tag{3-40}$$

例题 3-3

在总压为 101325Pa 条件下，初始半径为 1mm 的球形石墨颗粒在 900℃、氧含量为 10% 的静止气体中燃烧。设反应为 $C + \frac{1}{2}O_2 = CO_2$，对于氧为一级不可逆反应，试计算完全燃烧所需的时间并确定过程的限制环节。若初始石墨颗粒半径改为 0.1mm，其他条件不变，则结果有何变化？已知该条件下，$k_r = 0.2$ m/s，$D = 2 \times 10^{-4}$ m²/s，$\rho_B = 1.88 \times$

10^5mol/m^3。

解：

气相主体中氧的浓度为

$$C_{Ab} = \frac{P_{Ab}}{RT} = \frac{0.1 \times 101325}{8.314 \times (900 + 273)} = 1.039 (\text{mol/m}^3)$$

当石墨颗粒半径为 1mm 时，

$$\sigma_0^2 = \frac{k_r r_p}{2D} = \frac{0.2 \times 10^{-3}}{2 \times 2 \times 10^{-4}} = 0.5$$

在这种情况下，由于 $0.1 < \sigma_0^2 < 10$，因此过程由化学反应和传质两者混合控制。

所以，$t_c = \frac{\rho_B r_p}{b k_r C_{Ab}}(1 + \sigma_0^2) = \frac{1.88 \times 10^5 \times 10^{-3}}{1 \times 0.2 \times 1.039} \times (1 + 0.5) = 1357.08(\text{s}) = 22.62(\text{min})$

当石墨颗粒半径为 0.1mm 时，

$$\sigma_0^2 = \frac{k_r r_p}{2D} = \frac{0.2 \times 10^{-4}}{2 \times 2 \times 10^{-4}} = 0.05 < 0.1$$

因此，可以认为此时化学反应为过程的限制环节。

所以，$t_c = \frac{\rho_B r_p}{b k_r C_{Ab}}(1 + \sigma_0^2) = \frac{1.88 \times 10^5 \times 10^{-4}}{1 \times 0.2 \times 1.039} \times (1 + 0.05) = 95(\text{s}) = 1.58(\text{min})$

3.2　体积变化的校正

在有产物层生成的气-固界面反应缩核模型的解析过程中，做了颗粒总体积不变的假定。虽然在大多数情况下该假定是合理的，但是也有不少反应在过程中会发生膨胀或收缩等体积变化。例如，在金属的氧化等反应过程中颗粒体积一般会增大，颗粒总体积的变化主要是由于固体的产物与反应物的性质不同造成的（见表 1-5）。在反应过程中，颗粒体积的变化将引起产物层内扩散阻力的变化，而对界面反应的阻力没有影响，对外传质系数 k_g 的影响也可以忽略。

以下以球形颗粒为例（如图 3-3 所示），推导其体积随体系的反应过程发生变化条件下的缩核反应模型。

假定单位体积的球形固体颗粒反应物反应后生成 Z 体积的固体产物且颗粒形状不发生变化，则可定义固体产物层引起颗粒体积变化的校正因子 Z，即

$$Z = \frac{r_p'^3 - r_c^3}{r_p^3 - r_c^3} \qquad (3-41)$$

所以

$$r_p' = [Zr_p^3 + r_c^3(1 - Z)]^{1/3} \qquad (3-42)$$

式中，r_p、r_p' 分别为反应初始和反应过程中的颗粒半径。

在这种情况下，式 (2-3) 仍可用于描述气体反应物在产物层内的扩散，在拟稳态假定下积分该式得到的式 (2-4) 中，只要用 r_p' 代替 r_p 即可适用于该体系。

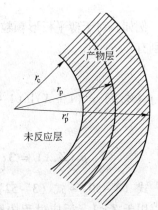

图 3-3　颗粒体积变化的反应模型

设产物层内扩散为限制环节，即 $C_{Ab} = C_{As}$ 且 $C_{Ac} = 0$，则可以写出

$$N_A = 4\pi D_e \frac{r_p' r_c}{r_p' - r_c} C_{Ab} = \frac{N_B}{b} = -\frac{d(\rho_B 4\pi r_c^3/3)}{b dt} = -\frac{\rho_B 4\pi r_c^2 dr_c}{b dt}$$

将式（3－42）代入上式并整理后可得

$$\frac{b k_r C_{Ab}}{\rho_B} dt = \frac{k_r}{D_e}\left(\frac{r_c}{r_p'} - 1\right) r_c dr_c = \frac{k_r}{D_e}\left\{\frac{r_c}{[Zr_p^3 + r_c^3(1-Z)]^{1/3}} - 1\right\} r_c dr_c \qquad (3-43)$$

在 $t = 0 \sim t$，$r_c = r_p \sim r_c$ 范围，积分上式得

$$\frac{b k_r C_{Ab}}{\rho_B} t = \frac{k_r}{2D_e} \frac{V_p}{A_p} 3\left\{\frac{Z - [Z + (1-Z)(r_c/r_p)^3]^{2/3}}{Z - 1} - \left(\frac{r_c}{r_p}\right)^2\right\} \qquad (3-44)$$

$$t^* = \sigma_s^2 3\left\{\frac{Z - [Z + (1-Z)(1-X)]^{2/3}}{Z - 1} - (1-X)^{2/3}\right\} = \sigma_s^2 p(Z,X) \qquad (3-45)$$

式中

$$p(Z,X) = 3\left\{\frac{Z - [Z + (1-Z)(1-X)]^{2/3}}{Z - 1} - (1-X)^{2/3}\right\} \qquad (3-46)$$

如上所述，颗粒体积的变化对界面反应的阻力没有影响，对 k_g 的影响也可以忽略，在边界层传质和界面化学反应为限制环节时的式（2－2）和式（2－5）仍然适用。根据时间加合原则，在混合控制时，式（2－19）中的第一、三两项不变，只要用式（3－46）表达的 $p(Z,X)$ 代替第二项中的 $p(X)$，就可用于体积发生变化的球形颗粒体系，即

$$t^* = g(X) + \sigma_s^2[p(Z,X) + 2X/Sh^*] \qquad (3-47)$$

对于形状系数为 F_p 的广义固体颗粒，反应过程中体积发生变化时可按下式定义体积变化的校正因子

$$\begin{cases} Z = \dfrac{r_p'^{F_p} - r_c^{F_p}}{r_p^{F_p} - r_c^{F_p}} \\ r_p' = [Zr_p^{F_p} + (1-Z)r_c^{F_p}]^{1/F_p} \end{cases} \qquad (3-48)$$

同样，用类似的方法可以证明，式（2－54）仍然适用，只是函数 $p_{F_p}(X)$ 要用 $p_{F_p}(Z,X)$ 代替，即

$$t^* = g_{F_p}(X) + \sigma_s^2\left[p_{F_p}(Z,X) + \frac{2X}{Sh^*}\right] \qquad (3-49)$$

例如，对于薄平板形颗粒（$F_p = 1$）、长圆柱形颗粒（$F_p = 2$）及球形颗粒（$F_p = 3$），分别有

$$p_1(Z,X) = ZX^2 \qquad (3-50)$$

$$p_2(Z,X) = (1-X)\ln(1-X) + \frac{[Z + (1-Z)(1-X)]\ln[Z + (1-Z)(1-X)]}{Z - 1} \qquad (3-51)$$

$$p_3(Z,X) = 3\left\{\frac{Z - [Z + (1-Z)(1-X)]^{2/3}}{Z - 1} - (1-X)^{2/3}\right\} \qquad (3-52)$$

式（3－50）~式（3－52）可以用于 $Z > 1$（反应过程中颗粒体积膨胀）的情况，也可以用于 $Z < 1$（反应过程中颗粒体积收缩）的情况。当 $Z = 1$ 时，上面三式可还原为表 2－5 所示的结果。应该注意，当 $Z \to 1$ 时，式（3－51）和式（3－52）的右侧为不定解，

需利用洛必达法则进行处理，使之还原为原来的函数形式。

需要指出的是，通常情况下，固体反应物和固体生成物的比容或理论密度是不相同的，有时甚至有明显差别，但反应过程中主要表现为固体内部孔隙结构的改变，其颗粒的尺寸并不一定发生明显变化，即 Z 值仍近似等于 1，在这种情况下可不必进行上述的修正。另外，对不同 Z 值的计算结果表明，当 $0.5 < Z < 2$ 时，固态物质体积变化时对气固反应动力学规律的影响不大。

3.3 可逆气-固反应

冶金过程中的大多数反应为多相非催化的不可逆反应，前面的推导也都是在反应为不可逆的假定条件下进行的。但是，目前很多文献在讨论宏观动力学反应规律时仍然广泛考虑可逆反应，故在此以前述气-固界面反应的缩核模型为例，补充和归纳可逆反应条件下的宏观动力学推导结果。

3.3.1 浓度及速度常数项的修正

在反应为可逆的条件下，式（2-5）可写为

$$N_{Ar} = 4\pi r_c^2 k_r (C_{Ac} - C_{Cc}/K) \tag{3-53}$$

式中，K 为反应式（2-1）的平衡常数；C_{Cc} 为反应界面上气体生成物 C 的浓度。如果令 C_{Ac}^* 和 C_{Cc}^* 分别代表反应处于平衡状态时气体反应物 A 和产物 C 在反应界面处的浓度，则根据准稳态假设，C_{Ac}^* 和 C_{Cc}^* 之和应等于任意时刻 C_{Ac} 和 C_{Cc} 之和，即

$$C_{Ac}^* + C_{Cc}^* = C_{Ac} + C_{Cc} \tag{3-54}$$

$$C_{Cc} = C_{Ac}^* + C_{Cc}^* - C_{Ac} = (1 + K)C_{Ac}^* - C_{Ac} \tag{3-55}$$

所以

$$
\begin{aligned}
N_{Ar} &= 4\pi r_c^2 k_r (C_{Ac} - C_{Cc}/K) \\
&= 4\pi r_c^2 k_r \left(C_{Ac} - \frac{1+K}{K}C_{Ac}^* + \frac{C_{Ac}}{K} \right) \\
&= 4\pi r_c^2 k_r (1 + 1/K)(C_{Ac} - C_{Ac}^*)
\end{aligned} \tag{3-56}
$$

则式（2-7）可改写为

$$
\begin{cases}
\dfrac{N_A}{4\pi r_p^2 k_g} = C_{Ab} - C_{As} \\[3mm]
\dfrac{N_A}{4\pi D_e/(1/r_c - 1/r_p)} = C_{As} - C_{Ac} \\[3mm]
\dfrac{N_A}{4\pi r_c^2 k_r (1 + 1/K)} = C_{Ac} - C_{Ac}^*
\end{cases} \tag{3-57}
$$

式（2-8）变为

$$N_A = \frac{4\pi r_p^2 (C_{Ab} - C_{Ac}^*)}{\dfrac{1}{k_g} + \dfrac{r_p}{D_e}\left(\dfrac{r_p}{r_c} - 1\right) + \dfrac{1}{k_r(1 + 1/K)}\left(\dfrac{r_p}{r_c}\right)^2} \tag{3-58}$$

可见，在不可逆条件下推导得到的反应速度公式中（见表2-1~表2-3），将 C_{Ab} 改为（$C_{Ab} - C_{Ac}^*$），将 k_r 改为 $k_r(1 + 1/K)$，即可得到可逆条件下相应的反应速度公式。

注意，$C_{Ab} - C_{Ac}^*$ 也可写为另一种形式，即

$$C_{Ab} - C_{Ac}^* = \left(C_{Ab} - \frac{C_{Cb}}{K} \right)\left(\frac{K}{1 + K} \right) \tag{3-59}$$

证明如下：

由式（3-59）可推导得

$$
\begin{aligned}
K &= \frac{C_{Ab} - C_{Ac}^* + C_{Cb}}{C_{Ac}^*} \\
&= \frac{C_{Ac}^* - C_{Ac}^* + C_{Cc}^*}{C_{Ac}^*} \\
&= \frac{C_{Cc}^*}{C_{Ac}^*}
\end{aligned}
\tag{3-60}
$$

所以式（3-59）成立。这里利用了准稳态假设，即

$$C_{Ac}^* + C_{Cc}^* = C_{Ac} + C_{Cc} = C_{Ab} + C_{Cb} \tag{3-61}$$

3.3.2　反应速度方程式

3.3.2.1　综合反应速度的积分式

在可逆反应条件下，综合反应速度的积分式，即式（2-54）仍然适用，即

$$t^* = g_{F_p}(X) + \sigma_s^2 \left[p_{F_p}(X) + \frac{2X}{Sh^*} \right] \tag{2-54}$$

但对可逆气固界面反应，需对含有浓度项或速度常数项的反应模数及无因次时间进行修正，结果如下：

反应模数

$$\sigma_s^2 = \left(\frac{1 + K}{K} \right)\frac{k_r r_p}{2F_p D_e} \tag{3-62}$$

无因次时间

$$t^* = \frac{\text{实际反应时间}}{\text{反应控制时完全转化时间}} = \frac{t}{t_{反完}} \tag{2-37}$$

式中

$$t_{反完} = \frac{\rho_B r_p}{b k_r \left(\dfrac{1 + K}{K} \right)\left(C_{Ab} - \dfrac{C_{Cb}}{K} \right)\left(\dfrac{K}{1 + K} \right)} = \frac{\rho_B r_p}{b k_r \left(C_{Ab} - \dfrac{C_{Cb}}{K} \right)} \tag{3-63}$$

3.3.2.2　综合反应速度的微分式

对于不同形状的固体颗粒，可逆反应速度的微分式会有不同的表达形式。以广义颗粒半径的时间变化率为例，分析如下：

（1）球形颗粒。针对球形颗粒不可逆反应的式（2-10），在可逆条件下对其中的气体浓度项及速度常数项进行修正后，可得

$$-\frac{dr_c}{dt} = \frac{1}{\rho_B} \frac{b\left(C_{Ab} - \frac{C_{Cb}}{K}\right)\left(\frac{K}{1+K}\right)}{\frac{1}{k_g}\left(\frac{r_c}{r_p}\right)^2 + \frac{r_c}{D_e}\left(1 - \frac{r_c}{r_p}\right) + \frac{1}{k_r(1+1/K)}} \tag{3-64}$$

即

$$-\frac{dr_c}{dt} = \frac{1}{\rho_B} \frac{b\left(C_{Ab} - \frac{C_{Cb}}{K}\right)}{(1+1/K)\left[\frac{1}{k_g}\left(\frac{r_c}{r_p}\right)^2 + \frac{r_c}{D_e}\left(1 - \frac{r_c}{r_p}\right)\right] + \frac{1}{k_r}} \tag{3-65}$$

（2）长圆柱形颗粒。针对长圆柱形颗粒不可逆反应的式（2-62），在可逆条件下对其中的气体浓度项及速度常数项进行修正后，可得

$$-\frac{dr_c}{dt} = \frac{1}{\rho_B} \frac{b\left(C_{Ab} - \frac{C_{Cb}}{K}\right)\left(\frac{K}{1+K}\right)}{\frac{1}{k_g}\frac{r_c}{r_p} + \frac{r_c}{D_e}\ln(r_p/r_c) + \frac{1}{k_r(1+1/K)}} \tag{3-66}$$

即

$$-\frac{dr_c}{dt} = \frac{1}{\rho_B} \frac{b\left(C_{Ab} - \frac{C_{Cb}}{K}\right)}{(1+1/K)\left[\frac{1}{k_g}\frac{r_c}{r_p} + \frac{r_c}{D_e}\ln(r_p/r_c)\right] + \frac{1}{k_r}} \tag{3-67}$$

（3）薄平板形颗粒。针对薄平板形颗粒不可逆反应的式（2-71），在可逆条件下对其中的气体浓度项及速度常数项进行修正后，可得

$$-\frac{dr_c}{dt} = \frac{1}{\rho_B} \frac{b\left(C_{Ab} - \frac{C_{Cb}}{K}\right)\left(\frac{K}{1+K}\right)}{\frac{1}{k_g} + \frac{r_p - r_c}{D_e} + \frac{1}{k_r(1+1/K)}} \tag{3-68}$$

即

$$-\frac{dr_c}{dt} = \frac{1}{\rho_B} \frac{b\left(C_{Ab} - \frac{C_{Cb}}{K}\right)}{(1+1/K)\left(\frac{1}{k_g} + \frac{r_p - r_c}{D_e}\right) + \frac{1}{k_r}} \tag{3-69}$$

在以广义颗粒半径的时间变化率的形式表现的综合反应速度公式中，右边分母可整理为三项之和，它们分别代表扩散阻力、传质阻力及反应阻力。同样，根据加合性原理，这些公式不仅能描述三种阻力同时存在时的反应界面移动速度，也可用于描述只存在两种阻力或单一阻力的场合。

3.4 非线性气-固反应

在前述动力学模型的建立及推导过程中，界面化学反应对气态物质而言假定为一级。当反应为其他级数时，动力学方程将表现出非线性，则前面导出的反应速度关系式需要修正。

　　处理非线性化学反应动力学问题的方法与前面介绍过的情况类似，但在非线性化学反应条件下，很难得到解析解，一般只能利用数值计算的方法求出数值解。因此，从理论上说，只要掌握了动力学方程的建立方法和数值计算方法，非线性动力学问题便可迎刃而解。

　　反应级数对气－固反应动力学的影响较大，尤其当气－固反应受界面化学反应和气体通过固态产物层的扩散共同控制时，反应级数的影响更大。因此，在建立动力学方程时，应慎重运用"气－固反应对气态物质而言为一级反应"这一假定。否则，可能会造成很大的偏差。

　　假设气－固界面反应为 n 级不可逆反应且可忽略外扩散阻力。与第 2 章推导缩核模型的方法类似，对于不同形状的颗粒，通过将化学反应速度、内扩散速度分别与界面移动速度相关联，即可得到综合速度关系式。为讨论问题方便，最终都以无因次形式来表达。

　　首先，参考式（2-5）、式（2-9），可得化学反应速度和界面移动速度之间存在如下关系

$$k_r C_{Ac}^n = -\frac{\rho_B}{b}\frac{dr_c}{dt} \tag{3-70}$$

式中，n 为气体反应物的反应级数。

　　为了将式（3-70）无因次化，定义如下无因次量：

无因次时间

$$t^* = \frac{t}{\dfrac{\rho_B r_p}{b k_r C_{Ab}^n}} \tag{3-71}$$

无因次浓度

$$\psi_c = \frac{C_{Ac}}{C_{Ab}} \tag{3-72}$$

则式（3-70）可写为如下无因次参数方程

$$\frac{d\xi}{dt^*} = -\psi_c^n \tag{3-73}$$

　　其次，将反应时内扩散速度与界面移动速度相关联。在球形颗粒情况下，参考式（2-4）、式（2-6）、式（2-9）可得

$$D_e \frac{C_{Ab}-C_{Ac}}{1/r_c - 1/r_p} = -\frac{r_c^2 \rho_B}{b}\frac{dr_c}{dt} \tag{3-74}$$

写成无因次形式，得

$$\frac{d\xi}{dt} = \frac{6D_e b(C_{Ab}-C_{Ac})}{\rho_B r_p^2 p'_{F_p}(\xi)} \tag{3-75}$$

同理，对长圆柱和薄平板状颗粒，可推导得：

长圆柱

$$\frac{d\xi}{dt} = \frac{4D_e b(C_{Ab}-C_{Ac})}{\rho_B r_p^2 p'_{F_p}(\xi)} \tag{3-76}$$

薄平板

$$\frac{d\xi}{dt} = \frac{2D_e b(C_{Ab}-C_{Ac})}{\rho_B r_p^2 p'_{F_p}(\xi)} \tag{3-77}$$

因此，不同形状的固体颗粒可写成如下通式

$$\frac{d\xi}{dt} = \frac{2F_p D_e b C_{Ab}(1-\psi_c)}{\rho_B r_p^2 p'_{F_p}(\xi)} \tag{3-78}$$

将无因次时间的定义式即式（3-71）代入上式，得

$$\frac{\mathrm{d}\xi}{\mathrm{d}t^{*}} = \frac{2F_{p}D_{e}}{k_{r}C_{Ab}^{n-1}r_{p}} \cdot \frac{1-\psi_{c}}{p'_{F_{p}}(\xi)} \tag{3-79}$$

定义新的反应模数（注意：当 $n=1$ 时，即成为式（2-56））

$$\sigma_{s}^{2} = \frac{k_{r}C_{Ab}^{n-1}r_{p}}{2F_{p}D_{e}} \tag{3-80}$$

则式（3-79）可写为

$$\frac{\mathrm{d}\xi}{\mathrm{d}t^{*}} = \frac{1-\psi_{c}}{\sigma_{s}^{2}p'_{F_{p}}(\xi)} \tag{3-81}$$

式（3-73）和式（3-81）即为描述 n 级气-固不可逆界面反应的动力学方程。

当 $n=1$ 时，联立式（3-73）和式（3-81），消去浓度项并积分，得

$$\int_{1}^{\xi}\left[-1+\sigma_{s}^{2}p'_{F_{p}}(\xi)\right]\mathrm{d}\xi = \int_{0}^{t^{*}}\mathrm{d}t^{*} \tag{3-82}$$

即

$$t^{*} = g_{F_{p}}(\xi) + \sigma_{s}^{2}p_{F_{p}}(\xi) \tag{3-83}$$

上式即为式（2-54）（忽略外扩散阻力）。

当 $n \neq 1$ 时，联立式（3-73）和式（3-81）不能求得解析解，但可利用计算机求得数值解（见书末"基于 Excel 的解析举例"一章）。以球形颗粒为例，在不同反应模数条件下，考察反应级数分别为 $n=0.5$、$n=1$、$n=2$ 时，无因次反应半径移动速度与无因次反应半径位置的关系，如图3-4所示。图中椭圆形实线所包围的三条曲线为一组模数值相同的曲线，共5组曲线，对应模数值从上至下分别为0.02、0.1、0.5、2、10，每一组曲线中从上至下对应的反应级数分别为0.5、1、2，相应的无因次反应半径位置与无因次时间的关系如图3-5所示。

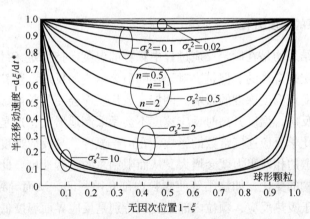

图3-4　反应级数对无因次反应半径移动速度与无因次反应半径
位置关系的影响（球形颗粒）

由图3-4及图3-5可知，当模数值较大（>10）或较小（<0.1）时，不同反应级数的曲线趋于合并，即不同反应级数对动力学行为的影响很小。当模数值较小、过程为反应控制时，可认为反应过程中无内扩散阻力，这时 $C_{Ac} \approx C_{Ab}$，即 $-\mathrm{d}\xi/\mathrm{d}t^{*} = \psi_{c}^{n} \approx 1$，不同反应级数的曲线趋于合并为一条直线；当模数值较大、过程为内扩散控制时，可认为化学

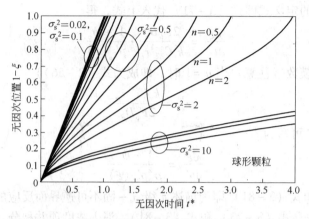

图 3 - 5　反应级数对无因次反应半径位置与无因次时间
关系的影响（球形颗粒）

反应阻力趋于次要地位，反应级数对动力学行为的影响很小。因此，可以认为反应过程中，当反应速度为化学反应控制或由内扩散控制时，反应级数对动力学行为的影响很小或没有影响，动力学方程可近似地使用由一级反应所导出的关系式，但需注意无因次时间和模数需采用本节所用的定义式。

对于混合控制，即模数值处于中等的情况时，反应级数对动力学行为的影响较大，动力学方程应采用本节所讨论的方法求解。对于薄平板形颗粒和长圆柱形颗粒，可以做出同样的图形并得到同样的结论。

3.5　传热的影响

3.5.1　非恒温体系的速度方程

第 2 章的推导结果均是在假定反应过程中颗粒的温度保持恒定条件下得到的。当反应焓变不大时，该假定是合理的。但是，对于伴随显著焓变的反应，颗粒内部可能形成温度梯度，反应速度将受该温度梯度的影响。例如，放热反应会使颗粒内部温度升高，从而加速反应。对于放热反应，温度升高时反应速度不会无限制地增大，这是因为温度对扩散系数的影响远低于对化学反应速度常数的影响，在由于温度升高反应速度加快的过程中，通过固体产物层内扩散的相对阻力就会增大，从而限制总的过程速度。此外，颗粒局部温度过高还会导致其结构的变化，如烧结等使颗粒内部孔隙封闭，从而导致内扩散阻力加大，阻碍反应进行。对于吸热反应，颗粒内部温度、特别是反应界面温度低于气流温度，气流向颗粒表面及颗粒内部的传热速度对反应过程速度有重要影响。本节针对以上考虑，建立非等温体系条件下的反应数学模型并求解固体物料的转化率与反应时间的关系。

对于非等温体系，除前述关于质量的速度方程外，还必须考虑包括反应热焓变化的传热速度方程。以球形颗粒有产物层生成的一级不可逆反应过程为例，忽略颗粒体积的变化和颗粒显热（即假定固体的热容量远小于反应热）的影响，可建立以下 6 个基元步骤的速度方程。

传质速度
$$
\begin{cases}
N_{Ac} = 4\pi r_p^2 k_g (C_{Ab} - C_{As}) \\
N_{Ad} = 4\pi r^2 D_e \dfrac{dC_A}{dr} \\
N_{Ar} = 4\pi r_c^2 k_r C_{Ac}
\end{cases}
\tag{3-84}
$$

传热速度
$$
\begin{cases}
Q_c = 4\pi r_p^2 h (T_b - T_s) \\
Q_d = 4\pi r^2 \lambda_e \dfrac{dT}{dr} \\
Q_r = 4\pi r_c^2 k_r (T_c) C_{Ac} (-\Delta H)
\end{cases}
\tag{3-85}
$$

式中，N_{Ac}、N_{Ad} 和 N_{Ar} 及其表达式中各参数的意义同前；Q_c、Q_d 和 Q_r 分别表示气流与颗粒表面间的传热速度、气流通过固体产物层的导热速度及化学反应放热（或吸热）速度；T_b、T_s 和 T_c 分别为气流主体温度、颗粒表面温度及反应界面温度；h 和 λ_e 分别为气流与颗粒间的传热系数以及固体产物层的有效导热系数；ΔH 为反应的焓变；$k_r(T_c)$ 表示温度为 T_c 时的反应速度常数。

根据准稳态假定（传热与传质二者都作准稳态假定），可得

$$
N_A = N_{Ac} = N_{Ad} = N_{Ar}
\tag{3-86}
$$

$$
Q = Q_c = Q_d = Q_r
\tag{3-87}
$$

假定 k_g、D_e、h、λ_e 及 ΔH 均为常数，仅考虑反应速度常数与温度的关系 $k_r = k_0 \exp[-E/(RT)]$，分别联立式（3-84）和式（3-86）及式（3-85）和式（3-87），消去 C_{As} 和 T_s，可以导出

$$
\frac{C_{Ab}}{C_{Ac}} - 1 - \sigma_s^2(T_b) \left[\frac{2/Sh^* + p'_{F_p}(X)}{g'_{F_p}(X)} \right] \exp\left[\gamma \left(1 - \frac{T_b}{T_c} \right) \right] = 0
\tag{3-88}
$$

$$
\frac{T_c}{T_b} - 1 - \beta \sigma_s^2(T_b) \frac{C_{Ac}}{C_{Ab}} \left[\frac{2/Nu^* + p'_{F_p}(X)}{g'_{F_p}(X)} \right] \exp\left[\gamma \left(1 - \frac{T_b}{T_c} \right) \right] = 0
\tag{3-89}
$$

式中，$g'_{F_p}(X)$ 和 $p'_{F_p}(X)$ 分别为函数 $g_{F_p}(X)$ 和 $p_{F_p}(X)$ 对 X 的导数，且

$$
\begin{cases}
\gamma = \dfrac{E}{R_G T_b} \\[2mm]
\beta = \dfrac{(-\Delta H) D_e C_{Ab}}{\lambda_e T_b} \\[2mm]
\sigma_s^2(T_b) = \dfrac{k_r(T_b)}{2D_e} \dfrac{V_p}{A_p} \\[2mm]
Nu^* = \dfrac{h}{\lambda_e} \left(\dfrac{F_p V_p}{A_p} \right)
\end{cases}
\tag{3-90}
$$

其中，R_G 为气体常数，E 为界面反应的表观活化能。Nu^* 为变形（或修正）的努塞尔数，表示传热与导热强度的相对大小。式（3-88）和式（3-89）分别为物质平衡方程和热量平衡方程，这两个方程构成了非等温条件下的基本动力学方程。联立式（3-88）和式（3-89）可解出作为转化率 X 函数的 $C_{Ac}(X)$ 和 $T_c(X)$，并将它们代入式（3-84）的第三式，同时考虑气体 A 的消耗与固体 B 的消耗的化学计量关系，可得到

$$
4\pi r_c^2 k_0 \exp\left[\frac{E}{R_G T_c(X)} \right] C_{Ac}(X) = -\frac{\rho_B 4\pi r_c^2}{b} \frac{dr_c}{dt}
$$

整理得

$$\frac{dX}{dt} = \frac{bk_0}{\rho_B r_p}\exp\left[\frac{E}{R_G T_c(X)}\right]C_{Ac}(X)(1-X)^{2/3} \qquad (3-91)$$

微分方程式（3-91）即为非恒温条件下球形颗粒有产物层生成时一级不可逆反应过程的速度方程。由于式（3-91）中存在非线性项 $C_{Ac}(X)$ 和 $T_c(X)$，故应采用数值法，即可求得固体物料转化率与反应时间的关系。

例题 3-4

以球形颗粒为例，证明式（3-88）成立。

证明：

由式（2-7）及式（2-8）可得

$$4\pi r_c^2 k_r(T_c)C_{Ac} = \frac{4\pi r_p^2 C_{Ab}}{\dfrac{1}{k_g} + \dfrac{r_p}{D_e}\left(\dfrac{r_p}{r_c} - 1\right) + \dfrac{1}{k_r}\left(\dfrac{r_p}{r_c}\right)^2} \qquad (3-92)$$

即

$$
\begin{aligned}
\frac{C_{Ab}}{C_{Ac}} &= 1 + r_c^2 k_r(T_c)\left[\frac{1}{r_p^2 k_g} + \frac{1}{D_e}\left(\frac{1}{r_c} - \frac{1}{r_p}\right)\right] \\
&= 1 + r_c^2 k_r(T_b)\frac{k_0\exp[-E/(R_G T_c)]}{k_0\exp[-E/(R_G T_b)]}\left[\frac{1}{r_p^2 k_g} + \frac{1}{D_e}\left(\frac{1}{r_c} - \frac{1}{r_p}\right)\right] \\
&= 1 + r_c^2 k_r(T_b)\left[\frac{1}{r_p^2 k_g} + \frac{1}{D_e}\left(\frac{1}{r_c} - \frac{1}{r_p}\right)\right]\exp\left[\frac{E}{RT_b}\left(1 - \frac{T_b}{T_c}\right)\right] \\
&= 1 + r_c^2 k_r(T_b)\left[\frac{1}{r_p^2 k_g} + \frac{1}{D_e}\left(\frac{1}{r_c} - \frac{1}{r_p}\right)\right]\exp\left[\gamma\left(1 - \frac{T_b}{T_c}\right)\right]
\end{aligned} \qquad (3-93)
$$

所以

$$\frac{C_{Ab}}{C_{Ac}} - 1 - r_c^2 k_r(T_b)\left[\frac{1}{r_p^2 k_g} + \frac{1}{D_e}\left(\frac{1}{r_c} - \frac{1}{r_p}\right)\right]\exp\left[\gamma\left(1 - \frac{T_b}{T_c}\right)\right] = 0 \qquad (3-94)$$

即

$$\frac{C_{Ab}}{C_{Ac}} - 1 - \frac{k_r(T_b)}{D_e}r_p\left[\frac{\dfrac{D_e}{k_g r_p} + \dfrac{r_p}{r_c} - 1}{(r_p/r_c)^2}\right]\exp\left[\gamma\left(1 - \frac{T_b}{T_c}\right)\right] = 0 \qquad (3-95)$$

将式（2-12）代入式（3-95），得

$$\frac{C_{Ab}}{C_{Ac}} - 1 - \frac{k_r(T_b)}{D_e}r_p\left[\frac{\dfrac{D_e}{k_g r_p} + (1-X)^{-1/3} - 1}{(1-X)^{-2/3}}\right]\exp\left[\gamma\left(1 - \frac{T_b}{T_c}\right)\right] = 0 \qquad (3-96)$$

即

$$\frac{C_{Ab}}{C_{Ac}} - 1 - \frac{k_r(T_b)r_p}{6D_e}\left[\frac{\dfrac{2D_e}{k_g r_p} + 2(1-X)^{-1/3} - 2}{\dfrac{1}{3}(1-X)^{-2/3}}\right]\exp\left[\gamma\left(1 - \frac{T_b}{T_c}\right)\right] = 0 \qquad (3-97)$$

因为

$$p'_{F_p}(X) = \left[1 - 3(1-X)^{\frac{2}{3}} + 2(1-X) \right]' = 2(1-X)^{-1/3} - 2$$

$$g'_{F_p}(X) = \left[1 - (1-X)^{\frac{1}{3}} \right]' = \frac{1}{3}(1-X)^{-2/3} \tag{3-98}$$

所以式（3-97）与式（3-88）一致，证毕。

例题 3-5

以球形颗粒为例，证明式（3-89）成立。

证明：

由式（3-85）及式（3-87）可得

$$\begin{cases} \dfrac{Q}{4\pi r_p^2 h} = T_b - T_s \\[2mm] \dfrac{Q}{4\pi\lambda_e\left(\dfrac{r_c r_p}{r_p - r_c}\right)} = T_s - T_c \\[2mm] Q = 4\pi r_c^2 k_r(T_c) C_{Ac}(-\Delta H) \end{cases} \tag{3-99}$$

消去 Q、T_s，可得

$$r_c^2 k_r(T_c) C_{Ac}(-\Delta H)\left[\frac{1}{r_p^2 h} + \frac{1}{\lambda_e}\frac{r_p - r_c}{r_c r_p} \right] = T_b - T_c \tag{3-100}$$

对式（3-100），两边同除 T_b，同时带入 $k_r(T_c)$ 的表达式（与式（3-88）的证明类似），整理得

$$\frac{T_c}{T_b} - 1 - \frac{-\Delta H}{\lambda_e T_b} k_r(T_b) r_p C_{Ac}\left[\frac{\dfrac{\lambda_e}{h r_p} + \left(\dfrac{r_c}{r_p}\right)^{-1} - 1}{\left(\dfrac{r_c}{r_p}\right)^{-2}} \right]\exp\left[\gamma\left(1 - \frac{T_b}{T_c}\right) \right] = 0 \tag{3-101}$$

即

$$\frac{T_c}{T_b} - 1 - \frac{-\Delta H}{\lambda_e T_b} k_r(T_b) r_p C_{Ac}\left[\frac{\dfrac{\lambda_e}{h r_p} + (1-X)^{-1/3} - 1}{(1-X)^{-2/3}} \right]\exp\left[\gamma\left(1 - \frac{T_b}{T_c}\right) \right] = 0 \tag{3-102}$$

$$\frac{T_c}{T_b} - 1 - \frac{(-\Delta H)D_e C_{Ab}}{\lambda_e T_b}\frac{k_r(T_b)}{6D_e}\frac{C_{Ac}}{C_{Ab}}\left[\frac{2\dfrac{\lambda_e A_p}{h F_p V_p} + 2(1-X)^{-1/3} - 2}{\dfrac{1}{3}(1-X)^{-2/3}} \right]\exp\left[\gamma\left(1 - \frac{T_b}{T_c}\right) \right] = 0$$

$$\tag{3-103}$$

上式与式（3-89）相同，证毕。

3.5.2 传热控制的吸热分解反应

许多关于碳酸盐热分解反应过程的动力学研究表明，在碳酸盐煅烧反应过程中，热分解开始发生在颗粒的外表面，然后逐渐向中心推进，其后的反应发生在未分解的碳酸盐和固体产物之间的薄层内。因此，可以用缩核模型描述碳酸盐煅烧反应过程。对于热效应较大、固体有效导热系数较小的大颗粒碳酸盐固体分解反应，其过程可以由传热速度所控

制。碳酸盐热分解是没有气体反应物参加的强吸热反应。例如，$CaCO_3$ 热分解就是一个重要的典型碳酸盐热分解反应

$$CaCO_3(s) \rightleftharpoons CaO(s) + CO_2(g) \qquad \Delta H = 161.1kJ/mol \qquad (3-104)$$

可见，在反应过程中，固体颗粒内部的温度将明显低于表面的温度。以下根据强吸热的碳酸盐热分解反应过程的动力学特征，以 $CaCO_3$ 热分解为例，介绍传热控制时界面模型的推导方法，在推导其综合反应速度式时假定：

（1）炉温恒定，颗粒内固体氧化物产物层内温度连续变化，未分解的碳酸钙核心温度保持一定并等于该条件下的碳酸钙分解温度；

（2）传质步骤和化学反应的阻力可以忽略；

（3）传热过程为准稳态。

在上述假定条件下，设 r_p、r_c 分别为颗粒半径和颗粒内未反应核的半径，T_d 为分解压达到 101325Pa 所对应的平衡温度，T_b 为气相主体温度，T_s 为颗粒表面温度。反应过程中，未反应核表面和内部温度始终恒定且等于 T_d，反应速度取决于气相主体至未反应核表面的传热速度，反应过程中未反应核不断缩小直至消失。过程的基元步骤及传热速度（J/s）归纳如下：

（1）主气流向颗粒表面的传热速度

$$Q_c = 4\pi r_p^2 h(T_b - T_s) \qquad (3-105)$$

式中，h 为传热系数，$W/(m^2 \cdot K)$。

（2）固体产物层内的导热速度

$$Q_d = 4\pi r^2 \lambda_e \frac{dT}{dr} \qquad (3-106)$$

式中，λ_e 为固体产物层内的有效导热系数，$W/(m \cdot K)$。在准稳态假定下，通过固体产物层内各同心球面的导热量相等，即 Q_d 为常数。于是，在 $r = r_p \sim r_c$，$T = T_s \sim T_d$ 区间，分离变量积分上式得

$$Q_d = \frac{4\pi \lambda_e (T_s - T_d)}{1/r_c - 1/r_p} \qquad (3-107)$$

（3）分解反应界面的吸热速度

$$Q_r = \left(-4\pi r_c^2 \rho_p \frac{dr_c}{dt} \right) \Delta H \qquad (3-108)$$

式中，等号右侧括号中的项表示碳酸钙分解时固体反应物消耗的摩尔速度，mol/s；ρ_p 为固体反应物的摩尔密度，mol/m^3；ΔH 为分解出 1mol 气相生成物时所吸收的热量，J/mol。

根据准稳态原理有

$$Q_c = Q_d = Q_r = Q \qquad (3-109)$$

由式（3-105）和式（3-107）消去未知的表面温度 T_s 得

$$Q = \frac{4\pi r_p^2 h(T_b - T_d)(r_c/r_p)}{r_c/r_p + \frac{hr_p}{\lambda_e}(1 - r_c/r_p)} = \frac{4\pi r_p^2 h(T_b - T_d)\eta}{\eta + Nu^*(1 - \eta)} \qquad (3-110)$$

式中，$\eta = r_c/r_p$，表示颗粒内反应界面的无因次位置；$Nu^* = hr_p/\lambda_e$，为变形的努塞尔数。

将式（3-110）与式（3-108）联立，整理得

$$-\frac{\mathrm{d}\eta}{\mathrm{d}t} = \frac{h(T_b - T_d)}{\Delta H\rho_p r_p \eta[\eta + Nu^*(1-\eta)]} \tag{3-111}$$

利用边界条件

$$t = 0, \eta = 1 \tag{3-112}$$

式（3-111）积分后得

$$t = \frac{\Delta H\rho_p r_p}{h(T_b - T_d)}\left[\frac{1}{3}(1-\eta^3) + \frac{Nu^*}{2}(1-\eta^2) - \frac{Nu^*}{3}(1-\eta^3)\right] \tag{3-113}$$

利用 η 与转化率 X 的关系，式（3-113）可变为

$$t = \frac{\Delta H\rho_p r_p}{6h(T_b - T_d)}\{2X + Nu^*[1 - 3(1-X)^{2/3} + 2(1-X)]\} \tag{3-114}$$

完全分解（$X=1$）时所需时间 t_c 为

$$t_c = \frac{\Delta H\rho_p r_p}{6h(T_b - T_d)}(2 + Nu^*) \tag{3-115}$$

式（3-114）及式（3-115）即为球形碳酸盐颗粒分解反应速度由传热控制时的动力学表达式。其他几何形状的颗粒的动力学表达式也可以用类似方法得到。

由式（3-114）可知，达到一定转化率所需的时间随反应热效应和颗粒尺寸的增加而增加，随传热系数、气相主体温度与平衡分解温度的差以及固体产物层有效导热系数的增加而减少。

定义无因次时间 t^+ 为

$$t^+ = \frac{t}{t_c} = \frac{2X + Nu^*[1 - 3(1-X)^{2/3} + 2(1-X)]}{2 + Nu^*} \tag{3-116}$$

以 Nu^* 值为参数，按式（3-116）计算得到的 X 与 t^+ 的关系示于图 3-6 中。由图可知，Nu^* 值越小，表明外部传热阻力相对固体产物层的导热阻力越大，X 与 t^+ 的关系越接近线性关系（转变为外部传热控制）。在实际煅烧过程中，温度和气体成分都变化的情况下，仅考虑传热过程控制分解反应的模型在多大范围内能适用是应该进一步探讨的问题。

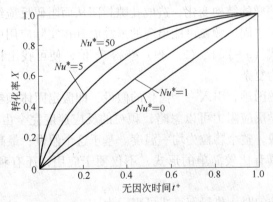

图 3-6　不同 Nu^* 值条件下转化率 X 与无因次时间 t^+ 的关系

例题 3-6

半径为 2.0cm 的球形碳酸钙颗粒在温度为 1257K 的空气中进行热分解，假定反应速度由传热所控制，（1）求达到完全分解所需的时间；（2）求分解至 50% 所需的时间。

已知：$\rho_p = 2.3 \times 10^4 \, \text{mol/m}^3$，$T_d = 1177\text{K}$，$\Delta H = 167.2 \, \text{kJ/mol}$，$\lambda_e = 1 \, \text{W/(m·K)}$，$h_{\text{对流}} = 22.15 \, \text{W/(m}^2 \text{·K)}$，$h_{\text{辐射}} = 61.03 \, \text{W/(m}^2 \text{·K)}$。

解：

（1）

$$h = h_{\text{对流}} + h_{\text{辐射}} = 22.15 + 61.03 = 83.18 \, (\text{W/(m}^2 \text{·K)})$$

$$Nu^* = h r_p / \lambda_e = 83.18 \times 0.02 / 1 = 1.664$$

所以

$$
\begin{aligned}
t_c &= \frac{\Delta H \rho_p r_p}{6h(T_b - T_d)} (2 + Nu^*) \\
&= \frac{167.2 \times 10^3 \times 2.3 \times 10^4 \times 0.02}{6 \times 83.18 \times (1257 - 1177)} \times (2 + 1.664) \\
&= 7058.126 \, (\text{s}) \\
&= 1.96 \, (\text{h})
\end{aligned}
$$

（2）由式（3－116）可知

$$t = t_c \cdot \frac{2X + Nu^* \left[1 - 3(1 - X)^{2/3} + 2(1 - X) \right]}{2 + Nu^*}$$

将 $X = 0.5$，$t_c = 7058.126$，$Nu^* = 1.664$ 代入上式，可得

$$
\begin{aligned}
t &= 7058.126 \times \frac{2 \times 0.5 + 1.664 \times \left[1 - 3(1 - 0.5)^{2/3} + 2(1 - 0.5) \right]}{2 + 1.664} \\
&= 2278.943 \, (\text{s}) \\
&= 0.633 \, (\text{h})
\end{aligned}
$$

3.5.3 扩散控制的放热最高温升

当气－固反应的热效应甚大且反应速度较快时，颗粒温度和气相主体温度会产生明显的温差，同时颗粒内部也可能存在温度梯度。气－固反应中颗粒内部过高温度的出现，会导致诸如严重的烧结那样的结构变化，造成孔隙封闭从而阻碍反应继续进行。因此，当反应为放热时，考察反应中固体颗粒可能出现的最高温升在实际应用中具有重要意义。按照不同转化率求解方程式（3－88）、（3－89）获得 T_c 值，便可找出精确的答案；但这种计算程序十分冗长、较为复杂。

为了减少数学上的困难，引入一个简化的假设，即假定固体颗粒达到最高温升时，化学反应速度很快，化学反应阻力可以忽略，颗粒的反应速度完全由内扩散所控制。这时，颗粒内部的热传导极快，整个颗粒为均一温度。基于这个假设，最高温升的数学解析可大为简化，所获得的解具有比较简单的形式，不仅便于应用，还有利于问题的宏观分析和洞察。

当颗粒内部温度均匀时，热量衡算式可表示为

颗粒反应时的放热速度＝颗粒吸热速度＋颗粒向气相主体的散热速度　　　　（3－117）

本节仅以球形颗粒为例进行分析。在球形颗粒情况下上式可写成

$$-\rho_B (-\Delta H)_B 4\pi r_c^2 \frac{dr_c}{dt} = \frac{4}{3} \pi r_p^3 \rho_a C_s \frac{d(\Delta T)}{dt} + 4\pi r_p^2 h \Delta T \qquad (3-118)$$

式中，ΔT 为颗粒温度与气相主体温度的温差；ρ_B、$(-\Delta H)_B$ 分别为固体反应物 B 的密度（mol/m^3）和每摩尔 B 反应时放出的热量（J/mol）；ρ_a、C_s 分别为固体颗粒的平均密度（kg/m^3）和平均比热容（$J/(kg \cdot K)$）；h 为气流与颗粒间的传热系数。

将无因次半径 ξ 与 r_c、r_p 的关系式（$\xi = r_c/r_p$，见式（2-82））代入上式，消去 r_c，可得

$$\frac{d(\Delta T)}{dt} + \frac{3h\Delta T}{\rho_a C_s r_p} = \frac{-3\rho_B(-\Delta H)_B \xi^2}{\rho_a C_s} \frac{d\xi}{dt} \qquad (3-119)$$

对于球形颗粒，当忽略化学反应阻力时，综合速度方程可用下式表示

$$\begin{aligned}
t^* &= g_{F_p}(X) + \sigma_s^2 \left[p_{F_p}(X) + \frac{2X}{Sh^*} \right] \\
&= \sigma_s^2 \left[p_{F_p}(X) + \frac{2X}{Sh^*} \right] \\
&= \sigma_s^2 \left[1 - 3(1-X)^{2/3} + 2(1-X) + \frac{2X}{Sh^*} \right] \\
&= \sigma_s^2 \left[1 - 3\xi^2 + 2\xi^3 + \frac{2}{Sh^*}(1-\xi^3) \right]
\end{aligned} \qquad (3-120)$$

将 t^* 和 σ_s^2 的定义式（式（2-17）、式（2-18））代入上式，得

$$t = \left(\frac{\rho_B r_p}{b k_r C_{Ab}} \right) \frac{k_r r_p}{6D_e} \left[1 - 3\xi^2 + 2\xi^3 + \frac{2}{Sh^*}(1-\xi^3) \right] \qquad (3-121)$$

上式对 t 求导，整理后可得

$$\frac{d\xi}{dt} = \frac{bC_{Ab}D_e}{\rho_B r_p^2 [\xi^2(1-1/Sh^*) - \xi]} \qquad (3-122)$$

联立式（3-119）和式（3-122）可得

$$\frac{d(\Delta T)}{d\xi} + \frac{3h\Delta T}{\rho_a C_s} \frac{\rho_B r_p}{bC_{Ab}D_e}[\xi^2(1-1/Sh^*) - \xi] = \frac{-3\rho_B(-\Delta H)_B}{\rho_a C_s}\xi^2 \qquad (3-123)$$

定义如下无因次变量

$$\begin{cases}
\theta = \dfrac{hr_p \Delta T}{b(-\Delta H)_B C_{Ab} D_e} \\[3mm]
A = \dfrac{3h\rho_B r_p}{b\rho_a C_s D_e C_{Ab}}
\end{cases} \qquad (3-124)$$

则式（3-123）可写为

$$\frac{d\theta}{d\xi} + A[\xi^2(1-1/Sh^*) - \xi]\theta = -A\xi^2 \qquad (3-125)$$

上式为一阶变系数常微分方程，其边界条件为

$$\xi = 1, \qquad \theta = 0 \qquad (3-126)$$

用积分因子法求解，得

$$\theta = A\exp\left\{ A\left[\frac{1}{2}\xi^2 - \frac{1}{3}(1-1/Sh^*)\xi^3 \right] \right\} \int_\xi^1 \eta^2 \exp\left\{ A\left[\frac{1}{3}(1-1/Sh^*)\eta^3 - \frac{1}{2}\eta^2 \right] \right\} d\eta$$

$$(3-127)$$

式中，θ、A 分别为表示温升大小及传热强度的无因次参数，可利用计算机对上式进行数

值求解（见书末"基于 Excel 的解析举例"一章）。当给定 A 和 Sh^* 值时，可求得 θ 和 ξ 的对应关系。以 θ 对 ξ 作图，由峰点值即可求得反应过程中的最高温升 θ_{max} 和相应的反应界面位置 ξ_{max}，如图 3-7 所示（图中 $A = 100$，$Sh^* = 100$）。

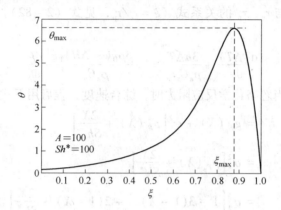

图 3-7　温升与反应界面位置的关系

对于球形颗粒，在不同 A 和 Sh^* 值时所求得的最高温升以及相应的反应界面位置的计算结果如图 3-8、图 3-9 所示。由图可知，无因次参数 A 对 θ_{max} 及 ξ_{max} 均是一个敏感的影响因素。随着 A 值的升高，θ_{max} 值也升高，而相应的反应界面位置趋近于表面的区域。Sh^* 数对 ξ_{max} 的影响不大，但在 $A > 100$ 和 $Sh^* < 100$ 的区域中，Sh^* 对 θ_{max} 的影响是较大的。此外，从图中还可看出，当 $A \to \infty$ 时，θ_{max} 与 Sh^* 呈直线关系，且 $\theta_{max} = Sh^*$。这是由于 $d\theta/d\xi$ 为有限值，当 $A \to \infty$ 时，式（3-125）可简化为

$$\left[\xi^2 (1 - 1/Sh^*) - \xi\right]\theta = -\xi^2 \tag{3-128}$$

上式整理后得

$$\theta = \frac{\xi}{1 - \xi(1 - 1/Sh^*)} \tag{3-129}$$

当 $\xi = 1$ 时，θ 达最大值。将 $\xi = 1$ 代入上式得

$$\theta_{max} = Sh^* \tag{3-130}$$

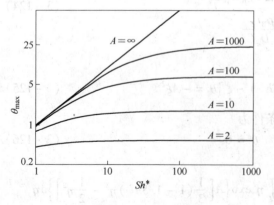

图 3-8　参数 A 和 Sh^* 值对
气－固反应最高温升的影响

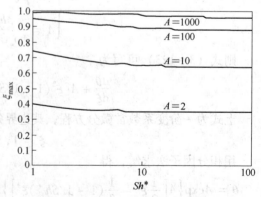

图 3-9　参数 A 和 Sh^* 值对与最高温升
对应的反应界面位置的影响

3.6 多界面气－固反应

在缩核模型的论述中，气－固反应界面只有一个。然而，在很多实际的冶金还原反应过程中，还原反应往往是逐级进行的，可能会同时存在两个甚至三个反应界面。这时，就需要根据具体的实际情况，对一个反应界面的缩核模型进行修正。本节中，以铁氧化物的还原为例，介绍多界面气－固反应的缩核模型。

3.6.1 铁氧化物还原过程热力学特征

在使用含 H_2 和（或）CO 的还原性气体还原 Fe_2O_3（赤铁矿）时，还原反应式可写成

$$1/3Fe_2O_3(s) + H_2(g) === 2/3Fe(s) + H_2O(g)$$
$$1/3Fe_2O_3(s) + CO(g) === 2/3Fe(s) + CO_2(g)$$

由于铁有三种价态，所以存在三种形态的铁氧化物，即 Fe_2O_3、Fe_3O_4 和 FeO（对浮氏体 FeO，实际上 Fe 和 O 的原子比可能偏离 1:1，其分子式可写成 Fe_xO 或 $Fe_{0.95}O$ 的形式）。根据热力学和铁氧化物相图分析，不同温度和气体还原势条件下，铁氧化物的气体还原反应是逐级发生的，在 $T \leqslant 848K$ 温度范围为 $Fe_2O_3 \rightarrow Fe_3O_4 \rightarrow Fe$，在 $T > 848K$ 温度范围为 $Fe_2O_3 \rightarrow Fe_3O_4 \rightarrow FeO \rightarrow Fe$。因此，在铁氧化物的气体还原的动力学研究中，将涉及表 3－5 中所列的阶段性反应过程。

表 3－5 铁氧化物气体还原反应及其平衡常数与温度的关系

序号	反 应 式	平衡常数	温度范围/K
1	$3Fe_2O_3(s) + H_2(g) = 2Fe_3O_4(s) + H_2O(g)$	$K = \exp(10.32 + 362.0/T)$	
2	$1.1875Fe_3O_4(s) + H_2(g) = 3.75Fe_{0.95}O(s) + H_2O(g)$	$K = \exp(8.98 - 8580/T)$	$T > 848$
3	$1/4Fe_3O_4(s) + H_2(g) = 3/4Fe(s) + H_2O(g)$	$K = \exp(3.72 - 4101.0/T)$	$T \leqslant 848$
4	$Fe_{0.95}O(s) + H_2(g) = 0.95Fe(s) + H_2O(g)$	$K = \exp(1.30 - 2070.0/T)$	$T > 848$
5	$3Fe_2O_3(s) + CO(g) = 2Fe_3O_4(s) + CO_2(g)$	$K = \exp(7.26 + 3720.0/T)$	
6	$1.1875Fe_3O_4(s) + CO(g) = 3.75Fe_{0.95}O(s) + CO_2(g)$	$K = \exp(5.26 - 4711.0/T)$	$T > 848$
7	$1/4Fe_3O_4(s) + CO(g) = 3/4Fe(s) + CO_2(g)$	$K = \exp(-1.032 + 981.5/T)$	$T \leqslant 848$
8	$Fe_{0.95}O(s) + CO(g) = 0.96Fe(s) + CO_2(g)$	$K = \exp(-3.127 + 2879.0/T)$	$T > 848$

上述反应均为可逆反应，表 3－5 还列出了各阶段还原反应的平衡常数（ $K = p_{CO_2,e} / p_{CO,e}$ 或 $K = p_{H_2O,e} / p_{H_2,e}$ ）与温度的关系式。由 K 值的计算结果可以得到不同温度下各阶段还原反应正向进行所要求的气体还原势的最低值。

3.6.2 铁氧化物还原过程动力学特征

3.6.2.1 层状结构与基元步骤

铁氧化物的气体还原不仅从热力学上看是非常复杂的分阶段进行的过程，实验还发

现，在 $T > 848K$ 条件下，在足够高还原势的气体中还原 Fe_2O_3 球团一定时间后，固体球内出现层状分布特征，如图 3-10 所示。

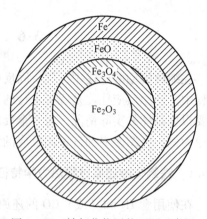

从图中可看出，铁氧化物的气体还原由表面向内依次存在完全还原的铁层、浮氏体层（FeO）、磁性氧化铁层（Fe_3O_4）和未还原的 Fe_2O_3 核心。可见，热力学上的逐级还原反应，在动力学上表现为各相应的层与层间的界面反应、整体呈现出层状发展的过程。因此，从动力学上看，铁氧化物的气体还原过程可能包括的基元步骤有：

图 3-10　铁氧化物层状还原示意图

（1）气体反应物和（或）生成物在气流主体与固体表面之间的传质。

（2）通过固体产物层的传质。根据产物层的致密程度，这种传质可能有：①气体还原剂和气体生成物在固体产物层孔隙内的扩散；②在固体产物层内的固相扩散，可分为通过还原的低价氧化物层的固相扩散和通过还原的致密铁层的固相扩散。

（3）在反应界面上的脱氧化学反应。在按（2）中机理①通过固体产物层传质的情况下，还包括在反应界面上气体还原剂的吸附和气体产物的解吸。

（4）金属铁相的成核与生长。

（5）对反应界面的热传导。

根据以上分析，通常情况下，处理铁氧化物的气体还原过程可以使用收缩的未反应核心模型。实验证明，在还原过程中，中间产物（FeO 和 Fe_3O_4）层较薄，如果忽略这些中间产物层，假设反应是在 Fe_2O_3/Fe 的单一界面上发生，则称为单界面模型。只要引入反应平衡常数的影响，前述单界面缩粒模型中所讨论过的方程和结论均可应用。若考虑中间产物（FeO 和 Fe_3O_4）层的影响，则需要考虑铁氧化物气体还原过程的三界面模型。

3.6.2.2　层状结构特性与控制环节

从上述基元步骤（2）中的分析可以看出，根据反应条件、相应产物层的结构和性质不同，通过固体产物层的传质可能有不同的机理。如果在还原过程中颗粒不发生收缩或膨胀，则对无孔隙铁氧化物的逐级还原，相应还原产物层的孔隙率可用下式计算

$$\varepsilon_p = 1 - B_m \frac{\rho_f}{\rho_p} \qquad (3-131)$$

式中，下标 f 和 p 表示被还原的铁氧化物和相应还原产物；B_m 为还原 1mol f 时所生成的产物 p 的物质的量，mol；ρ_f、ρ_p 分别为无孔隙 f 和 p 的摩尔密度，mol/m^3。

根据式（3-131）可计算得到铁氧化物不同还原阶段还原产物的孔隙率，见表 3-6。

表 3-6　铁氧化物不同还原阶段还原产物的孔隙率

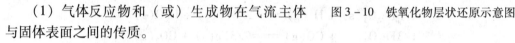

序号	还原阶段	还原产物的孔隙率（ε_p）	序号	还原阶段	还原产物的孔隙率（ε_p）
1	$Fe_2O_3 \rightarrow Fe_3O_4$	0.02	3	$Fe_3O_4 \rightarrow FeO$	0.15
2	$Fe_3O_4 \rightarrow Fe$	0.52	4	$FeO \rightarrow Fe$	0.44

从表 3-6 中的数据可以看出，当气体还原势较低、不足以产生金属铁时，低价铁氧化物的产物层孔隙率比较低。已有实验证明，还原产物为低价铁氧化物时，反应界面和颗粒表面间的传质是借助于氧或铁离子的固相扩散进行的，氧在颗粒表面被除去，铁离子按晶格空穴机理扩散，并通常成为控制步骤。需要注意的是，上述计算中假定还原过程中颗粒体积不变，而许多实验已证明在实际铁氧化物（特别是铁矿石或球团）的还原过程中，存在颗粒膨胀或收缩现象。产物层的孔隙率受晶体结构、杂质种类和含量、还原温度、甚至还原气体组成等许多因素的影响。例如，用 CO/CO_2 混合气体还原铁氧化物时，当 CO_2 含量小于 20% 时总能形成海绵铁，而在高 CO_2 含量条件下则形成致密铁层。其实，大量 FeO 还原研究表明，使用合成的致密 FeO 还原时，可形成致密金属铁层（尽管上述计算结果为 FeO→Fe，$\varepsilon_p = 0.44$），过程受氧离子在铁层中的扩散控制。当 FeO 中含少量杂质时，则可生成多孔的海绵铁层。

赤铁矿和磁铁矿还原性能的差异主要表现在还原反应后生成的浮氏体结构不同。在还原 Fe_2O_3 时，伴随六方晶系的 Fe_2O_3 向立方晶格的 Fe_3O_4 的不可逆转变，Fe_2O_3 晶格几乎完全破坏，导致多孔浮氏体层的形成，使反应速度加快。而在还原 Fe_3O_4 时，由于相似的晶格结构，Fe_3O_4 向 FeO 的晶格转变是可逆的，造成致密浮氏体层的形成并使还原速度降低。因此，在实践中常常将 Fe_3O_4 经预氧化处理，这样可增大还原速度。

3.6.3 铁氧化物还原三界面缩核模型

铁氧化物球形颗粒的还原三界面缩核模型，如图 3-11 所示。

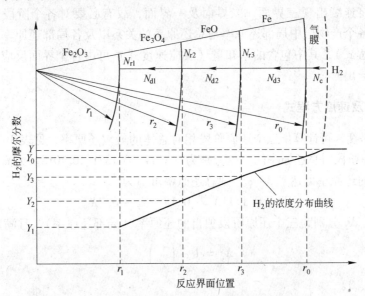

图 3-11 铁氧化物还原三界面缩核模型示意图

假定在还原过程中，初始半径为 r_0 的铁氧化物颗粒，由表面向内依次存在 Fe、FeO、Fe_3O_4 和 Fe_2O_3 四层物质，同时存在 Fe/FeO、FeO/Fe_3O_4 和 Fe_3O_4/Fe_2O_3 三个反应界面，分别记作界面 3、2 和 1，半径分别为 r_3、r_2 和 r_1。在界面 3、2 和 1 处还原气体 H_2 的摩尔分数分别为 Y_3、Y_2 和 Y_1，在颗粒表面和主气流中 H_2 的摩尔分数分别为 Y_0 和 Y，相应的浓度分别为 C_3、C_2、C_1、C_0、C_b。

假设还原剂为氢气，在三个反应界面上分别发生下列铁氧化物的一级可逆还原反应。

界面 3　　　　　　$FeO(s) + H_2(g) \rightleftharpoons Fe(s) + H_2O(g)$　　　　　　（反应 1）

界面 2　　　　　$Fe_3O_4(s) + H_2(g) \rightleftharpoons 3FeO(s) + H_2O(g)$　　　　（反应 2）

界面 1　　　　$3Fe_2O_3(s) + H_2(g) \rightleftharpoons 2Fe_3O_4(s) + H_2O(g)$　　（反应 3）

还原过程的基元步骤及相应的速度可描述为：

（1）气流主体的 H_2 分子通过气体边界层向颗粒表面的传质，速度为 N_c；

（2）H_2 分子通过还原铁层向界面 3 扩散，速度为 N_{d3}；

（3）在界面 3 发生反应 3，部分 H_2 消耗，生成 Fe，界面 3 向内移动，界面反应速度为 N_{r3}；

（4）剩余的 H_2 分子通过 FeO 层向界面 2 扩散，速度为 N_{d2}；

（5）在界面 2 发生反应 2，部分 H_2 消耗，生成 FeO，界面 2 向内移动，界面反应速度为 N_{r2}；

（6）剩余的 H_2 分子通过 Fe_3O_4 层向界面 1 扩散，速度为 N_{d1}；

（7）在界面 1 上发生反应 1，部分 H_2 消耗，生成 Fe_3O_4，界面 1 向内移动，界面反应速度为 N_{r1}。

3.7　三界面缩核模型解析

本节以单个铁氧化物球形颗粒的氢还原为例，对前述三界面缩核模型进行解析。由于在反应过程中将连续出现三界面、二界面及一界面，故有必要对各个阶段进行分析。首先，需要确定各个产物层中局部还原率与总还原率的关系以及各局部还原率随时间的变化关系（速度方程式），其中包含的未知量（反应速度式）可由各个界面反应、内扩散及外传质的关系式导出。

3.7.1　还原率及速度方程式

根据铁的平衡，可计算出三个还原阶段相对总体的最大还原率，见表 3-7。由表 3-7 可见，三个还原阶段对总还原率的贡献分别为 0.1111、0.1871、0.7018。为简便起见，假定到浮氏体为止的还原率可达到 30%，则总还原率可写为

$$X = 0.1111X_1 + 0.1889X_2 + 0.7X_3 \qquad (3-132)$$

式中，X_1、X_2、X_3 分别为三个还原阶段独自的还原率（局部还原率），且满足下列关系

$$X_i = 1 - \left(\frac{r_i}{r_0}\right)^3 \qquad (3-133)$$

式中，$i = 1$、2、3。

因此，总还原率还可表达为

$$X = 0.1111\left[1 - \left(\frac{r_1}{r_0}\right)^3\right] + 0.1889\left[1 - \left(\frac{r_2}{r_0}\right)^3\right] + 0.7\left[1 - \left(\frac{r_3}{r_0}\right)^3\right] \qquad (3-134)$$

可根据需要，选择式（3-132）或式（3-134）来计算总还原率。同理，若铁氧化物球团中初始氧含量为 $\rho_0(mol/m^3)$，则 Fe_2O_3、Fe_3O_4 和 FeO 三层中可还原氧浓度分别为 $d_{o1} = 0.1111\rho_0$、$d_{o2} = 0.1889\rho_0$、$d_{o3} = 0.7\rho_0$。

表 3 - 7　铁氧化物不同还原阶段相对总体的最大还原率

序　号	还原阶段	相对总体的最大还原率 $X_{i,\,\text{max}}$
1	$3Fe_2O_3 \rightarrow 2Fe_3O_4$	$(9-8)/9 \approx 0.1111$
2	$2Fe_3O_4 \rightarrow (6/0.95)Fe_{0.95}O$	$(8-6/0.95)/9 \approx 0.1871$
3	$(6/0.95)Fe_{0.95}O \rightarrow 6Fe$	$(6/0.95-0)/9 \approx 0.7018$
		$\sum\limits_{i=1}^{3} X_{i,\,\text{max}} = 1$

各过程的反应速度，即局部还原率随时间的变化可表示为

$$\frac{\mathrm{d}X_i}{\mathrm{d}t} = \frac{N_{ri}}{(4/3)\pi r_0^3 d_{oi}} \tag{3 - 135}$$

只要求出各反应界面的反应速度 N_{ri}，即可确定各局部还原率与时间的关系，再根据式 (3 - 132)，可算出总还原率随时间的变化关系。各反应界面的反应速度 N_{ri} 是时间或局部还原率的复杂函数，故需要利用初始条件 $t=0$ 时，$X_i=0$ 求解一阶常微分方程组，即式 (3 - 135)。需进行多次迭代循环计算，才能求得式 (3 - 135) 的数值解，具体求解过程见书末"基于 Excel 的解析举例"一章。以下，推导各反应界面的反应速度 N_{ri} 与还原率的关系式。

3.7.2　一界面模型

当反应达到 $X_1 = X_2 = 1$、$X_3 < 1$ 状态时，$N_{r1} = N_{r2} = 0$，仅存在一界面氧化铁还原反应，其反应方程式为

$$FeO + H_2 \Longrightarrow Fe + H_2O \tag{3 - 136}$$

设界面 3 中的反应速度常数为 k_{r3}，平衡常数为 K_3，产物层中内扩散系数为 D_{e3}。则表面传质速度为

$$N_c = \frac{4\pi r_0^2 (C_b - C_0)}{1/k_g} = \frac{4\pi r_0^2 C_b (Y - Y_0)}{1/k_g} = \frac{4\pi r_0^2}{1/k_g} \frac{p}{R_G T}(Y - Y_0) \tag{3 - 137}$$

式中，p、T、R_G 分别为气体压力、气体温度及气体常数。

界面反应速度为

$$N_{r3} = 4\pi r_3^2 k_{r3}(1 + 1/K_3)(C_3 - C_3^*) = \frac{4\pi r_0^2}{\dfrac{1}{(r_3/r_0)^2 k_{r3}(1 + 1/K_3)}} \frac{p}{R_G T}(Y_3 - Y_3^*)$$

$$= \frac{4\pi r_0^2}{\dfrac{1}{(1 - X_3)^{2/3} k_{r3}(1 + 1/K_3)}} \frac{p}{R_G T}(Y_3 - Y_3^*) \tag{3 - 138}$$

式中，C_3^*、Y_3^* 分别为平衡时反应界面 3 处的气体浓度及摩尔分数。

内扩散速度为

$$N_{d3} = 4\pi r^2 D_{e3} \frac{\mathrm{d}C}{\mathrm{d}r} = 4\pi D_{e3} \frac{\mathrm{d}C}{\dfrac{1}{r^2}\mathrm{d}r} = 4\pi D_{e3} \frac{\mathrm{d}C}{\mathrm{d}(-1/r)} = \text{定值(拟稳态)}$$

$$= \frac{4\pi(C_0 - C_3)}{\frac{1}{D_{e3}}(1/r_3 - 1/r_0)} = \frac{4\pi r_0^2(C_0 - C_3)}{\frac{r_0}{D_{e3}}\left(\frac{1 - \frac{r_3}{r_0}}{\frac{r_3}{r_0}}\right)} = \frac{4\pi r_0^2(C_0 - C_3)}{\frac{r_0}{D_{e3}}\left[\frac{1 - (1 - X_3)^{1/3}}{(1 - X_3)^{1/3}}\right]} \quad (3-139)$$

$$= \frac{4\pi r_0^2}{\frac{r_0}{D_{e3}}\left[\frac{1 - (1 - X_3)^{1/3}}{(1 - X_3)^{1/3}}\right]} \frac{p}{R_G T}(Y_0 - Y_3)$$

联立以上三式，消去表面浓度 Y_0 及界面浓度 Y_3，可得过程速度为

$$N_c = N_{r3} = N_{d3} = \frac{4\pi r_0^2}{U}\frac{p}{R_G T}(Y - Y_3^*) = \frac{4\pi r_0^2}{A_3 + B_3 + F}\frac{p}{R_G T}(Y - Y_3^*) \quad (3-140)$$

式中，总阻力

$$U = A_3 + B_3 + F \quad (3-141)$$

其中，界面反应阻力

$$A_3 = \frac{1}{(1 - X_3)^{2/3} k_{r3}(1 + 1/K_3)} \quad (3-142)$$

内扩散阻力

$$B_3 = \frac{r_0}{D_{e3}}\left[\frac{1 - (1 - X_3)^{1/3}}{(1 - X_3)^{1/3}}\right] \quad (3-143)$$

外传质阻力

$$F = 1/k_g \quad (3-144)$$

3.7.3　二界面模型

当反应达到 $X_1 = 1$、$X_2 < 1$ 状态时（显然，此时必有 $X_3 < 1$），$N_{r1} = 0$，存在二界面氧化铁还原反应，其反应方程式为

$$\begin{cases} Fe_3O_4 + H_2 \Longrightarrow 3FeO + H_2O \\ FeO + H_2 \Longrightarrow Fe + H_2O \end{cases} \quad (3-145)$$

与一界面模型类似，界面 2 和界面 3 的反应速度式可表达为

$$N_{ri} = \frac{4\pi r_0^2}{A_i}\frac{p}{R_G T}(Y_i - Y_i^*) \quad (3-146)$$

式中，$i = 2$、3，且

$$A_i = \frac{1}{(1 - X_i)^{2/3} k_{ri}(1 + 1/K_i)} \quad (3-147)$$

产物层 3 的内扩散速度表达式与一界面情况相同，而产物层 2 的内扩散速度为

$$N_{d2} = 4\pi r^2 D_{e2}\frac{dC}{dr} = 4\pi D_{e2}\frac{dC}{\frac{1}{r^2}d(r)} = 4\pi D_{e2}\frac{dC}{d(-1/r)} = 定值（拟稳态）$$

$$= \frac{4\pi(C_3 - C_2)}{\frac{1}{D_{e2}}(1/r_2 - 1/r_3)} = \frac{4\pi r_0^2(C_3 - C_2)}{\frac{r_0}{D_{e2}}(r_0/r_2 - r_0/r_3)} = \frac{4\pi r_0^2(C_3 - C_2)}{\frac{r_0}{D_{e2}}\left[\frac{1}{(1 - X_2)^{1/3}} - \frac{1}{(1 - X_3)^{1/3}}\right]}$$

$$= \frac{4\pi r_0^2}{\dfrac{r_0}{D_{e2}}\Big[\dfrac{(1 - X_3)^{1/3} - (1 - X_2)^{1/3}}{(1 - X_2)^{1/3}(1 - X_3)^{1/3}}\Big]} \frac{p}{R_G T}(Y_3 - Y_2)$$

$$= \frac{4\pi r_0^2}{B_2} \frac{p}{R_G T}(Y_3 - Y_2) \tag{3-148}$$

式中,

$$B_2 = \frac{r_0}{D_{e2}}\Big[\frac{(1 - X_3)^{1/3} - (1 - X_2)^{1/3}}{(1 - X_2)^{1/3}(1 - X_3)^{1/3}}\Big] \tag{3-149}$$

利用平衡关系,将界面浓度 Y_2、Y_3 消去(只留用气体的平衡浓度和本体浓度),即可求出两个界面反应速度式的新表达式。推导过程如下:

由平衡关系式

$$\begin{cases} N_c = N_{d3} \\ N_{d3} = N_{r3} + N_{d2} \\ N_{d2} = N_{r2} \end{cases} \tag{3-150}$$

可得

$$\frac{Y - Y_0}{F} = \frac{Y_0 - Y_3}{B_3} = \frac{Y_3 - Y_3^*}{A_3} + \frac{Y_2 - Y_2^*}{A_2} = \frac{Y - Y_3}{F + B_3} \tag{3-151}$$

$$\frac{Y_3 - Y_2}{B_2} = \frac{Y_2 - Y_2^*}{A_2} \tag{3-152}$$

由式(3-152)得

$$Y_2 = \frac{Y_3 A_2 + Y_2^* B_2}{A_2 + B_2} \tag{3-153}$$

将式(3-153)代入式(3-151)得

$$Y_3 = \frac{A_3(A_2 + B_2)Y + A_3(B_3 + F)Y_2^* + (A_2 + B_2)(B_3 + F)Y_3^*}{A_3(A_2 + B_2 + B_3 + F) + (A_2 + B_2)(B_3 + F)} \tag{3-154}$$

将上式代入式(3-153)中,得

$$Y_2 = \frac{A_2 A_3 Y + [A_3 B_2 + (A_3 + B_2)(B_3 + F)]Y_2^* + A_2(B_3 + F)Y_3^*}{A_3(A_2 + B_2 + B_3 + F) + (A_2 + B_2)(B_3 + F)} \tag{3-155}$$

将式(3-154)、式(3-155)分别代入到式(3-146)中可得

$$N_{r3} = \frac{4\pi r_0^2 p}{A_3 R_G T}(Y_3 - Y_3^*)$$

$$= \frac{4\pi r_0^2 p}{A_3 R_G T}\Big[\frac{A_3(A_2 + B_2)Y + A_3(F + B_3)Y_2^* + (A_2 + B_2)(F + B_3)Y_3^*}{(A_2 + B_2)(F + B_3) + A_3(A_2 + B_2 + F + B_3)} - Y_3^*\Big]$$

$$= \frac{p}{R_G T}\frac{4\pi r_0^2}{V}[-(B_3 + F)(Y - Y_2^*) + (A_2 + B_2 + B_3 + F)(Y - Y_3^*)] \tag{3-156}$$

以及

$$N_{r2} = \frac{4\pi r_0^2}{A_2}\frac{p}{R_G T}(Y_2 - Y_2^*)$$

$$= \frac{p}{R_G T}\frac{4\pi r_0^2}{V}[(A_3 + B_3 + F)(Y - Y_2^*) - (B_3 + F)(Y - Y_3^*)] \tag{3-157}$$

式中

$$V = A_3(A_2 + B_2 + B_3 + F) + (A_2 + B_2)(B_3 + F) \tag{3-158}$$

3.7.4　三界面模型

当反应在 $X_1 < 1$ 状态时（显然，此时必有 $X_2 < 1$、$X_3 < 1$），存在三个反应界面，三界面氧化铁还原反应方程式为

$$\begin{cases} 3Fe_2O_3 + H_2 \Longrightarrow 2Fe_3O_4 + H_2O \\ Fe_3O_4 + H_2 \Longrightarrow 3FeO + H_2O \\ FeO + H_2 \Longrightarrow Fe + H_2O \end{cases} \tag{3-159}$$

3.7.4.1　界面反应速度、内扩散速度及相应的阻力

与一界面模型、二界面模型类似，三界面模型中的界面反应速度、各个产物层中气体的内扩散速度及相应的阻力很容易推导出来，总结如下。

（1）界面反应速度

$$N_{ri} = \frac{4\pi r_0^2}{A_i} \frac{p}{R_G T}(Y_i - Y_i^*) \tag{3-160}$$

式中，$i = 1$、2、3，且反应阻力为

$$A_i = \frac{1}{(1 - X_i)^{2/3} k_{ri}(1 + 1/K_i)} \tag{3-161}$$

（2）产物层 1 的内扩散速度

$$N_{d1} = \frac{4\pi r_0^2}{B_1} \frac{p}{R_G T}(Y_2 - Y_1) \tag{3-162}$$

式中

$$B_1 = \frac{r_0}{D_{e1}}\left[\frac{(1 - X_2)^{1/3} - (1 - X_1)^{1/3}}{(1 - X_1)^{1/3}(1 - X_2)^{1/3}}\right] \tag{3-163}$$

（3）产物层 2 的内扩散速度

$$N_{d2} = \frac{4\pi r_0^2}{B_2} \frac{p}{R_G T}(Y_3 - Y_2) \tag{3-164}$$

式中

$$B_2 = \frac{r_0}{D_{e2}}\left[\frac{(1 - X_3)^{1/3} - (1 - X_2)^{1/3}}{(1 - X_2)^{1/3}(1 - X_3)^{1/3}}\right] \tag{3-165}$$

（4）产物层 3 的内扩散速度

$$N_{d3} = \frac{4\pi r_0^2}{B_3} \frac{p}{R_G T}(Y_0 - Y_3) \tag{3-166}$$

式中

$$B_3 = \frac{r_0}{D_{e3}}\left[\frac{1 - (1 - X_3)^{1/3}}{(1 - X_3)^{1/3}}\right] \tag{3-167}$$

3.7.4.2　平衡关系式

为求三个界面的反应速度，需要将界面浓度 Y_1、Y_2、Y_3 消去（只留用气体的平衡浓度和本体浓度），推导的基础是利用平衡关系。由拟稳态过程假设可得平衡关系式如下：

$$\begin{cases} N_c = N_{d3} \\ N_{d3} = N_{r3} + N_{d2} \\ N_{d2} = N_{r2} + N_{d1} \\ N_{d1} = N_{r1} \end{cases} \tag{3-168}$$

即

$$\frac{Y - Y_0}{F} = \frac{Y_0 - Y_3}{B_3} = \frac{Y - Y_3}{F + B_3} \tag{3-169}$$

$$\frac{Y_0 - Y_3}{B_3} = \frac{Y_3 - Y_3^*}{A_3} + \frac{Y_3 - Y_2}{B_2} \tag{3-170}$$

$$\frac{Y_3 - Y_2}{B_2} = \frac{Y_2 - Y_2^*}{A_2} + \frac{Y_2 - Y_1}{B_1} \tag{3-171}$$

$$\frac{Y_2 - Y_1}{B_1} = \frac{Y_1 - Y_1^*}{A_1} = \frac{Y_2 - Y_1^*}{A_1 + B_1} \tag{3-172}$$

在以上的平衡关系式中，各项均由分母和分子两部分构成。其中，分母是阻力或阻力的组合；分子是两个浓度差。

以下为推导方便，设：

$$\begin{cases} R_1 = A_1 + B_1 \\ R_2 = A_2 + B_2 \\ R_3 = B_3 + F \end{cases} \tag{3-173}$$

3.7.4.3 界面浓度及界面反应速度

由平衡关系式，即式（3-169）~式（3-172），可推导出三个界面的气体浓度，即

$$Y_1 = \frac{1}{W} [(A_2 R_3 B_2 + A_2 A_3 B_2 + A_2 R_3 A_3 + B_1 R_2 R_3 + B_1 R_2 A_3 + B_1 R_3 A_3) Y_1^* +$$
$$(R_3 A_1 B_2 + A_1 A_3 B_2 + R_3 A_1 A_3) Y_2^* + (R_3 A_1 A_2) Y_3^* + (A_1 A_2 A_3) Y] \tag{3-174}$$

$$Y_2 = \frac{1}{W} [A_2 (R_3 B_2 + A_3 B_2 + R_3 A_3) Y_1^* + (R_1 R_3 B_2 + R_1 A_3 B_2 + R_1 R_3 A_3) Y_2^* +$$
$$(R_1 R_3 A_2) Y_3^* + (R_1 A_2 A_3) Y] \tag{3-175}$$

$$Y_3 = \frac{1}{W} [R_3 A_2 A_3 Y_1^* + R_1 R_3 A_3 Y_2^* + R_3 (R_1 R_2 + A_2 B_2) Y_3^* + A_3 (R_1 R_2 + A_2 B_2) Y] \tag{3-176}$$

式中

$$W = R_1 R_2 R_3 + R_1 R_2 A_3 + R_1 R_3 A_3 + R_3 A_2 A_3 + R_3 A_2 B_2 + A_2 A_3 B_2 \tag{3-177}$$

由此可见，Y_i 的形式为

$$Y_i = \frac{1}{W} [\bigcirc Y_1^* + \bigcirc Y_2^* + \bigcirc Y_3^* + \bigcirc Y] \tag{3-178}$$

其中，"$\bigcirc$"表示系数，是阻力乘积的组合。

求出三个界面浓度 Y_1、Y_2、Y_3 后，即可计算三个界面的反应速度，结果如下：

（1）界面 1 的反应速度

$$N_{r1} = \frac{4\pi r_0^2}{A_1} \frac{p}{R_G T} (Y_1 - Y_1^*)$$

$$= \frac{p}{R_G T} \frac{4\pi r_0^2}{W} [(R_2 R_3 + R_2 A_3 + R_3 A_3) (Y - Y_1^*) - (R_3 B_2 + A_3 B_2 + R_3 A_3)$$

$$(Y - Y_2^*) - (R_3 A_2)(Y - Y_3^*)] \tag{3-179}$$

（2）界面 2 的反应速度

$$N_{r2} = \frac{4\pi r_0^2}{A_2} \frac{p}{R_G T}(Y_2 - Y_2^*)$$

$$= \frac{p}{R_G T} \frac{4\pi r_0^2}{W}[-(R_3 B_2 + A_3 B_2 + R_3 A_3)(Y - Y_1^*) + (R_1 R_3 + R_1 A_3 +$$

$$R_3 A_3 + R_3 B_2 + A_3 B_2)(Y - Y_2^*) - (R_1 R_3)(Y - Y_3^*)] \tag{3-180}$$

（3）界面 3 的反应速度

$$N_{r3} = \frac{4\pi r_0^2}{A_3} \frac{p}{R_G T}(Y_3 - Y_3^*)$$

$$= \frac{p}{R_G T} \frac{4\pi r_0^2}{W}[-R_3 A_2(Y - Y_1^*) - R_1 R_3(Y - Y_2^*) + (R_1 R_2 + R_1 R_3 + R_3 A_2 + A_2 B_2)(Y - Y_3^*)]$$

$$\tag{3-181}$$

由此可见，N_{ri} 的形式为

$$N_{ri} = \frac{p}{R_G T} \frac{4\pi r_0^2}{W}[\bigcirc(Y - Y_1^*) + \bigcirc(Y - Y_2^*) + \bigcirc(Y - Y_3^*)] \tag{3-182}$$

式中，"○" 表示系数，是阻力乘积的组合。

本章符号列表

a：综合气体流动无因次参数

A：表示传热强度的无因次参数

A_1、A_2、A_3：分别为界面 1、2、3 的反应阻力（s/m）

B_1、B_2、B_3：分别为产物层 1、2、3 中的内扩散阻力（s/m）

B_m：还原 1mol 铁氧化物 f 时所生成的产物 p 的物质的量（mol）

C_{Ab}：气体反应物 A 在气流主体处的浓度（mol/m³）

C_{As}：气体反应物 A 在颗粒表面处的浓度（mol/m³）

C_{Ac}：反应界面上气体反应物 A 的浓度（mol/m³）

C_{Cc}：反应界面上气体生成物 C 的浓度（mol/m³）

C_{Cs}：气体产物 C 在颗粒表面处的浓度（mol/m³）

C_{Cb}：气体产物 C 在气流主体处的浓度（mol/m³）

C_{Ac}^*：反应处于平衡状态时气体反应物 A 在反应界面处的浓度（mol/m³）

C_{Cc}^*：反应处于平衡状态时产物 C 在反应界面处的浓度（mol/m³）

C_1、C_2、C_3：分别为颗粒内反应界面位置 1、2、3 处的气体浓度（mol/m³）

C_1^*、C_2^*、C_3^*：分别为颗粒内反应界面位置 1、2、3 处的平衡气体浓度（mol/m³）

C_0、C_b：分别为颗粒表面和主气流中 H_2 的浓度（mol/m³）

C_s：固体颗粒的平均比热容（J/(kg·K)）

d_p：固体颗粒的直径（m）

D_{e1}、D_{e2}、D_{e3}：分别为产物层 1、2、3 中的有效扩散系数（m²/s）

d_{o1}、d_{o2}、d_{o3}：分别为 Fe_2O_3、Fe_3O_4 和 FeO 三层中可还原氧浓度（mol/m³）

D：气体的分子扩散系数（m^2/s）

D_e：气体在产物层内的有效扩散系数（m^2/s）

E：界面反应的表观活化能（kJ/mol）

E^*：固体的有效因子

F：外传质阻力（s/m）

F_p：固体颗粒的形状系数

h：气流与颗粒间的传热系数（$W/(m\cdot K)$）

$(-\Delta H)_B$：每摩尔 B 反应时放出的热量（J/mol）

k_g：气体的传质系数（m/s）

k_r：反应速度常数（m/s）

k_{r1}、k_{r2}、k_{r3}：分别为反应界面 1、2、3 处的反应速度常数（m/s）

K：反应平衡常数

K_1、K_2、K_3：分别为反应界面 1、2、3 处的反应平衡常数

n：反应级数

N_A：以气体反应物 A 的消耗表示的综合反应速度（mol/s）

N_c：气流主体的 H_2 分子通过气体边界层向颗粒表面的传质速度（mol/s）

N_{Ac}：气体反应物 A 在边界层的传质速度（mol/s）

N_{Ad}：气体反应物 A 通过固体产物层向反应界面的扩散速度（mol/s）

N_{Ar}：在反应界面上以气体反应物 A 的消耗表示的化学反应速度（mol/s）

N_{d1}、N_{d2}、N_{d3}：分别为 H_2 分子通过 Fe_3O_4 层、FeO 层及还原 Fe 层的扩散速度（mol/s）

N_{r1}、N_{r2}、N_{r3}：分别为界面 1、2、3 的反应速度（mol/s）

p：气体压力（Pa）

$p_{CO_2,e}$、$p_{CO,e}$：分别为平衡状态时 CO_2 及 CO 的分压（Pa）

$p_{H_2O,e}$、$p_{H_2,e}$：分别为平衡状态时 H_2O 及 H_2 的分压（Pa）

Q_c、Q_d、Q_r：分别表示气流与颗粒表面间的传热速度、气流通过固体产物层的导热速度及化学反应放热（或吸热）速度（J/s）

r：固体产物层半径（m）

r_0：颗粒的初始半径（m）

r_c：固体颗粒未反应核半径（m）

r_p：固体颗粒初始半径（初始广义半径）（m）

r_p'：固体颗粒在反应过程中的半径（m）

r_1、r_2、r_3：分别为颗粒内反应界面位置 1、2、3 处的半径（m）

R_G：气体常数

R_1、R_2、R_3：阻力的组合，$R_1 = A_1 + B_1$，$R_2 = A_2 + B_2$，$R_3 = B_3 + F$（s/m）

t：时间（s）

t_c：完全转化所需时间（s）

t^*、t^+：无因次时间

t_c^*、t_c^+：完全反应所需无因次时间

$t_反$、$t_扩$、$t_传$：分别为反应控制、扩散控制以及传质控制时达到相同转化率所需时间（s）

$t_反^*$、$t_扩^*$、$t_传^*$：分别为对应 $t_反$、$t_扩$、$t_传$ 的无因次时间

$t_{反}^+$、$t_{扩}^+$、$t_{传}^+$：分别为对应 $t_{反}$、$t_{扩}$、$t_{传}$ 的无因次时间

$t_{反完}$、$t_{扩完}$、$t_{传完}$：分别为反应控制、扩散控制以及传质控制时完全转化所需时间（s）

$t_{反完}^*$、$t_{扩完}^*$、$t_{传完}^*$：分别为对应 $t_{反完}$、$t_{扩完}$、$t_{传完}$ 的无因次时间

$t_{反完}^+$、$t_{扩完}^+$、$t_{传完}^+$：分别为对应 $t_{反完}$、$t_{扩完}$、$t_{传完}$ 的无因次时间

T：温度（K）

T_b、T_s、T_c：分别为气流主体温度、颗粒表面温度及反应界面温度（K）

ΔT：颗粒温度与气相主体温度的温差（K）

u：气体流速（m/s）

U：一界面反应总阻力（s/m）

V：二界面反应总阻力（s^2/m^2）

W：三界面反应总阻力（s^3/m^3）

X：转化率（还原率）

X_1、X_2、X_3：分别为三个还原阶段独自的还原率（局部还原率）

Y_1、Y_2、Y_3：分别为颗粒内反应界面位置 1、2、3 处还原气体 H_2 的摩尔分数

Y_1^*、Y_2^*、Y_3^*：分别为颗粒内反应界面位置 1、2、3 处平衡还原气体 H_2 的摩尔分数

Y_0、Y：分别为颗粒表面和主气流中 H_2 的摩尔分数

Z：颗粒体积变化的校正因子

ρ_B：固体反应物 B 的摩尔密度（mol/m^3）

σ_s^2：反应模数

σ_0^2：反应模数

ξ：固体颗粒的无因次半径

ρ：气体的密度（kg/m^3）

ρ_p：无孔隙铁氧化物的还原产物 p 的摩尔密度（mol/m^3）

ρ_f：无孔隙铁氧化物 f 的摩尔密度（mol/m^3）

ρ_0：铁氧化物球团中初始氧含量（mol/m^3）

ρ_a：固体颗粒的平均密度（kg/m^3）

μ：气体的黏度（Pa·s）

ψ_c：反应物气体 A 在反应界面处的无因次浓度（$\psi_c = C_{Ac}/C_{Ab}$）

ε_p：铁氧化物还原产物层的孔隙率

λ_e：固体产物层的有效导热系数（W/(m·K)）

η：颗粒内反应界面的无因次位置

θ：表示温升大小的无因次参数

思考与练习题

3-1 缩粒模型与缩核模型有何区别与联系？如何确定缩粒模型中的气膜传质系数？

3-2 针对长圆柱及薄平板形颗粒，验证式（3-21）的正确性。

3-3 根据式（3-33），在综合气体流动无因次参数 $a = 1$、10、100 三种条件下，试计算并作图分析三种典型形状颗粒反应控制环节转变的模数范围。

3-4 对于薄平板形颗粒（$F_p = 1$）及长圆柱形颗粒（$F_p = 2$），试分别证明式（3-50）及式（3-51）

成立。

3 – 5 针对无产物层生成的一级不可逆气 – 固界面反应的缩粒模型，当反应为可逆时应如何进行修正？试以微分及积分形式写出修正后的综合速度表达式。

3 – 6 对于薄平板形颗粒（$F_p = 1$）及长圆柱形颗粒（$F_p = 2$），试证明式（3 – 81）成立。

3 – 7 设薄平板形固体颗粒与气体间进行的气 – 固界面反应满足缩核模型。当反应模数 $\sigma_0^2 = 0.5$ 时，试作出反应级数分别为 $n = 0.5$、1、2 条件下无因次反应半径移动速度 $-\mathrm{d}\xi/\mathrm{d}t^*$ 与无因次反应位置 $(1 - \xi)$ 之间的关系图。当反应模数变为 $\sigma_0^2 = 0.02$、0.1、10 时，作出同样的图形并说明反应级数在不同反应模数条件下对无因次反应半径移动速度的影响。

3 – 8 半径为 1.5cm 的球形碳酸钙颗粒在温度为 1257K 的空气中进行热分解，假定反应速度由传热所控制，达到完全分解所需的时间为 1h，求分解 50% 时所需的时间。已知：导热系数 $\lambda_e = 1\mathrm{W}/(\mathrm{m} \cdot \mathrm{K})$，传热系数 $h = 85\mathrm{W}/(\mathrm{m}^2 \cdot \mathrm{K})$。

3 – 9 直径为 0.1mm 的石墨颗粒在温度 $T = 1273\mathrm{K}$、压力 $p = 101325\mathrm{Pa}$ 的空气中燃烧，试分别计算燃烧至石墨颗粒直径减半以及完全燃烧所需的时间。已知：传质系数 $k_g = D/r_c$，石墨密度 $\rho_B = 2200\mathrm{kg}/\mathrm{m}^3$，1273K 时的反应速度常数 $k_r = 0.7\mathrm{m/s}$，空气中氧的分子扩散系数 $D = 1.79 \times 10^{-4}\mathrm{m}^2/\mathrm{s}$。设反应为一级不可逆反应：$C + O_2 = CO_2$。

3 – 10 设碳酸钙的热分解过程为传热控制，试推导圆柱形及平板形碳酸钙颗粒热分解反应的动力学表达式，并证明对任意形状颗粒，转化率与时间的关系可表达为

$$p_{F_p}(X) + \frac{2X}{Nu^*} = \frac{2F_p \lambda (T_b - T_d)}{\rho \Delta H} \left(\frac{A_p}{F_p V_p} \right)^2 t$$

式中

$$p_{F_p}(X) = \begin{cases} X^2 & (F_p = 1) \\ X + (1 - X)\ln(1 - X) & (F_p = 2) \\ 1 - 3(1 - X)^{2/3} + 2(1 - X) & (F_p = 3) \end{cases}$$

$$Nu^* = \frac{h}{\lambda} \left(\frac{F_p V_p}{A_p} \right)$$

3 – 11 假设铁氧化物颗粒在还原过程中体积保持不变，试证明对无孔隙铁氧化物的逐级还原，相应的还原产物层的孔隙率为：$\varepsilon_p = 1 - B_m (\rho_f / \rho_p)$。式中，下标 f 和 p 分别表示被还原的铁氧化物和相应还原产物，B_m 为还原 1mol f 时所生成的产物 p 的物质的量，ρ_f 和 ρ_p 分别为无孔隙 f 和 p 的摩尔密度（$\mathrm{mol/m}^3$）。

3 – 12 设在半径为 r_0 的氧化铁颗粒还原过程中，由表面向内依次存在 Fe、FeO、Fe_3O_4 和 Fe_2O_3 四层物质，同时存在 Fe/FeO、FeO/Fe_3O_4 和 Fe_3O_4/Fe_2O_3 三个反应界面，分别记作界面一、界面二和界面三，球团初始半径为 r_0，三个反应界面半径从外向内依次是 r_1、r_2、r_3。FeO、Fe_3O_4、Fe_2O_3 三个区域中可还原氧的密度（$\mathrm{mol/m}^3$）分别为 ρ_1、ρ_2、ρ_3，球团初始含氧密度为 ρ_0。在界面一、二和三处还原气体浓度分别为 C_1、C_2 和 C_3。在主气流中和颗粒表面的还原气体浓度分别为 C_b 和 C_0。以下图所示的氢还原为例，在三个反应界面上分别发生下列一级可逆反应：

界面一　　　　　　$FeO(s) + H_2(g) = Fe(s) + H_2O(g)$　　　　　（反应1）

界面二　　　　　　$Fe_3O_4(s) + H_2(g) = 3FeO(s) + H_2O(g)$　　　（反应2）

界面三　　　　　　$3Fe_2O_3(s) + H_2(g) = 2Fe_3O_4(s) + H_2O(g)$　　（反应3）

Fe_2O_3	界面三	Fe_3O_4	界面二	FeO	界面一	Fe	气膜	⟸	H_2

（1）试证明以 H_2 分子消耗表示的综合反应速度 N：

$$N = \frac{\lambda_1 C_b - \lambda_2}{1 + \lambda_1 (R_c + R_{d1})}$$

式中

$$\lambda_1 = \frac{1}{R_{r1}} + \frac{\lambda_3}{1 + \lambda_3 R_{d2}}$$

$$\lambda_2 = \frac{C_1^*}{R_{r1}} + \frac{\lambda_4}{1 + \lambda_3 R_{d2}}$$

$$\lambda_3 = \frac{1}{R_{r2}} + \frac{1}{R_{d3} + R_{r3}}$$

$$\lambda_4 = \frac{C_2^*}{R_{r2}} + \frac{C_3^*}{R_{d3} + R_{r3}}$$

其中，C_b、C_1^*、C_2^*、C_3^* 为本体浓度及各个反应界面处的平衡浓度；R_{r1}、R_{r2}、R_{r3} 为各个反应界面上的阻力；R_{d1}、R_{d2}、R_{d3} 为各个产物层中的扩散阻力；R_c 为外传质阻力。

（2）求反应界面 i 的半径随时间的变化关系式。

（3）求总的还原率 X 的表达式。

4　气–固区域反应

前述无孔固体与气体间的反应是发生在一个明显的界面上，即气–固界面反应，它是由几个串联的基元步骤构成的过程。如果固体反应物是非致密的多孔体，则气体反应物可能会扩散到固体反应物内部，并在扩散过程中发生反应。因此，与前述局限在一个明显界面上的化学反应不同，此类反应的发生位置是在整个扩散区域内，简称气–固区域反应。例如，某些金属氧化物的氢还原属于有固体产物生成的气–固区域反应，而多孔碳的燃烧或气化则属于无固体产物生成的气–固区域反应。此类反应的化学式仍可用式（2–1）或式（3–1）来描述，但相应的常用模型则改为"微粒模型"或"区域模型"，其反应理论和数学描述也要比"缩核模型"或"缩粒模型"复杂得多，以下分别进行叙述。

4.1　微粒模型

对于有固体产物生成的气–固反应，通常情况下，颗粒外层首先完全反应之后，完全反应层（产物层）的厚度逐渐向多孔体内部深处扩展。当 $D_e \gg k_r$ 时，化学反应为限制环节，气体反应物扩散至整个多孔体内且浓度均匀，反应也在整个多孔体内均匀进行；当 $D_e \ll k_r$ 时，孔内扩散为限制环节，反应在完全反应区和未反应区之间的狭窄区域内发生，与致密颗粒的缩核模型类似。当 D_e 和 k_r 数量级相同时，二者的阻力都必须考虑，情况比较复杂，处理这类反应常用"微粒模型（grain model）"。

4.1.1　微粒模型的数学描述

在"微粒模型"中，把多孔固体颗粒（简称为"颗粒"）看成是由许多致密的、具有规则几何形状的微小粒子（简称为"微粒"）构成的集合体。为使模型简化，微粒模型附加如下假定：

（1）微粒具有规则几何形状（平板、圆柱或球形）且大小相等，可用其中一种形状近似描述颗粒结构；

（2）微粒可看成是无孔隙的致密固体；

（3）颗粒外部传质阻力可以忽略；

（4）颗粒内部的扩散是等摩尔逆流扩散或扩散组分浓度很低；

（5）描述颗粒内气体反应物浓度分布时，可以用准稳态近似；

（6）气体成分通过微粒产物层的扩散阻力很小，可以忽略，即微粒中的控制环节为化学反应；

（7）体系是等温的。

由以上假定条件可知，就颗粒的整体而言，气相反应物和生成物可以通过微粒间隙所组成的孔隙网络进行扩散，故可通过气体反应物或生成物在颗粒内部的物料平衡建立动力学方程；对独立的微粒而言，则可以通过缩核模型进行解析。由均一直径的球形微粒所构成的球形固体颗粒 B 与气体反应物 A 反应时的微粒模型，如图 4-1 所示。图中，C_{As}、C_{Ab} 分别为颗粒表面及气膜外气体 A 的浓度，当忽略外传质阻力时，$C_{As} = C_{Ab}$；而 C_{Ag}、C_{Ac} 分别为微粒表面及微粒内反应界面上气体 A 的浓度，当微粒中的控制环节为化学反应时，$C_{Ag} = C_{Ac} = C_A$。

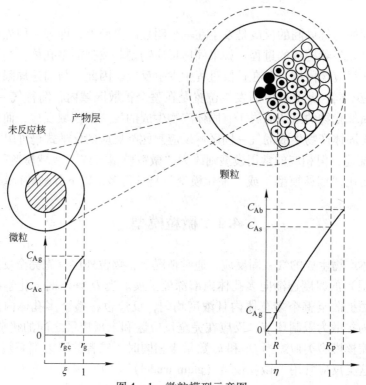

图 4-1　微粒模型示意图

在固体颗粒内部半径为 R 与 $R + dR$ 之间构成的厚度为 dR 的微体积元内（$0 < R < R_p$），对气体反应物可建立如下质量平衡关系。

单位时间内净进入微体积元内的量 - 单位时间内化学反应消耗的量 = 在微体积元内的累积速度

由准稳态假定可知，上式右端为零。利用数学表达式，则上述气体 A 在颗粒内部的质量平衡方程为

$$D_e \nabla^2 C_A - v_A = 0 \qquad (4-1)$$

式中，∇ 是以 R 为自变量的拉普拉斯算符（R 为颗粒中心沿特征尺寸方向至某一距离的位置）；D_e 为气体反应物的有效扩散系数；v_A 为颗粒内 A 的局部反应消耗速度，用单位时间单位颗粒体积内消耗的物质的量表示（即 $mol/(m^3 \cdot s)$）。

式（4-1）应用于球形、长圆柱形、薄平板形颗粒时可分别表示为：

球形　　　　　　　$$D_e \left(\frac{\partial^2 C_A}{\partial R^2} + \frac{2}{R} \frac{\partial C_A}{\partial R} \right) - v_A = 0 \qquad (4-2)$$

长圆柱形　　　　　$$D_e \left(\frac{\partial^2 C_A}{\partial R^2} + \frac{1}{R} \frac{\partial C_A}{\partial R} \right) - v_A = 0 \qquad (4-3)$$

薄平板形
$$D_e \frac{\partial^2 C_A}{\partial R^2} - v_A = 0 \qquad (4-4)$$

参考式（2-10），在一个微粒中仅考虑一级不可逆气-固反应为控制环节时，固体反应物 B 的质量平衡方程为

$$-\rho_B \frac{\partial r_{gc}}{\partial t} = bk_r C_A \qquad (4-5)$$

式中，r_{gc} 为微粒的对称中心到反应界面的距离。如果可确定单位颗粒体积内的微粒个数及有效表面积，则可得 v_A 的表达式（v_A = 单位颗粒体积中的微粒数 × 一个微粒的反应速度）为

$$v_A = \left(\frac{1-\varepsilon}{V_g}\right)(k_r A_{gc} C_A) = (1-\varepsilon)\left(\frac{A_g}{V_g}\right)\left(\frac{A_{gc}}{A_g}\right)k_r C_A = (1-\varepsilon)\left(\frac{A_g}{V_g}\right)\left(\frac{A_g r_{gc}}{F_g V_g}\right)^{F_g-1} k_r C_A \qquad (4-6)$$

式中，ε 为多孔体的孔隙度；F_g 为微粒的形状系数；V_g 和 A_g 分别为微粒的体积和表面积；A_{gc} 为微粒中未反应核的界面积。

将式（4-6）代入式（4-1）得

$$\nabla^2 C_A - \frac{1-\varepsilon}{D_e}\left(\frac{A_g}{V_g}\right)\left(\frac{A_g r_{gc}}{F_g V_g}\right)^{F_g-1} k_r C_A = 0 \qquad (4-7)$$

将式（4-7）中各项除以 $C_{Ab}(A_p/F_p V_p)^2$ 并定义下列无因次量：

$$\begin{cases} \psi = \dfrac{C_A}{C_{Ab}} \\[2mm] \xi = \dfrac{A_g r_{gc}}{F_g V_g} = \dfrac{r_{gc}}{r_g} \\[2mm] \eta = \dfrac{A_p R}{F_p V_p} = \dfrac{R}{R_p} \\[2mm] \sigma^2 = \left(\dfrac{F_p V_p}{A_p}\right)^2 \dfrac{1-\varepsilon}{D_e}\dfrac{A_g}{V_g}k_r \end{cases} \qquad (4-8)$$

则式（4-7）可改写成无因次形式，即

$$\nabla^{*2}\psi - \sigma^2 \psi \xi^{F_g-1} = 0 \qquad (4-9)$$

式中，∇^* 为以 η 为位置（自变量）坐标的拉普拉斯算符；R、R_p 分别为从颗粒几何中心算起的距离及颗粒的广义半径；ψ 为气体反应物的无因次浓度；ξ 为表示微粒未反应程度的无因次量；η 为从颗粒几何中心算起的无因次距离；σ^2 是描述孔隙内扩散阻力与化学反应阻力相对大小的无因次量，其值由结构和动力学两方面参数决定。

进一步定义无因次时间 t^*

$$t^* = \left(\frac{bk_r C_{Ab}}{\rho_B}\frac{A_g}{F_g V_g}\right)t \qquad (4-10)$$

可得到与式（4-5）对应的无因次形式方程，即

$$\frac{\partial \xi}{\partial t^*} = -\psi \qquad (4-11)$$

联立式（4-9）和式（4-11），则所构成的偏微分方程组即为微粒模型的基本数学

描述。其中，变量 ψ（局部反应气体浓度）和 ξ（局部固体的反应程度的量度）与 η（多孔固体的径向位置）和 t^*（无因次时间）有关，并且通过参数 σ^2 彼此联系起来。

求解式（4-9）和式（4-11）的初始和边界条件为

$$
\begin{cases}
\text{初始条件} & t^* = 0, \quad \xi = 1 \\
\text{表面边界条件} & \eta = 1, \quad \psi = 1 \\
\text{中心边界条件} & \eta = 0, \quad \mathrm{d}\psi/\mathrm{d}\eta = 0
\end{cases}
\tag{4-12}
$$

在求得某时刻（t^*）各个位置（η）的微粒未转化程度（ξ）后，固体在该时刻的转化率，可以通过对整个多孔固体体积的积分求得。即颗粒总转化率 X 为

$$
X = \frac{\int_0^1 \eta^{F_p-1}(1 - \xi^{F_g})\,\mathrm{d}\eta}{\int_0^1 \eta^{F_p-1}\,\mathrm{d}\eta}
\tag{4-13}
$$

4.1.2　不同条件下微粒模型的解

4.1.2.1　数值解

一般情况下，联立式（4-9）、式（4-11）及式（4-12）不能求得解析解。这时，可采用求数值解的方法来计算不同时间（t^*）颗粒内部的浓度（ψ）分布和反应程度（ξ）分布。然后，再将 ξ 分布与颗粒的转化率 X 相关联，以求出转化率 X 与时间 t^* 的关系。以下假设颗粒、微粒都是球形（$F_g = 3$，$F_p = 3$），推导求解过程。

当 $F_g = 3$，$F_p = 3$ 时，式（4-9）可写成

$$
\frac{\partial^2 \psi}{\partial \eta^2} + \frac{2}{\eta}\frac{\partial \psi}{\partial \eta} - \sigma^2 \psi \xi^2 = 0
\tag{4-14}
$$

将上式与式（4-11）联立，并利用边界条件式（4-12）可解得 $t^* = 0$ 时气体反应物的无因次浓度 ψ 在颗粒内的分布，即

$$
\psi = \frac{\sinh(\sigma\eta)}{\eta\sinh(\sigma)}
\tag{4-15}
$$

将式（4-11）、式（4-14）写成差分方程，利用已求得的 $t^* = 0$ 时颗粒内的 ψ 分布以及边界条件式（4-12），即可应用数值法计算不同时间 t^* 时颗粒内的气体反应物无因次浓度 ψ 的分布以及微粒中未反应核表面无因次位置 ξ 分布（见书末"基于 Excel 的解析举例"一章）。当反应模数 $\sigma^2 = 16$ 时的计算结果如图4-2、图4-3所示。

图4-2为颗粒内气体反应物的浓度分布。由图可知，随着反应时间的增加，浓度曲线向浓度增大方向移动，即气体反应物在

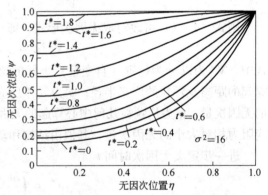

图4-2　颗粒内气体反应物的浓度分布

颗粒内部的扩散量随反应时间的增加而增加。这是由于随着反应的进行，颗粒内的微粒反应表面积不断减小，使颗粒内一定位置中的气体反应物局部消耗速度下降，从而使得更多气相反应物扩散进入颗粒内部。

图 4-3 是颗粒内未反应核位置的分布图。由图可知，颗粒整体在反应过程中不存在显著的反应区边界。随着反应时间的增加，颗粒表面的微粒逐渐趋于完全转化，当 $t^* = 1.0$ 时，颗粒表面的微粒达到完全转化。当进一步增加反应时间时，完全反应区逐渐加厚。此时，颗粒内部分成两个区域，外层为完全反应区，内层为部分反应区，反应在部分反应区中进行。

得到不同时间的浓度 ψ 分布和反应程度 ξ 分布后，即可利用式（4-13）求转化率与时间的关系。图 4-4 所示为几个不同颗粒反应模数条件下转化率与无因次时间的关系，由图可知，反应速度随颗粒反应模数的降低而升高。反应模数 $\sigma^2 = 0.25$ 与 $\sigma^2 = 0.1$ 的曲线几乎重合，故 $\sigma^2 < 0.25$ 可以作为可忽略颗粒内扩散阻力的判据。

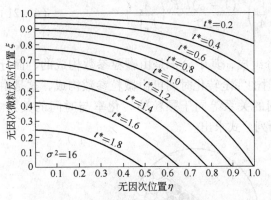

图 4-3 颗粒内未反应核位置分布　　图 4-4 不同反应模数下转化率与无因次时间的关系

4.1.2.2　渐近解

虽然微粒模型的动力学方程在一般情况下无法求得解析解，但在一些极端情况下却可以获得简单形式的解，可根据 σ^2 值对体系动力学极端特性进行判断，这种条件下的解称为渐近解。

（1）化学反应控制。当 $\sigma^2 \rightarrow 0$，即 $k_r \ll D_e$ 时，总速度受化学反应控制，颗粒孔隙内 C_A 均匀且等于 $C_{Ab}(\psi = 1)$，如图 4-5（a）所示。这时 ξ 将与 η 无关，式（4-11）成为常微分方程，即

$$\frac{\partial \xi}{\partial t^*} = -1 \tag{4-16}$$

在 $t^* = 0$，$\xi = 1$ 的初始条件下，对式（4-16）直接积分可得

$$\begin{cases} \xi = 1 - t^* & (0 \leqslant t^* \leqslant 1) \\ \xi = 0 & (t^* \geqslant 1) \end{cases} \tag{4-17}$$

因为

$$X = 1 - \xi^{F_g} = 1 - (1 - t^*)^{F_g} \tag{4-18}$$

所以

$$t^* = 1 - (1 - X)^{1/F_g} = g_{F_g}(X) \tag{4-19}$$

显然，与界面反应为限制环节的缩核模型类似，对化学反应控制情况下的微粒模型，微粒的转化率与时间的关系等于颗粒的转化率与时间的关系，且一个微粒的反应率与整个颗粒的反应率是一样的。

（2）孔隙内扩散控制。当 $\sigma^2 \to \infty$，即 $k_r \gg D_e$ 时，总速度受颗粒孔隙内扩散控制，反应在完全反应区和未反应区之间的狭窄区域内发生，可以宏观地认为颗粒反应符合缩核模型，具有鲜明的反应界面，属于内扩散控制，如图 4–5（b）所示。与前述缩核模型类似，可以写出无因次时间

$$t^* = \sigma_g^2 p_{F_p}(X) \tag{4-20}$$

其中

$$\sigma_g^2 = \frac{t_{扩完}}{t_{反完}}$$

$$= \frac{\dfrac{\rho_B(1-\varepsilon)}{2F_p b D_e C_{Ab}}\left(\dfrac{F_p V_p}{A_p}\right)^2}{\dfrac{\rho_B}{b k_r C_{Ab}}\left(\dfrac{F_g V_g}{A_g}\right)} = \left(\frac{V_p}{A_p}\right)^2 \frac{(1-\varepsilon)k_r F_p}{2D_e}\left(\frac{A_g}{F_g V_g}\right) \tag{4-21}$$

式（4–21）可看作由分子和分母两部分组成，其中分子是由颗粒参数构成的，而分母则由微粒参数构成。作为分母的反应控制时的完全转化时间可由微粒参数构成，这是由于在反应控制条件下，微粒的转化率与时间的关系等同于颗粒的转化率与时间的关系。$p_{F_p}(X)$ 可根据颗粒的不同形状由表 2–5 中所列公式求出。

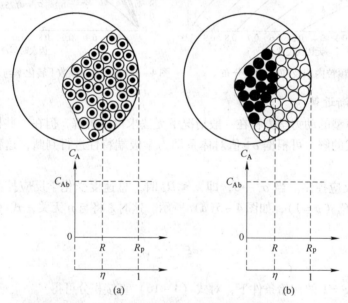

图 4–5　微粒模型的渐近解条件示意图
（a）化学反应控制；（b）孔隙内扩散控制

模数 σ^2 与模数 σ_g^2 的关系为

$$\frac{\sigma^2}{\sigma_g^2} = \frac{\left(\dfrac{F_p V_p}{A_p}\right)^2 \dfrac{1-\varepsilon}{D_e}\dfrac{A_g}{V_g}k_r}{\left(\dfrac{V_p}{A_p}\right)^2 \dfrac{(1-\varepsilon)k_r F_p}{2D_e}\left(\dfrac{A_g}{F_g V_g}\right)} = 2F_g F_p \tag{4-22}$$

σ_g^2 是一个具有普遍意义的模数，也可根据其大小确定过程受化学反应或孔隙内扩散控制的渐近区域。

4.1.2.3 近似解

当 $F_g = 1$（即固态试样由平板状颗粒组成）时，微粒模型可以得到解析解（具体求解过程省略），但这样的解析解较为繁琐且难以适用于一般实际应用情况。当 $F_g \neq 1$ 时只能采用数值求解，除面临计算过程较为复杂的问题外，反应速度和反应体系各种参数的相互关系不能鲜明地表示出来，不利于问题的分析和洞察。

通过对微粒模型进行全面数值求解，绘制不同 σ_g^2 值条件下的 $g_{F_p}(X)$ 和 $p_{F_p}(X)$ 与 t^* 的关系曲线表明，不管颗粒或微粒的几何形状（F_p 和 F_g）如何，在 $\sigma_g^2 \leqslant 0.1$ 和 $\sigma_g^2 \geqslant 10$ 两种条件下，可分别看作化学反应或孔隙内扩散控制的渐近区域。当 $0.1 < \sigma_g^2 < 10$ 时，可认为属于混合控制范围，曲线形状与颗粒或微粒的几何形状（F_p 和 F_g）有关。在这种情况下，适用于微粒和颗粒任何几何形状组合的微粒模型的近似解可写为

$$t^* = g_{F_g}(X) + \sigma_g^2 p_{F_p}(X) \tag{4-23}$$

上式在形式上与界面模型所导出的关系式相同。该关系式表明，当反应同时存在几种阻力时，达到一定转化率所需时间等于各阻力单独存在时达到同一转化率所需的时间之和。

如果考虑外部传质阻力，则相应的近似关系式为

$$t^* = g_{F_g}(X) + \sigma_g^2 \left[p_{F_p}(X) + \frac{2X}{Sh^*} \right] \tag{4-24}$$

若进一步考虑微粒中产物层的扩散阻力，则相应的近似关系式为

$$t^* = g_{F_g}(X) + \sigma_{gg}^2 p_{F_g}(X) + \sigma_g^2 \left[p_{F_p}(X) + \frac{2X}{Sh^*} \right] \tag{4-25}$$

其中

$$\sigma_{gg}^2 = \frac{k_r}{2D_g} \left(\frac{V_g}{A_g} \right) \tag{4-26}$$

式（4-25）即为有固体产物层生成的多孔固体与气体反应的一般速度方程。由于多孔固体与气体间的反应过程十分复杂，特别是对于实际的多颗粒体系，如果对个别颗粒内和整个体系的反应过程都进行数值求解，其计算量极其庞大，几乎是不可能的。因此，上述近似解法在实际应用中非常有价值。通过对近似解和精确解进行比较，可发现二者有令人满意的符合程度。

至此，在气-固反应的几种模型分析中出现了几个反应模数，总结归纳于表 4-1。虽然各种反应模数的定义及适用条件有所不同，但其物理意义是一致的，即它体现了传质阻力与化学反应阻力的相对大小，可根据其值对过程的控制环节进行判断。

表 4-1　各种反应模数的定义及适用条件

序号	模数	表达式	适用公式	适用模型
1	σ_s^2	$\sigma_s^2 = \dfrac{k_r r_p}{2 F_p D_e}$	$t^* = g_{F_p}(X) + \sigma_s^2 \left[p_{F_p}(X) + \dfrac{2X}{Sh^*} \right]$	缩核模型
2	σ_0^2	$\sigma_0^2 = \dfrac{k_r}{2D} \left(\dfrac{F_p V_p}{A_p} \right)$	$t^* = g_{F_p}(X) + \sigma_0^2 q_{F_p}(X)$	缩粒模型
3	σ^2	$\sigma^2 = \left(\dfrac{F_p V_p}{A_p} \right)^2 \dfrac{1-\varepsilon}{D_e} \dfrac{A_g}{V_g} k_r$	$\nabla^{*2}\psi - \sigma^2 \psi \xi^{F_g-1} = 0$	微粒模型中的质量平衡方程

序号	模数	表　达　式	适用公式	适用模型
4	σ_g^2	$\sigma_g^2 = \left(\dfrac{V_p}{A_p}\right)^2 \dfrac{(1-\varepsilon)k_r F_p}{2D_e}\left(\dfrac{A_g}{F_g V_g}\right)$	$t^* = g_{F_g}(X) + \sigma_g^2\left[p_{F_p}(X) + \dfrac{2X}{Sh^*}\right]$	微粒模型中的近似解
5	σ_{gg}^2	$\sigma_{gg}^2 = \dfrac{k_r}{2D_g}\left(\dfrac{V_g}{A_g}\right)$	$t^* = g_{F_g}(X) + \sigma_{gg}^2 p_{F_g}(X) + \sigma_g^2\left[p_{F_p}(X) + \dfrac{2X}{Sh^*}\right]$	微粒模型中的微粒缩核模型

例题 4－1

在 1173K 下用氢气还原氧化铁球形颗粒，反应为一级可逆。已知球形微粒半径 $r_g = 2 \times 10^{-6}$ m，反应速度常数 $k = 5 \times 10^{-6}$ m/s，扩散系数 $D_e = 8 \times 10^{-5}$ m²/s，孔隙率 $\varepsilon = 0.3$，平衡常数 $K = 0.5$，微粒摩尔密度 $\rho_B = 7.94 \times 10^4$ mol/m³。

（1）求按判据 $\sigma^2 < 0.25$ 时可以忽略颗粒内扩散阻力的最大允许半径。

（2）当颗粒半径 $r_p = 2 \times 10^{-2}$ m 时，用微粒模型的近似式计算在下列条件下达到转化率为 90% 所需的反应时间：（a）忽略颗粒外气体传质阻力；（b）考虑外传质阻力，且 $Sh^* = 10$。

解：

（1）

$$
\begin{aligned}
\sigma^2 &= \left(\frac{F_p V_p}{A_p}\right)^2 \frac{1-\varepsilon}{D_e} \frac{A_g}{V_g} k_r \left(1 + \frac{1}{K}\right) \\
&= r_p^2 \frac{1-\varepsilon}{D_e} \frac{F_g}{r_g} k_r \left(1 + \frac{1}{K}\right) \\
&= r_p^2 \frac{1-0.3}{8 \times 10^{-5}} \times \frac{3}{2 \times 10^{-6}} \times 5 \times 10^{-6} \times \left(1 + \frac{1}{0.5}\right) < 0.25
\end{aligned}
$$

解上式得

$$
r_p < 1.12 \times 10^{-3}(\text{m})
$$

可见，当球形颗粒半径小于 1.12mm 时，在上述条件下反应可以忽略颗粒的内扩散阻力。

（2）利用已知数据，求出近似式中的反应模数

$$
\begin{aligned}
\sigma_g^2 &= \left(\frac{V_p}{A_p}\right)^2 \frac{(1-\varepsilon)k_r F_p}{2D_e}\left(\frac{A_g}{F_g V_g}\right)\left(1 + \frac{1}{K}\right) \\
&= \frac{r_p^2}{F_p} \frac{(1-\varepsilon)k_r}{2D_e} \frac{1}{r_g}\left(1 + \frac{1}{K}\right) \\
&= \frac{0.02^2}{3} \frac{(1-0.3) \times 5 \times 10^{-6}}{2 \times 8 \times 10^{-5}} \times \frac{1}{2 \times 10^{-6}} \times \left(1 + \frac{1}{0.5}\right) \\
&= 4.4
\end{aligned}
$$

因为 $F_g = F_p = 3$，故转化率 $X = 0.9$ 时，

$$
g_{F_g}(X) = 1 - (1-X)^{1/3} = 1 - (1-0.9)^{1/3} = 0.5358
$$

$$
p_{F_p}(X) = 1 - 3(1-X)^{\frac{2}{3}} + 2(1-X) = 0.5538
$$

（a）忽略颗粒外气体传质阻力

$$t^* = g_{F_g}(X) + \sigma_g^2 p_{F_p}(X) = 0.5358 + 4.4 \times 0.5538 = 2.9725$$

根据 t^* 的定义式，有

$$t = \frac{\rho_B r_g}{b k_r \left(C_{Ab} - \dfrac{C_{Cb}}{K} \right)} t^*$$

纯氢在 1173K 常压下的浓度为

$$C_{Ab} = \frac{1}{22.4 \times 10^{-3}} \times \frac{273}{1173} = 10.4 \, (\text{mol/m}^3)$$

因而

$$t = \frac{\rho_B r_g}{b k_r \left(C_{Ab} - \dfrac{C_{Cb}}{K} \right)} t^*$$

$$= \frac{7.94 \times 10^4 \times 2 \times 10^{-6}}{1 \times 5 \times 10^{-6} \times 10.4} \times 2.9752$$

$$= 9086 \, (\text{s})$$

（b）考虑外传质阻力

$$t^* = g_{F_g}(X) + \sigma_g^2 \left[p_{F_p}(X) + \frac{2X}{Sh^*} \right]$$

$$= 0.5358 + 4.4 \times \left(0.5538 + \frac{2 \times 0.9}{10} \right)$$

$$= 3.7645$$

所以

$$t = \frac{\rho_B r_g}{b k_r \left(C_{Ab} - \dfrac{C_{Cb}}{K} \right)} t^*$$

$$= \frac{7.94 \times 10^4 \times 2 \times 10^{-6}}{1 \times 5 \times 10^{-6} \times 10.4} \times 3.7645$$

$$= 11496 \, (\text{s})$$

例题 4 - 2

直径为 $160\mu m$、内部为球形微粒的 NiO 颗粒，在 773K 用纯氢气进行还原，已知在上述反应条件下反应速度控制步骤是球形微粒上的化学反应，反应为一级不可逆。测得 $k = 1.083 \times 10^4 \exp(-109098/(RT))$ m/s；$\rho_g = 8.6 \times 10^4 \text{mol/m}^3$；比表面积 $S_g = 0.15\text{m}^2/\text{g}$，求还原率达 99% 时所需的反应时间。

解：

当化学反应控制时，有

$$t^* = g_{F_g}(X) = 1 - (1 - X)^{1/3} = 1 - (1 - 0.99)^{1/3} = 0.7846$$

$$t = \frac{\rho_g r_g}{b k C_{Ab}} t^* = \frac{\rho_g r_g}{b k C_{Ab}} g_{F_g}(X)$$

又

$$k = 1.083 \times 10^4 \exp(-109098/8.314 \times 773) = 4.594 \times 10^{-4} (\text{m/s})$$

$$C_{\text{Ab}} = \frac{1}{22.4 \times 10^{-3}} \times \frac{273}{773} = 15.8 (\text{mol/m}^3)$$

由比表面积

$$S_g = \frac{A_g}{V_g \rho_g M_g} = \frac{F_g}{r_g \rho_g M_g}$$

得

$$\rho_g r_g = \frac{F_g}{S_g M_g}$$

式中，M_g 为 NiO 的相对分子质量。

因 $b = 1$，$M_g = 74.7$，$S_g = 0.15 \text{m}^2/\text{g}$

所以

$$t = \frac{\rho_g r_g}{bk C_{\text{Ab}}} g_{F_g}(X) = \frac{F_g}{S_g M_g} \frac{1}{bk C_{\text{Ab}}} g_{F_g}(X)$$

$$= \frac{3}{0.15 \times 74.7} \times \frac{1}{1 \times 4.594 \times 10^{-4} \times 15.8} \times 0.7846$$

$$= 28.94(\text{s})$$

4.2　区域模型

多孔固体的气化反应一般包括气相传质、固体孔隙内扩散和化学反应三个基元步骤。在孔隙内的扩散造成了反应不是仅局限在一个界面上，而是发生在一个区域中。各步骤的阻力分数或过程的限制环节依反应条件而变化。图 4-6 示出了多孔固体气化反应的不同动力学区域，图的上部为反应速度的对数与 $1/T$ 的关系，下部为反应过程中气体反应物的浓度分布。

由图 4-6 可知，在低温的区域 I 中，化学反应缓慢，成为控制步骤。气体反应物能均匀地扩散到固体颗粒内部，在颗粒内部气体反应物浓度均等且等于主气流的浓度，反应在整个固体中均匀进行（均匀气化），过程速度与固体样品大小及几何形状无关。随着反应的进行固体孔隙不断扩大，在这个区域的阿伦尼乌斯图的斜率最大，由此斜率求得的反应活化能就是本征化学反应的活化能，即在这种条件下测得的动力学参数接近化学反应动力学的本征值。

当温度升高，化学反应速度增大而进入中温的区域 II 时，气体反应物能渗透到固体内部的可能性降低。此时，颗粒外部传质阻力分数仍很低，颗粒外表面的气体反应物浓度仍等于主气流中浓度，过程受孔隙扩散和化学反应混合控制。大多数反应发生在颗粒表面附近的有限区域，随着反应的进行，颗粒体积缩小，但中心部分仍保持原有孔隙率直至反应结束。这种条件下，提高反应温度可以同时提高本征化学反应速度和内扩散速度。由于温度对内扩散速度并不敏感，因此在阿伦尼乌斯图上曲线的斜率明显比区域 I 低，即表观活化能下降，测得的动力学参数一般不是化学反应的本征值而是表观值。

当温度进一步升高而进入高温的区域 III 后，化学反应速度很高，气体反应物一到固体

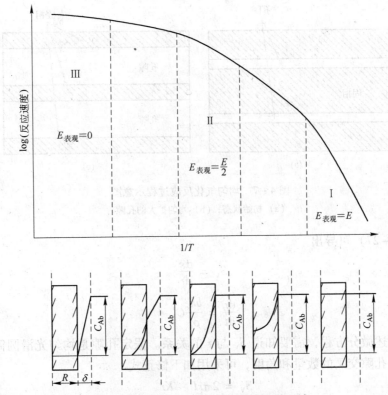

图4-6 多孔固体气化反应的动力学区域

表面就立即与固体反应而被消耗，颗粒表面气体反应物浓度趋近于零，所有反应都发生在颗粒外表面，随着反应的进行，颗粒缩小但颗粒内部无变化。在这种条件下，过程受外部传质控制，阿伦尼乌斯图上曲线的斜率进一步下降，测得的表观活化能很小。

多孔固体气化过程的限制环节发生转变的温度及相应于三个区域的温度范围与固体颗粒的大小、性质（内部结构和孔隙率等）及化学反应的活化能等因素有关。以下根据不同的动力学区域，讨论多孔固体颗粒的气化反应模型。

4.2.1 多孔颗粒均匀气化反应模型

假设固体中的孔隙是随机纵横交错的均匀圆筒形毛细管，反应过程如图4-7所示。如前所述，在动力学区域Ⅰ，反应在整个固体内的孔隙壁面上均匀进行，孔隙将不断扩大，而颗粒尺寸不变直至固体全部被消耗。

设单位体积多孔颗粒内孔隙的总长度为 L，反应过程中孔隙半径为 r，单位体积多孔颗粒内的孔隙总壁面积（即比表面积）为 S_V，单位体积多孔颗粒内的孔隙总体积（即孔隙度）为 ε。考虑反应的化学计量关系，单位体积多孔固体的反应速度可表示为

$$\frac{\rho_s S_V}{b} \frac{\mathrm{d}r}{\mathrm{d}t} = \frac{\rho_s}{b} \frac{\mathrm{d}\varepsilon}{\mathrm{d}t} = k_r S_V C_A^n \tag{4-27}$$

式中，ρ_s 为不含孔隙的固体反应物摩尔密度，mol/m^3；k_r 和 n 分别为化学反应速度常数和反应级数；C_A 为反应气体浓度。

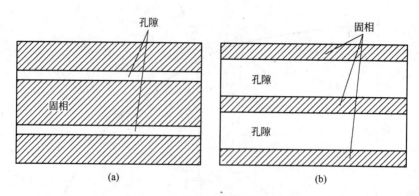

图 4－7　均匀气化反应过程示意图

（a）初始状态；（b）均匀扩大的孔隙

由式（4－27）可导出

$$S_V = \frac{d\varepsilon}{dr} \tag{4－28}$$

$$\frac{dr}{dt} = \frac{bk_r}{\rho_s} C_A^n \tag{4－29}$$

为求解上述微分方程，需要知道 S_V 与 r 的关系。假定孔隙是均匀光滑圆筒，则 $S_V = 2\pi rL$。考虑了孔隙交叉的数量和角度，可采用如下修正式

$$S_V = 2\pi rL - Kr^2 \tag{4－30}$$

式中，K 为修正系数，其值取决于单位多孔体内孔隙交叉的数目和角度。

将式（4－30）代入式（4－28）并积分得

$$\varepsilon = \int_0^r (2\pi rL - Kr^2)\,dr = \pi r^2 L - \frac{Kr^3}{3} \tag{4－31}$$

若反应初始时 $r = r_0$、$\varepsilon = \varepsilon_0$，则由式（4－31）可导出

$$\frac{\varepsilon}{\varepsilon_0} = \frac{3\pi r^2 L - Kr^3}{3\pi r_0^2 L - Kr_0^3} = \left(\frac{r}{r_0}\right)^2 \frac{3\pi L/(Kr_0) - r/r_0}{3\pi L/(Kr_0) - 1} = \xi^2 \left(\frac{G - \xi}{G - 1}\right) \tag{4－32}$$

式中

$$\xi = \frac{r}{r_0} \tag{4－33}$$

$$G = \frac{3\pi L}{Kr_0} \tag{4－34}$$

将式（4－31）~ 式（4－34）代入式（4－28）得到

$$S_V = \frac{d\varepsilon}{dr} = \frac{d\varepsilon}{r_0 d\xi} = \frac{\varepsilon_0}{r_0} \frac{(2G - 3\xi)\xi}{G - 1} \tag{4－35}$$

因为当 $\varepsilon \to 1$ 时，$S_V \to 0$，所以有

$$\xi_{\varepsilon=1} = 2G/3 \tag{4－36}$$

将式（4－36）代入式（4－32）可解得

$$\frac{1}{\varepsilon_0} = \xi_{\varepsilon \to 1}^2 \left(\frac{G - \xi_{\varepsilon \to 1}}{G - 1}\right) = (2G/3)^2 \frac{G - 2G/3}{G - 1}$$

整理得

$$\frac{4}{27}\varepsilon_0 G^3 - G + 1 = 0 \tag{4-37}$$

G 仅为 ε_0 的函数，解式（4-37）并取正根可求得 G。于是，单位体积多孔体的反应速度为

$$k_r S_V C_A^n = k_r \frac{\varepsilon_0}{r_0} \frac{(2G - 3\xi)\xi}{G - 1} C_A^n \tag{4-38}$$

将 $\xi = r/r_0$ 代入式（4-28）得到

$$\frac{d\xi}{dt} = \frac{bk_r}{r_0 \rho_s} C_A^n \tag{4-39}$$

在 $t = 0$，$\xi = 1$ 初始条件下积分上式得到

$$\xi = 1 + \frac{t}{\tau_c} \tag{4-40}$$

式中，τ_c 为与本征反应速度常数有关的参数。

$$\tau_c = \frac{r_0 \rho_s}{bk_r C_A^n} \tag{4-41}$$

由于固体反应后全部转化为气体生成物，因此转化率 X 可表示为

$$X = \frac{\varepsilon - \varepsilon_0}{1 - \varepsilon_0} \tag{4-42}$$

将式（4-32）和式（4-40）代入式（4-42）并整理，得到

$$X = \frac{\varepsilon_0}{1 - \varepsilon_0}\left[\xi^2\left(\frac{G - \xi}{G - 1}\right) - 1\right] = \frac{\varepsilon_0}{1 - \varepsilon_0}\left[\left(1 + \frac{t}{\tau_c}\right)^2\left(\frac{G - 1 - \dfrac{t}{\tau_c}}{G - 1}\right) - 1\right] \tag{4-43}$$

由上式可以计算转化率与反应时间的关系。ε_0 可由实验测得，解式（4-37）的代数方程，即可求得与固体原始结构有关的结构参数 G 值。

应该指出，上述模型概念是过分简化的。首先它假设多孔性固体孔隙结构是一种由均一孔径的圆柱形毛细管所组成的网络，这与实际情况不符。实际上，多孔性固体的孔隙结构通常是由不同孔径、不同形状的毛细管所组成的网络。此外，该模型忽略了在反应过程中固体内部相邻孔隙的合并。因此，式（4-28）不能适用于 ε 由 $0 \rightarrow 1$ 的整个范围，或者说，当反应进行至中期或后期时，此式可能已不再适用。但是，大量实验结果表明，该模型应用于石墨在 CO_2 气氛下的气化反应时，计算结果与实验数据颇为吻合。

例题 4-3

石油结焦炭粒压制成的多孔性石墨，在一定温度下，于 CO_2 气氛中进行气化反应，在热天平装置中测得起始反应速度为每秒每立方厘米固体失重 0.3mg，假定反应在化学反应控制区进行，并已知反应对 CO_2 为一级反应不可逆，$\varepsilon_0 = 0.3$、$r_0 = 0.3\mu m$、$C_A = 8.88 mol/m^3$，多孔性石墨的密度 $\rho_s = 2 \times 10^5 mol/m^3$。

（1）根据以上数据，用任意交叉孔隙模型来估计在该反应温度下的速度常数。

（2）求多孔性石墨完全气化所需要的时间。

（3）计算多孔性石墨达到最大比表面积所需的反应时间，并绘制出转化率和比表面积两者随时间的变化曲线。

解：

（1）将 $\varepsilon_0 = 0.3$ 代入式（4-37）中，得

$$\frac{4}{27} \times 0.3 \times G^3 - G + 1 = 0$$

此方程的解为：$G_1 = 4.129$，$G_2 = 1.052$，$G_3 = -5.181$。

由式（4-36）可知，$G \geqslant 1.5$，故 G 的有物理意义的实根为 4.129（见书末"基于 Excel 的解析举例"一章）。

起始反应时，$\xi_0 = 1$，由式（4-35）可得

$$S_{V,0} = \frac{\varepsilon_0 (2G - 3\xi_0)\xi_0}{r_0 (G - 1)} = \frac{0.3}{0.3 \times 10^{-6}} \times \frac{2 \times 4.129 - 3}{4.129 - 1} = 1.68 \times 10^6 (\text{m}^2/\text{m}^3)$$

已知起始反应速度为

$$v_0 = k_r S_{V,0} C_A = \frac{0.3 \times 10^{-3}}{12 \times 10^{-6}} = 25 (\text{mol}/(\text{m}^3 \cdot \text{s}))$$

所以

$$k_r = \frac{v_0}{S_{V,0} C_A} = \frac{25}{1.68 \times 10^6 \times 8.88} = 1.68 \times 10^{-6} (\text{m/s})$$

（2）

$$\tau_c = \frac{r_0 \rho_s}{b k_r C_A} = \frac{0.3 \times 10^{-6} \times 2 \times 10^5}{1 \times 1.68 \times 10^{-6} \times 8.88} = 4.022 \times 10^3 (\text{s})$$

完全反应时（$\varepsilon = 1$），$\xi = 2G/3$，将其代入式（4-40）中，得

$$\xi = 1 + \frac{t}{\tau_c} = \frac{2}{3}G$$

所以，完全气化所需要的时间为

$$t = \left(\frac{2}{3}G - 1\right)\tau_c = \left(\frac{2}{3} \times 4.129 - 1\right) \times 4.022 \times 10^3 = 7.05 \times 10^3 (\text{s})$$

（3）将式（4-40）代入式（4-35）中，即得比表面积随时间变化的关系式

$$S_V = \frac{\varepsilon_0}{r_0 (G - 1)}\left[2G\left(1 + \frac{t}{\tau_c}\right) - 3\left(1 + \frac{t}{\tau_c}\right)^2\right] \tag{4-44}$$

比表面积最大时，$\text{d}S_V/\text{d}t = 0$。所以，

$$\frac{\varepsilon_0}{r_0 (G - 1)}\left[2G \frac{1}{\tau_c} - 6\left(1 + \frac{t}{\tau_c}\right)\frac{1}{\tau_c}\right] = 0$$

$$t = \left(\frac{G}{3} - 1\right)\tau_c = \left(\frac{4.129}{3} - 1\right) \times 4.022 \times 10^3 = 1514 (\text{s})$$

由计算结果可知，当反应时间为 1514s 时，多孔性石墨比表面积达到最大值。转化率和时间的关系以及比表面积和时间的关系可利用式（4-43）及式（4-44）进行计算，结果如图 4-8 所示。由图 4-8 可知，多孔性石墨在气化反应初期，比表面积随反应的进行而逐渐增大，当转化率为 28% 时比表面积达到最大值，随后比表面积随反应的进行而下降，当反应完全时比表面积为零。

4.2.2　孔隙扩散和化学反应混合控制模型

在区域Ⅱ，由于温度较高，反应加快，气体反应物很难渗透到未反应的多孔体内部，

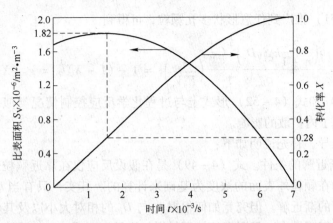

图 4-8 多孔性石墨气化反应的转化率和比表面积与时间的关系

过程受孔隙扩散和化学反应二者混合控制，反应仅发生在颗粒表面附近的区域。因此，不管颗粒几何形状如何，除反应最后阶段外，都可把反应区近似看作平板。则仅就外表面法线方向 x，对气体反应物 A 进行物料平衡可得

$$D_e \frac{d^2 C_A}{dx^2} - k_r S_V C_A^n = 0 \tag{4-45}$$

其边界条件为

$$\begin{cases} x = 0, & C_A = C_{As} \\ x = \infty, & C_A = 0, \quad \dfrac{dC_A}{dx} = 0 \end{cases} \tag{4-46}$$

第二个边界条件表示离颗粒表面某一距离内层处，$C_A = 0$。同时意味着颗粒尺寸足够大，以至于它与反应区比较可以看作无限大。

令 $P = dC_A/dx$，式（4-45）可改写为

$$D_e P \frac{dP}{dC_A} = k_r S_V C_A^n \tag{4-47}$$

假定 D_e 和 S_V 为常数，积分得到

$$P = \frac{dC_A}{dx} = -\left(\frac{2}{n+1} \frac{k_r S_V}{D_e} C_A^{n+1} \right)^{1/2} \tag{4-48}$$

由于反应仅在靠近颗粒表面的薄层内进行，所以反应区单位颗粒表面积的反应速度 $N_A(\text{mol}/(\text{m}^2 \cdot \text{s}))$ 可表达为

$$N_A = -D_e \frac{dC_A}{dx} \bigg|_{x=0} = \left(\frac{2}{n+1} k_r S_V D_e \right)^{1/2} C_{As}^{\frac{n+1}{2}} \tag{4-49}$$

可见，N_A 与 $(k_r D_e)^{1/2}$ 成正比，这意味着表观活化能为化学反应和内扩散活化能的代数平均值。将式（4-49）与固体颗粒半径随时间的变化率联系起来，可得

$$-\frac{\rho_B}{b} \frac{dr_c}{dt} = \left(\frac{2}{n+1} k_r S_V D_e \right)^{1/2} C_{As}^{\frac{n+1}{2}} \tag{4-50}$$

在 $t=0$，$r_c = r_p$ 的初始条件下积分，得到

$$\frac{b \left(\dfrac{2}{n+1} k_r S_V D_e \right)^{1/2} C_{As}^{\frac{n+1}{2}}}{\rho_B r_p} t = 1 - \frac{r_c}{r_p} = 1 - (1-X)^{1/3} \tag{4-51}$$

将式（4－51）推广到任意形状多孔颗粒，可得到

$$\frac{b\left(\dfrac{2}{n+1}k_r S_V D_e\right)^{\frac{1}{2}} C_{As}^{\frac{n+1}{2}}}{\rho_B}\left(\frac{A_p}{F_p V_p}\right)t = 1-(1-X)^{\frac{1}{F_p}} = g_{F_p}(X) \tag{4-52}$$

式（4－51）和式（4－52）形式上与过程化学反应控制情况类似，但是速度常数为 $(k_r D_e)^{1/2}$，体现了内扩散的影响。

对于以上推导，补充说明如下：

（1）利用渐近解的条件。式（4－49）是在假设反应仅在靠近颗粒表面的薄层内进行且以气相反应物在颗粒外表面的浓度为基础来计算的。其实，只有当 $k_r \gg D_e$ 时才能得到这样极限条件下的渐近解。但究竟如何根据 k_r 与 D_e 的相对大小以及其他相关参数才可以接受这样的渐近解呢？在这里限于篇幅不做详细推导和证明，仅把结论简述如下。

当反应进入区域Ⅱ、存在扩散影响时的反应速度称为颗粒实际的反应速度。前述区域Ⅰ中的反应速度是无扩散影响、颗粒所有表面处在气相主体条件下的反应速度。前者与后者的比值体现了扩散的影响程度。为此，定义反应时的有效因子如下：

$$E^* = \frac{颗粒实际反应速度}{颗粒所有表面在气相主体条件下的反应速度} \tag{4-53}$$

影响有效因子 E^* 值的所有参数可归结为一个准数 ϕ，称为席勒(Thiele)模数，定义如下：

$$\phi = \frac{V_p}{A_p}\sqrt{\left(\frac{n+1}{2}\right)\frac{k_r S_V C_{As}^{n-1}}{D_e}} \tag{4-54}$$

E^* 与 ϕ 的具体关系式如下：

球形颗粒，解析解 $$E^* = \frac{1}{\phi}\left[\frac{1}{\tanh(3\phi)} - \frac{1}{3\phi}\right] \tag{4-55}$$

平板颗粒，解析解 $$E^* = \frac{\tanh(\phi)}{\phi} \tag{4-56}$$

平板颗粒，渐近解 $$E^* = \frac{1}{\phi} \tag{4-57}$$

E^* 与 ϕ 的关系如图4－9所示。圆柱形颗粒的相应曲线介于球形与平板形颗粒之间，图中没有画出。

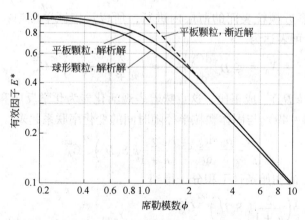

图4－9 席勒模数与有效因子的关系

由图 4-9 可知，当 $\phi > 3$ 时，渐近解可以足够精确地代表不同几何特性颗粒的解析解，而当 $\phi < 0.3$ 时，不同几何特性颗粒的有效因子均趋近于 1。由此可见，席勒模数可以作为多孔性固体气化反应时反应发生在何种区域的判据。当 $\phi < 0.3$ 时，由于有效因子接近于 1，因而内扩散阻力可以忽略，颗粒内部孔隙的气相反应物浓度无梯度存在，且接近气相主体浓度，反应在第 I 区进行。当 $\phi > 3$ 时，动力学方程可以使用渐近解，因而多孔性固体在第 II 区发生气化反应时的反应速度可用式（4-49）进行计算。

（2）表观活化能与本征活化能的关系。由式（4-49）可知

$$N_A \propto (k_r D_e)^{\frac{1}{2}} C_{As}^{\frac{n+1}{2}} \tag{4-58}$$

设 k_r、D_e 随温度变化的阿伦尼乌斯关系式可写为如下形式

$$k_r = A\exp[-E/(RT)], D_e = B\exp[-E_D/(RT)] \tag{4-59}$$

则由式（4-58）、式（4-59）可得

$$N_A \propto (k_r D_e)^{1/2}$$
$$= (AB)^{1/2}\exp\left(-\frac{E}{2RT} - \frac{E_D}{2RT}\right)$$
$$= (AB)^{1/2}\exp\left[-\frac{(E+E_D)/2}{RT}\right] \tag{4-60}$$

所以，表观活化能 $E_{表观}$ 为

$$E_{表观} = (E + E_D)/2 \approx E/2 \tag{4-61}$$

一般情况下 $E \gg E_D$，故所得到的表观活化能为本征活化能的 1/2。这种关系说明，多孔性固体发生气化反应时，实验测得的表观活化能并非是本征化学反应的活化能，而应该是它的一半。同理，测得的表观反应级数也不是本征化学反应的级数，对 n 级反应，测得的级数变为 $(n+1)/2$。例如，对反应级数分别为 0、1、2 的反应，测得的级数应分别为 1/2、1、3/2。

（3）关于非等摩尔逆流扩散情况下的反应。气化反应时，1mol 气相反应物反应后生成 1mol 气相生成物，此时固体孔隙内发生的扩散是等摩尔逆流扩散，前述的式（4-49）就是在这样的条件下推导得到的。如果 1mol 气相反应物反应后生成 $v$mol（$v \neq 1$）气相生成物，则固体孔隙内发生的扩散为非等摩尔逆流扩散。此种扩散将伴随有主体流动，从而对反应的动力学行为产生影响。例如，对 $C + O_2 = 2CO$ 的反应，在反应过程中，会产生气体由颗粒内部向颗粒外部的主体流动，从而降低了气相反应物向颗粒内部的传递速度，使反应速度减小。而对 $2H_2 + C = CH_4$ 的反应，在反应过程中，会发生气体由颗粒外部向颗粒内部的主体流动，促进了气相反应物向颗粒内部的传递，因而加快了反应速度。对非等摩尔逆流扩散情况下的反应，式（4-49）可改为下述公式表示（推导过程省略）。

零级反应（$n=0$） $$N_{A0} = (2k_r S_V D_e)^{\frac{1}{2}}[\theta^{-1}\ln(1+\theta)]^{\frac{1}{2}} C_{As}^{\frac{1}{2}} \tag{4-62}$$

一级反应（$n=1$） $$N_{A1} = (2k_r S_V D_e)^{\frac{1}{2}}[\theta^{-1} - \theta^{-2}\ln(1+\theta)]^{\frac{1}{2}} C_{As} \tag{4-63}$$

二级反应（$n=2$） $$N_{A2} = (2k_r S_V D_e)^{\frac{1}{2}}\left[\frac{1}{2}\theta^{-1} - \theta^{-2} + \theta^{-3}\ln(1+\theta)\right]^{\frac{1}{2}} C_{As}^{\frac{3}{2}} \tag{4-64}$$

式中 $$\theta = (v-1)y_A \tag{4-65}$$

y_A 为气相反应物在气流本体中的摩尔分数。由此可见，在非等摩尔逆流扩散情况下，

反应的表观活化能仍等于本征值的一半，与等摩尔逆流扩散情况相同。由式（4－62）～式（4－64）与式（4－49）对比可知，式（4－62）～式（4－64）中的方括号项的值实际上是非等摩尔逆流扩散的修正系数。当 $v=1$ 时，式（4－62）～式（4－64）还原为等摩尔逆流扩散时的通式（4－49）。当 $v<1$ 时，气相生成物的物质的量小于气相反应物的物质的量，发生气相由颗粒外部进入颗粒内部的主体流动，因而使反应速度增加。当 $v>1$ 时则情况相反，将发生气相由颗粒内部至颗粒外部的主体流动，使反应速度减慢。

（4）关于 S_V。在反应区域Ⅱ中，S_V 是指反应区的单位体积多孔颗粒所包含的表面积，而不是对整个固体颗粒而言。由于在反应过程中，固体反应物不断被消耗，因而前者的数值与后者不同。

4.2.3　考虑外表面反应和外部传质阻力的综合模型

在上面的推导中，是在假设颗粒外表面积与颗粒内反应区孔隙壁的面积 S_V 相比可以忽略且不考虑外部传质阻力的前提下进行的，即上述两种模型中均忽略了外表面的反应和外部传质阻力的贡献。但是，在孔隙率较低或化学反应很快条件下，该假定不成立。在区域Ⅲ，由于温度升高，外表面的反应对总速率有显著影响，单位颗粒外表面积上的反应速度可表示为

$$N_{As} = k_r f C_A^n \tag{4-66}$$

式中，f 为颗粒外表面的粗糙度因子（真实外表面积和表观投影外表面积之比值），由于外表面反应和表面附近孔隙内反应同时进行，因此总反应速度可表示为

$$N = N_A + N_{As} = \left(\frac{2}{n+1} k_r S_V D_e\right)^{\frac{1}{2}} C_{As}^{\frac{n+1}{2}} + k_r f C_{As}^n \tag{4-67}$$

如果过程为一级不可逆反应（$n=1$），并考虑外部传质阻力和固体颗粒半径随时间的变化率关系，可以导出

$$-\frac{\rho_B}{b}\frac{dr_c}{dt} = \frac{C_{Ab}}{\left[(k_r S_V D_e)^{\frac{1}{2}} + k_r f\right]^{-1} + \frac{1}{k_g}} \tag{4-68}$$

当外部传质控制时

$$-\frac{\rho_B}{b}\frac{dr_c}{dt} = k_g C_{Ab} \tag{4-69}$$

当外部传质阻力很小时

$$-\frac{\rho_B}{b}\frac{dr_c}{dt} = \left[(k_r S_V D_e)^{\frac{1}{2}} + k_r f\right] C_{Ab} \tag{4-70}$$

当孔隙率较大，式（4－67）右侧第二项可忽略时，则式（4－67）恢复为区域Ⅱ的式（4－49）。此外，式（4－68）也可用于密实固体的气化反应，此时 $D_e=0$。如果 $f=1$，则式（4－68）就可还原成式（3－4），说明两种数学模型的分析是一致的。

例题 4－4

球形多孔性石墨颗粒在一定温度下于 CO_2 气氛中进行一级气化反应，反应式为 $C + CO_2 = 2CO$。忽略外传质阻力，且 $f=1$，求转化率为50%时以及完全转化时所需的时间。已知：$k_r = 10^{-5}\,m/s$，$D_e = 1 \times 10^{-6}\,m^2/s$，$r_p = 0.01\,m$，$C_{Ab} = 8\,mol/m^3$，$\rho_p = 1.6 \times$

10^5mol/m^3，$S_V = 1.5 \times 10^6 \text{m}^2/\text{m}^3$。

解：

反应的席勒模数为

$$\phi = \frac{V_p}{A_p}\sqrt{\left(\frac{n+1}{2}\right)\frac{k_r S_V C_{As}^{n-1}}{D_e}} = \frac{r_p}{F_p}\sqrt{\left(\frac{n+1}{2}\right)\frac{k_r S_V C_{As}^{n-1}}{D_e}}$$

$$= \frac{0.01}{3}\sqrt{\frac{10^{-5} \times 1.5 \times 10^6}{1 \times 10^{-6}}} = 12.9$$

满足 $\phi > 3$。因此动力学方程可以使用 $k_r \gg D_e$（$\phi \to \infty$）时的渐近解。忽略外传质阻力时，根据式（4-70）并考虑非等摩尔扩散的影响（式（4-63）），可得

$$-\frac{\rho_B}{b}\frac{dr_c}{dt} = \left\{(2k_r S_V D_e)^{\frac{1}{2}}\left[\theta^{-1} - \theta^{-2}\ln(1+\theta)\right]^{\frac{1}{2}} + k_r f\right\}C_{Ab}$$

对上式进行积分，得

$$t \times \frac{b}{r_p \rho_B}\left\{(2k_r S_V D_e)^{\frac{1}{2}}\left[\theta^{-1} - \theta^{-2}\ln(1+\theta)\right]^{\frac{1}{2}} + k_r f\right\}C_{Ab} = 1 - \frac{r_c}{r_p} = 1 - (1-X)^{\frac{1}{3}}$$

即

$$t = \frac{r_p \rho_B\left[1-(1-X)^{\frac{1}{3}}\right]}{b\left\{(2k_r S_V D_e)^{\frac{1}{2}}\left[\theta^{-1} - \theta^{-2}\ln(1+\theta)\right]^{\frac{1}{2}} + k_r f\right\}C_{Ab}}$$

已知 $v = 2$，$y_A = 1$，故 $\theta = (v-1)y_A = 1$，则

$$\left[\theta^{-1} - \theta^{-2}\ln(1+\theta)\right]^{\frac{1}{2}} = 0.554$$

当 $X = 0.5$ 时，

$$t = \frac{0.01 \times 1.6 \times 10^5 \times \left[1-(1-0.5)^{\frac{1}{3}}\right]}{\left[(2 \times 10^{-5} \times 1.5 \times 10^6 \times 1 \times 10^{-6})^{1/2} \times 0.554 + 10^{-5}\right] \times 8} = 13553(\text{s}) = 3.76(\text{h})$$

同理，当 $X = 1.0$ 时，

$$t = \frac{0.01 \times 1.6 \times 10^5 \times 1}{\left[(2 \times 10^{-5} \times 1.5 \times 10^6 \times 1 \times 10^{-6})^{1/2} \times 0.554 + 10^{-5}\right] \times 8} = 65702(\text{s}) = 18.25(\text{h})$$

本章符号列表

A_g：微粒的表面积（m^2）

$A_{g,c}$：微粒中未反应核的界面积（m^2）

A_p：颗粒的表面积（m^2）

C_{Ab}：气体反应物 A 的本体浓度（mol/m^3）

C_{As}：颗粒表面气体反应物 A 的浓度（mol/m^3）

C_{Ag}：微粒表面气体反应物 A 的浓度（mol/m^3）

C_{Ac}：微粒内反应界面上气体反应物 A 的浓度（mol/m^3）

C_A：气体反应物 A 在颗粒内部的浓度（mol/m^3）

D_e：气体在产物层内的有效扩散系数（m^2/s）

$E_{表观}$：化学反应表观活化能（kJ/mol）

E：化学反应本征活化能（kJ/mol）

E_D：扩散本征活化能（kJ/mol）

E^*：固体颗粒的有效因子

F_g：微粒的形状系数

F_p：颗粒的形状系数

f：颗粒外表面的粗糙度因子

G：多孔固体颗粒的无因次结构参数

k_g：气体的传质系数（m/s）

k_r：反应速度常数（m/s）

K：修正系数

L：单位体积多孔颗粒内孔隙的总长度（m）

n：反应级数

N_A：反应区单位颗粒表面积的反应速度（mol/（m²·s））

N_{A0}、N_{A1}、N_{A2}：反应级数分别为 0、1、2 时，单位颗粒表面积的反应速度（mol/（m²·s））

N_{As}：单位颗粒外表面积上的反应速度（mol/（m²·s））

N：总反应速度（mol/（m²·s））

r_0：多孔固体颗粒的初始孔隙半径（m）

r：多孔固体颗粒的孔隙半径（m）

r_{gc}：微粒的对称中心到反应界面的距离（m）

r_g：微粒的半径（m）

R：颗粒几何中心沿特征尺寸方向至某一距离的位置（m）

R_p：颗粒的半径（m）

S_V：比表面积（m²/m³）

t：时间（s）

t^*：无因次时间

V_g：微粒的体积（m³）

V_p：颗粒的体积（m³）

X：颗粒的转化率

y_A：气相反应物在气流本体中的摩尔分数

δ：气膜厚度（m）

v_A：颗粒内 A 的局部反应消耗速度（mol/（m³·s））

ε_0：多孔体的初始孔隙度

ε：多孔体的孔隙度

ψ：无因次气体浓度

ξ：无因次微粒半径或孔隙半径

η：无因次颗粒半径

σ：微粒模型反应模数

σ_g^2：微粒模型反应模数

σ_{gg}^2：微粒模型反应模数

ρ_B：固体反应物 B 的摩尔密度（mol/m^3）

ρ_s：不含孔隙的固体反应物摩尔密度（mol/m^3）

τ_c：与本征反应速度常数有关的参数（s）

ϕ：席勒（Thiele）模数

v：1mol 气相反应物反应后生成的气相产物的物质的量（mol）

思考与练习题

4-1　试分别考虑球形、长圆柱形及薄平板形三种颗粒形状，推导式（4-1）并说明该式成立的条件。

4-2　试根据式（4-8）中所定义的无因次变量关系，推导式（4-9）并说明式中各项的意义。

4-3　试分别考虑球形、长圆柱形及薄平板形三种颗粒形状，证明式（4-13）成立。

4-4　试推导式（4-68）并说明该式成立的条件。

4-5　试分析有效因子 E^* 与席勒模数 ϕ 之间的关系，如何根据 ϕ 值来判定过程的控制环节特性？

4-6　在 900℃ 下用氢气还原球形 FeO 颗粒，假定过程为一级不可逆反应，试利用微粒模型的近似计算公式计算还原率达到 90% 时所需要的反应时间。已知如下数据：颗粒半径 $r_p = 2cm$，$D_e = 0.8cm^2/s$，$\rho_B = 0.0794mol/cm^3$，$\varepsilon = 0.35$，$k_r = 5 \times 10^{-4}cm/s$，$Sh^* = 10$，微粒参数 $F_g = 3$ 且 $F_g V_g / A_g = 2 \times 10^{-4}cm$。

4-7　考虑在 1100℃ 下在浓度为 $10^{-5}mol/cm^3$ 的 CO_2 气流中含孔隙石墨的等温气化反应。已知反应对 CO_2 为一级不可逆，$k = 10^{-3}cm/s$，石墨的真密度为 $2.25g/cm^3$，初始孔隙率 0.3，初始孔径 $2\mu m$。假定化学反应为过程限制环节，试求初始反应速度和反应 15min 时石墨的气化率。

4-8　已知多孔隙石墨与 CO_2 的气化反应为一级不可逆反应，试判断在下列条件下各步骤阻力的相对重要性及过程可能所处的反应区域。（1）1100℃ 时，$k_r = 10^{-3}cm/s$，$S_V = 2500cm^2/cm^3$，$f = 1$，$D_e = 0.1cm^2/s$，$k_g = 2cm/s$；（2）由于温度上升，$k_r = 10^{-1}cm/s$，假定 D_e 及其他参数均保持不变；（3）用 $S_V = 250cm^2/cm^3$ 孔隙率较低的石墨，而其他参数与条件（2）相同。

5 气－液反应

气体与液体之间的反应（气－液反应）在钢铁冶金及有色金属冶金过程中占有重要地位，它涉及火法冶金、湿法冶金和冶金环保等诸多领域。例如，在钢铁冶金过程中，炼钢转炉的氧气顶吹和顶底复合吹炼、电炉的碳氧反应、RH、VOD、VD、AOD、吹氩钢包等多种二次精炼过程；在有色金属冶金过程中，铜转炉吹炼冰铜以及粗铅的空气精炼等过程；在湿法冶金过程中，用还原气体从 Cu、Co 和 Ni 的浸出液还原沉淀金属、铜电解液的空气净化除 Fe 及 CO_2 通入铝酸钠溶液生成氢氧化铝沉淀等过程；在冶金环保过程中，废气的淋洗塔和填料吸收塔处理等过程，都涉及不同类型的气－液反应。

根据气－液两相的接触方式，气－液反应可分为三种反应类型：(1) 气相分散、气相通过液相（气泡、泡沫和射流等）的移动接触反应；(2) 液相分散、液相通过气相（喷淋或雾化）的移动接触反应；(3) 气－液两相持续接触反应。

气－液反应，特别是气体与高温熔融金属体系之间的反应，通常受液体中的传质过程控制。因此，本章首先以气－液反应为例，对相间传质理论进行概要论述，然后分别讨论气相分散、气相通过液相（气泡、泡沫和射流等）的移动接触以及气－液两相持续接触两大类反应的冶金宏观动力学处理方法。

5.1 相间传质理论概述

5.1.1 膜理论

膜理论假定，流体与相界面间的传质阻力完全存在于紧贴界面的薄膜（称为有效边界层或界膜）内，界膜内传质靠分子扩散且浓度分布稳定，界膜以外的流体本体中浓度均匀。以气－液反应为例，在相界面的两侧的界膜分别为液膜和气膜。以液膜为例，膜理论的基本方程和边界条件可分别表述如下：

$$D_A \frac{d^2 C_A}{dx^2} = 0 \tag{5-1}$$

$$\begin{cases} x = 0, & C_A = C_{Ai} \\ x = \delta, & C_A = C_{Ab} \end{cases} \tag{5-2}$$

式中，C_{Ab}、C_{Ai} 分别为传输组分 A 在液相主体及相界面处的浓度；x 为界面法线方向的距离；δ 为界膜厚度。

在式（5-2）的边界条件下，两次积分式（5-1）可得到界膜内 A 的浓度分布为

$$\frac{C_A}{C_{Ai}} = 1 - \left(1 - \frac{C_{Ab}}{C_{Ai}}\right) \frac{x}{\delta} \tag{5-3}$$

因此，根据菲克扩散定律，界膜内的传质通量为

$$N_A = -D_A \frac{\mathrm{d}C_A}{\mathrm{d}x} = \frac{D_A}{\delta}(C_{Ai} - C_{Ab}) \tag{5-4}$$

可见，液膜内的传质系数为

$$k_d = \frac{D_A}{\delta} \tag{5-5}$$

5.1.2 渗透理论

上面讨论了膜理论，在膜理论中假设在界面上的薄膜是静止的和在薄膜中的传质速度不受流体主体内流动状态的影响，其实这些假设是不正确的。例如，在氧气顶吹转炉炼钢中，氧气喷枪射出的氧气射流将铁液射成凹坑时的气液相间传质速度会受到氧气流及铁液流动状态的影响。为准确描述相间传质过程机理，1935年黑比（Higbie）提出了溶质渗透理论，该理论认为二相间的传质是靠着流体的体积元短暂、重复地与界面相接触而实现的。体积元的这种运动是由于流体主体中紊流的扰动而实现的。例如，当气体与液体相接触时，其中某一流体（如液体）由于自然对流或者紊流的原因，使得其中某些体积元被带到流体间的相界面处，若气体中某组元的浓度大于与液体相平衡的浓度，则气体中的该组分将向液体的微元体积（体积元）中迁移，经过时间 τ 以后，该体积元离开界面，另一体积元进入，与相界面接触，重复上述的传质过程，这样就实现了二相间的传质，如图5-1所示。

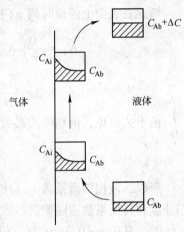

图5-1 溶质渗透理论示意图

把微元体积在界面处停留的时间 τ，称为该微元的寿命。由于微元体积的寿命很短，组分渗透到微元中的深度小于微元体积的厚度，还来不及建立起稳态扩散，所发生的传质均由非稳态的分子扩散来实现。在数学上可以把微元与界面间的传质当做一维半无穷大的非稳态扩散过程来处理，基本方程和边界条件可分别表述如下：

基本方程

$$\frac{\partial C_A}{\partial t} = D_A \frac{\partial^2 C_A}{\partial x^2} \tag{5-6}$$

初始条件

$$t = 0, \quad 0 < x < \infty, \quad C_A = C_{Ab} \tag{5-7}$$

边界条件

$$0 < t \leqslant \tau, \begin{cases} x = 0, & C_A = C_{Ai} \\ x = \infty, & C_A = C_{Ab} \end{cases} \tag{5-8}$$

应用拉氏变换或中间变量代换法，在初始和边界条件下，求解式（5-6），可得

$$\frac{C_A - C_{Ab}}{C_{Ai} - C_{Ab}} = 1 - \mathrm{erf}\left(\frac{x}{2\sqrt{D_A t}}\right) \tag{5-9}$$

即

$$C_A = C_{Ai} - (C_{Ai} - C_{Ab})\mathrm{erf}\left(\frac{x}{2\sqrt{D_A t}}\right) \tag{5-10}$$

式中，erf 为误差函数符号。

由菲克扩散定律，某时刻气体和微元间的传质通量为

$$N_A = -D_A \frac{\partial C_A}{\partial x}\bigg|_{x=0} = D_A (C_{Ai} - C_{Ab}) \frac{\partial}{\partial x}\left[\operatorname{erf}\left(\frac{x}{2\sqrt{D_A t}}\right)\right]\bigg|_{x=0}$$

$$= D_A (C_{Ai} - C_{Ab}) \frac{1}{\sqrt{\pi D_A t}}$$

$$= \sqrt{\frac{D_A}{\pi t}}(C_{Ai} - C_{Ab}) \tag{5-11}$$

微元在表面上停留时间 τ 内组分 A 的平均传质通量为

$$\overline{N}_A = \frac{1}{\tau}\int_0^\tau N_A \mathrm{d}t = \frac{1}{\tau}\int_0^\tau \sqrt{\frac{D_A}{\pi t}}(C_{Ai} - C_{Ab})\mathrm{d}t$$

$$= 2\sqrt{\frac{D_A}{\pi \tau}}(C_{Ai} - C_{Ab}) \tag{5-12}$$

由上式可见，液相传质系数为

$$k_d = 2\sqrt{\frac{D_A}{\pi \tau}}$$

所以，液相传质系数 k_d 与扩散系数 D_A 的平方根成正比，即按照黑比的渗透理论，扩散速度和传质系数应随扩散系数的平方根变化，在很多情况下这是合乎实际的，一般认为 $k_d \propto D_A^n$，其中 $n = 0.5 \sim 0.75$。但是，渗透理论把 τ 当做平均寿命，即每个微元体积与界面的接触时间都相同，而在实际运用中 τ 是很难确定的，因此该模型无法对传质系数进行精确计算。

5.1.3　表面更新理论

表面更新理论对渗透理论作了进一步修正，该理论认为流体微元在表面上的停留时间并不是均等的，而是服从统计规律，并存在一个停留时间分布，其分布函数为

$$\phi(t) = s\exp(-st) \tag{5-13}$$

式中，s 为表面更新率，表示单位时间被更新的表面分数。

由于停留时间可分布于 0 到 ∞ 之间，故平均传质通量为

$$\overline{N}_A = \int_0^\infty N_A(t)\phi(t)\mathrm{d}t = \int_0^\infty \sqrt{\frac{D_A}{\pi t}}(C_{Ai} - C_{Ab})s\exp(-st)\mathrm{d}t = \sqrt{sD_A}(C_{Ai} - C_{Ab})$$

$$\tag{5-14}$$

根据传质通量的一般表达式

$$N_A = k_d(C_{Ai} - C_{Ab}) \tag{5-15}$$

可知，传质系数 k_d（m/s）为

$$k_d = \sqrt{sD_A} \tag{5-16}$$

从上式可以看出，由表面更新理论导出的对流传质系数也与分子扩散系数的平方根成正比。

由式（5-4）、式（5-12）和式（5-14）的比较可知，三种理论中的传质系数与扩

散系数的关系分别为

$$k_{d} = \begin{cases} D_{A}/\delta & \text{(膜理论)} \\ 2\sqrt{D_{A}/(\pi\tau)} & \text{(渗透理论)} \\ \sqrt{sD_{A}} & \text{(表面更新理论)} \end{cases} \quad (5-17)$$

可见，应用三种理论模型处理时，传质系数与扩散系数的关系是不同的。在冶金气液反应中已有许多应用的实例，如在处理气液两相持续接触反应中，以膜理论应用最多，而在气液两相移动接触反应中，以渗透理论和表面更新理论应用较多。

5.2 气泡与液体间的传质

气泡与液体之间的化学反应是气泡在液体中不断运动的同时、伴随质量传递过程完成的。以下将分别对气泡的形成、运动（上浮）、传质加以论述。

5.2.1 气泡的形成

液相中形成气泡有两种途径，一是由于溶液过饱和而产生气相核心，并长大形成气泡，按气泡核心的形成机理又可分为均相成核和非均相成核两种情况；二是由浸入式喷嘴向液相中喷吹气体产生气泡，如图 5-2 所示。

$$\text{液相中形成气泡的两种途径} \begin{cases} \text{溶液过饱和而产生气相核心} \begin{cases} \text{均相成核} \\ \text{非均相成核} \end{cases} \\ \text{浸入式喷嘴向液相中喷吹气体} \end{cases}$$

图 5-2　液相中形成气泡的两种途径

5.2.1.1　溶液中气泡的成核与生长

气泡能否生成，关键是气泡核心能否生成并长大。在均相与非均相条件下，气泡核心生成的难易状况不一样，均相成核必须克服气-液界面张力作功，需要很大的过饱和度。例如，液相中一个半径为 R 的气泡，当其半径增加 dR 时，相应的界面能增加量 $\Delta F =$ 增加的面积×表面张力，即

$$\Delta F = 4\pi\sigma\left[(R+dR)^{2}-R^{2}\right] = 8\pi\sigma RdR + 4\pi\sigma(dR)^{2} \approx 8\pi\sigma RdR \quad (5-18)$$

式中，σ 为液体表面（气-液界面）张力。

界面能增加量应等于气泡内气体克服附加压力所作的功，所以

$$\Delta F = 8\pi\sigma RdR = 4\pi R^{2}p_{Ad}dR \quad (5-19)$$

即

$$p_{Ad} = \frac{2\sigma}{R} \quad (5-20)$$

式中，p_{Ad} 称为附加压强。于是气泡内的压强为

$$p_{b} = p_{a} + p_{Ad} \quad (5-21)$$

式中，p_{a} 为气泡表面处液体的压强（大气压强和液体静压强之和）。

式（5-21）表明，液相中气泡核心长大，除必须克服大气和液体静压强外，还需要

克服界面张力造成的附加压强 p_{Ad}。由式（5－20）可知，R 越小则 p_{Ad} 越大。计算表明，钢液中半径为 $R = 10^{-4}$ mm 的气泡核心，其 p_{Ad} 高达 300atm（1atm $=101325$Pa）。因此，在均相成核形成气泡条件下，由于附加压力太大，气泡很容易破灭，一般很难真正生成。在实际液态金属中，通常是非均相成核形成气泡，在非均相条件下所形成的气泡核心的位置不是在液体的中心，而是在边界处，这样的气泡核心很容易生成，而且一旦气泡核心生成，则气泡就容易生成。在冶金用耐火材料的炉底和炉衬上有许多没有被液态金属填满的微孔、裂纹或凹陷，其内存在的气体都可能成为气泡核心，如图5－3所示。图5－3中，R、r 分别为气泡及微孔半径，θ 为接触角。接触角是用来度量液体在固体表面润湿程度的物理量，它是在气体、液体、固体三相接触点沿液－气界面的切线与固－液界面所夹的角。若 θ 很小或接近于 0，则称这样的固体物质

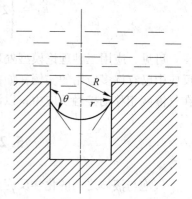

图5－3 液相与固相空隙非均相气泡成核示意图

具有亲液性，反之若 θ 较大，则称这样的固体物质具有疏液性。习惯上，当 $\theta > 90°$ 时称为不润湿，反之当 $\theta < 90°$ 时称为润湿。接触角的大小是由固液两相的性质决定的。冶金用耐火材料的微孔、裂纹或凹陷越细小，则越容易在其中形成气泡核心，见以下讨论。

由于液态金属通常与耐火材料不润湿，故它们的接触角 $\theta > 90°$。这时克服气－液界面张力所需的附加压强为

$$p_{Ad} = \frac{2\sigma}{R} = \frac{2\sigma\cos(180 - \theta)}{r} = -\frac{2\sigma\cos\theta}{r} \qquad (5-22)$$

式中，R 为气－液界面的曲率半径；r 为微孔半径。显然，r 越小，p_{Ad} 越大。当 p_{Ad} 大于液体中该位置处的静压强时，液体就不能充满该微孔，从而可能成为气泡核心。于是，由 p_{Ad} 等于液体中该位置处的液体压强的条件可求得能够成为气泡核心的临界最大微孔半径

$$r_{max} = -\frac{2\sigma\cos\theta}{p_g + \rho_L gh} \qquad (5-23)$$

式中，p_g 为液面气体压强（一般可用大气压强代替）；ρ_L 为液体密度；h 为液面到微孔的深度；g 为重力加速度。对于钢水，$\sigma \approx 1.5$N/m，$\theta \approx 150°$，$\rho_L = 7200$kg/m³，并取 $g = 9.81$m/s²，$p_g = 1.013 \times 10^5$Pa，$h = 0.5$m，则可算得 $r_{max} = 1.9 \times 10^{-5}$ m $= 0.019$mm，即 0.019mm 是该条件下活性微孔的半径上限值，超过此值则不能形成气泡核心，能够形成气泡核心的微孔称为活性微孔，气泡核心的形成是气泡生成并长大的前提。

图5－4所示为活性微孔中气泡长大过程示意图。随着气－液反应的进行，孔隙中气体压力增大，体系状态由（a）向（b）过渡，到达状态（b）时，曲率半径 R 趋近于无限大，p_{Ad} 趋近于零；体系状态进一步由（b）向（c）过渡，曲率半径又由无限大变为 R，但方向与状态（a）相反。这时由于界面张力产生的附加压强 p_{Ad} 与静压强方向一致，到达状态（c）时，孔隙内气相压强达到最大值 p_{max}

$$p_{max} = p_g + \rho_L gh + \frac{2\sigma}{R} = p_g + \rho_L gh + \frac{2\sigma\sin\theta}{r} \qquad (5-24)$$

对于上面算出的 r_{max} 条件，可由式（5－24）算得 $p_{max} = 2.16 \times 10^5$Pa（2.13atm）。

当由状态（c）向状态（d）过渡时，接触角 θ 不变，微孔中气相体积和气－液界面

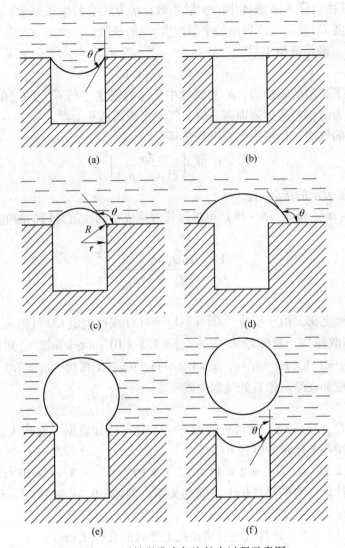

图5-4 活性微孔中气泡长大过程示意图

的曲率半径 R 逐渐增大，p_{Ad} 减小。当微孔中气泡扩大到一定程度时，由于浮力作用，气泡变得不稳定，经过状态（e），气泡脱离微孔上浮。

应当指出，气液间反应产生的气体的最大压力应等于该条件下的平衡压力，即微孔中气体不可能无限增加。这样，如果用相应条件下气液反应平衡压强 p_{eq} 代替式（5-24）中的 p_{max}，则可以求出活性微孔半径的下限值

$$r_{min} = \frac{2\sigma\sin\theta}{p_{eq} - p_g - \rho_L gh} \qquad (5-25)$$

可见，对于实际体系，活性微孔尺寸的上下限值受多种因素影响。若液体表面张力及液体与固体间的接触角一定（即上式中的分子一定），气氛压强 p_g 越低，液体深度越浅，则 r_{max} 越大、r_{min} 越小，此外，随着反应平衡压强的增大，r_{min} 也降低。

气泡由活性微孔开始长大的速度可由气泡半径 R 与长大时间 t 的近似关系式求得

$$R = 2\eta(D_A t)^{1/2} \qquad (5-26)$$

式中，D_A 为被迁移组分 A 在液体中的扩散系数；η 为气泡的生长系数，它是被迁移组分 A 在液体中的浓度 C_L 及在气液界面的平衡浓度 C_{eq} 的函数。

在 $\eta > 10$ 时，满足近似关系

$$\eta = (C_L - C_{eq})/p_g \qquad (5-27)$$

式中，分子代表了扩散的驱动力，ρ_g 为气泡中气体的密度（与 C_L 及 C_{eq} 单位相同）。当气泡半径长大至浮力的影响超过表面张力时，气泡将脱离微孔上浮。

脱离微孔时的气泡直径可用下列方程估算

$$d_b = 0.86\theta\left[\frac{2\sigma}{g(\rho_L - \rho_g)}\right]^{1/2} \qquad (5-28)$$

式中，θ 为用弧度表示的接触角。

联立式（5-26）和式（5-28）可求得气泡从成核到脱落经历的时间 t_d，从而可计算气泡生成频率

$$f = \frac{1}{t_d} = \frac{16D_A}{d_b^2}\left(\frac{C_L - C_{eq}}{\rho_g}\right)^2 \qquad (5-29)$$

例题 5-1

在炼钢的熔池底部，由于反应 [C] + [O] = CO 成核生成 CO 气泡上浮。设综合速度由钢水中氧的扩散控制，且驱动力 $C_L - C_{eq} = 1.5 \times 10^{-7}$ kmol/m³。已知下列数据：$\rho_g = 10^{-8}$ kmol/m³，$D_A = 1.1 \times 10^{-8}$ m²/s，$\sigma = 1.2$ N/m，$\theta = 2.1$ 弧度，$\rho_L = 7.1 \times 10^3$ kg/m³。试计算气泡长大速度和在给定位置处气泡生成频率。

解：

由于 $(C_L - C_{eq})/\rho_g = 15$，故可近似取 $\eta \approx 15$ 并与已知数据一起代入式（5-26），可求得气泡未脱离微孔上浮时的半径 R(m)

$$R = 2\eta(D_A t)^{1/2} = 2 \times 15 \times (1.1 \times 10^{-8} t)^{1/2} = 3.15 \times 10^{-3} t^{1/2} \qquad (1)$$

由此结果可计算气泡半径与长大时间的关系。例如，0.5s 和 1s 后，气泡直径分别为 4.4mm 和 6.3mm。

下面再由式（5-28）计算气泡脱离微孔上浮时的直径 d_b(m)。

$$d_b = 0.86\theta\left[\frac{2\sigma}{g(\rho_L - \rho_g)}\right]^{1/2} = 0.86 \times 2.1 \times \left[\frac{2 \times 1.2}{9.81 \times (7.1 \times 10^3 - 10^{-5})}\right]^{1/2} = 0.0106 \quad (2)$$

联立式（1）和式（2）并使 $2R = d_b$ 可求出 t_d

$$t_d = \left(\frac{0.0106}{2 \times 3.15 \times 10^{-3}}\right)^2 = 2.83(s)$$

气泡生成频率为

$$f = \frac{1}{t_d} = \frac{1}{2.83} = 0.35(s^{-1})$$

也可将 d_b 值及相关已知数据直接代入式（5-29）中求得气泡生成频率

$$f = \frac{1}{t_d} = \frac{16D_A}{d_b^2}\left(\frac{C_L - C_{eq}}{\rho_g}\right)^2 = \frac{16 \times 1.1 \times 10^{-8}}{0.0106^2} \times 15^2 = 0.35(s^{-1})$$

5.2.1.2 浸入式喷嘴处形成气泡

对于喷射冶金，在浸入式喷嘴处形成气泡具有更重要的意义。当由浸入式喷嘴向液体

喷入气体时，如果气体流量很大，能够形成连续射流，而在较低流量下，则可能形成分散的气泡。

A 水或有机溶液中可润湿喷嘴或孔口处形成气泡

莱布森等根据空气与水体系的实验结果，提出形成分散气泡的喷嘴雷诺数条件为

$$Re_0 = ud_0\rho_g/\mu_L < 2100$$

式中，u 和 d_0 分别为喷嘴处气体流速和喷嘴内径（操作条件）；ρ_g 和 μ_L 分别为气体的密度和液体的黏度（物性条件）。对于喷嘴能被水或有机溶液润湿的大多数固体材料，其喷嘴处的气泡长大过程如图 5-5 所示。

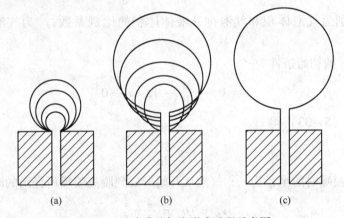

图 5-5 喷嘴处气泡形成过程示意图

由图 5-5 可知，在初始阶段（见图 5-5a），气泡膨胀并保持形状不变。但气泡达到一定尺寸后，开始变形并出现一个细颈部（见图 5-5b），最后气泡脱离喷嘴上浮（见图 5-5c）。气泡在喷嘴处长大并脱落过程受气体流量（惯性力）、液体表面张力、液体黏度及上方压力等多种因素影响。按气体流量不同，可能有三种情况。

（1）当气体流量很小时（$Re_0 < 500$），产生气泡的大小取决于浮力和表面张力间的平衡，称之为静力学区。此时，浮力与表面张力分别为

$$浮力 = 体积 \times 密度差 \times 重力加速度 = \frac{\pi}{6}d_b^3(\rho_L - \rho_g)g$$

$$表面张力 = 喷嘴圆周长度 \times 单位长度的表面张力 = \pi d_0\sigma$$

当气泡的浮力超过由于表面张力引起的向下的力时，气泡脱离喷嘴口，气泡直径可根据下式计算求得

$$\frac{\pi}{6}d_b^3(\rho_L - \rho_g)g = \pi d_0\sigma \tag{5-30}$$

所以

$$d_b = \left[\frac{6d_0\sigma}{g(\rho_L - \rho_g)}\right]^{1/3} \tag{5-31}$$

式中，d_b 为气泡脱离喷嘴口时的直径；σ 为气泡的表面张力；g 为重力加速度。由式（5-31）可知，在静力学区，气泡直径与喷嘴直径的 1/3 次方成正比而与气体流量无关，流量变化仅影响产生气泡的频率。

（2）当气体流量增大至气泡的表面张力相对于惯性力可以忽略时（$500 < Re_0 < 2100$），气泡主要在浮力和惯性力的控制下形成，称之为动力学区。这种情况下，长大中的气泡所受的浮力与使气泡及排开的液体加速离开的惯性力相平衡。当气泡中心向上的速度大于气泡长大的速度时，气泡脱离喷嘴口，这时力的平衡式为

$$V_b(\rho_L - \rho_g)g = \frac{d}{dt}\left[(V_b\rho_g + \alpha V_b\rho_L)\frac{ds}{dt}\right] \tag{5-32}$$

考虑 $\rho_L \gg \rho_g$，上式可简化为

$$V_b\rho_L g = \frac{d}{dt}\left(\alpha V_b\rho_L \frac{ds}{dt}\right) \tag{5-33}$$

式中，V_b、α 分别为气泡体积和气泡排开液体体积的比例系数；s 为气泡中心到喷嘴的距离。

式（5-33）的初始条件为

$$t = 0, \quad \frac{ds}{dt} \to 0, \quad s \to 0 \tag{5-34}$$

两次积分式（5-33）得

$$s = \frac{gt^2}{2\alpha} \tag{5-35}$$

设气泡脱离喷嘴时的半径为 r_c，气泡从开始形成到脱离喷嘴所经历的时间为 t_c，则有

$$V_b = Qt_c = \frac{4}{3}\pi r_c^3 \tag{5-36}$$

即

$$r_c = \left(\frac{3Qt_c}{4\pi}\right)^{1/3} \tag{5-37}$$

式中，Q 为气体流量（m^3/s）。

联立式（5-35）和式（5-37），并注意到此时 $s = r_c$，则可导出 t_c 和脱离喷嘴的气泡平均体积 V_b。

$$\begin{cases} t_c = \left(\dfrac{2\alpha}{g}\right)^{3/5}\left(\dfrac{3Q}{4\pi}\right)^{1/5} \\[3mm] V_b = Qt_c = \left(\dfrac{2\alpha}{g}\right)^{3/5}\left(\dfrac{3}{4\pi}\right)^{1/5}Q^{6/5} \end{cases} \tag{5-38}$$

所以

$$d_b = 2r_c = 2\left(\frac{3Qt_c}{4\pi}\right)^{1/3} = \left(\frac{\alpha}{g}\right)^{1/5}\left(\frac{6Q}{\pi}\right)^{2/5} \tag{5-39}$$

可见，在动力学区，气泡直径随气体流量 Q 的增加而增大。气泡直径与气体流量的关系还可根据以下空气与水体系实验结果的经验式计算

$$d_b = 0.046d_0^{0.5}Re_0^{1/3} \tag{5-40}$$

式中，气泡和喷嘴直径的单位均为米。

（3）当气体流量增加至 $Re_0 > 2100$ 时，可进入射流区，喷入的气体很快分裂为许多小气泡，且 Re_0 越大，d_b 越小。当 $Re_0 > 10000$ 时，d_b 近似为常数。图5-6给出了空气与水体系中不同孔径喷嘴脱落的气泡直径与 Re_0 关系的实验结果，可以清楚地看出上述规律。

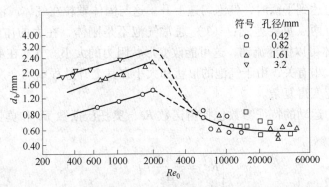

图 5 - 6 空气与水体系中不同孔径喷嘴脱落的气泡直径与 Re_0 的关系

B 熔融金属中不润湿喷嘴或孔口处形成气泡

在熔融金属中的喷嘴处形成气泡与上述水溶液中形成气泡即有许多相似之处，也存在一定差异。由于水溶液和有机溶液能够润湿多数喷嘴的固体材料，故气泡是在喷口的内缘顶端形成。而熔融金属通常对喷嘴材料不润湿，气泡倾向于在喷口的外缘顶端形成（这与前面讨论的不润湿情况下微孔中气泡的形成类似）。图 5 - 7 为孔口成泡与液体润湿性的关系示意图。因此，对于不润湿液体，脱落气泡直径表达式必须进行适当修正。例如，气体流量很小时，将式（5 - 31）中的喷嘴内径 d_0 改为喷嘴外径 $d_{n,0}$ 才能使用，即在不润湿的喷嘴处形成的气泡直径 d_{bd} 为

$$d_{bd} = \left[\frac{6 d_{n,0} \sigma}{g(\rho_L - \rho_g)} \right]^{1/3} \tag{5-41}$$

式中，d_{bd} 表示在不润湿的喷嘴处形成的气泡直径。

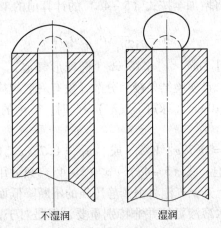

不湿润　　　　　湿润

图 5 - 7 孔口成泡与液体润湿性的关系示意图

5.2.2 气泡在液体中的运动

气泡在液体中的运动主要指气泡在液体中的上升（或上浮）。气泡的上升速度可以反映气泡和液体界面中液体的运动情况及气泡与液体之间的传质规律，所以单个气泡在液体中的上升速度，是把握与气泡有关的冶金反应速度中最基本的参数。

气泡在液体中的上升速度，主要取决于驱使气泡上升的浮力、阻碍其上升的黏滞力及

形状阻力，这些力达到平衡时，气泡匀速上升。这与固体颗粒在气体或液体中下落时的情况类似，但是也有两点重要差别：（1）通常气泡不是刚体，在力的作用下会产生变形；（2）气泡内的气体可以循环流动，这可能改变形状阻力的大小。气泡在液体中上升的速度与气泡的形状和大小有关，由于气泡的形状和大小在其上升过程中均会发生变化，致使气泡上升速度的确定变得复杂。

气泡在液体中运动的特征参数包括雷诺数 Re、奥托沃斯数 Eo 和莫顿数 Mo 等，其定义如下：

$$
\begin{cases}
Re = \dfrac{d_e u_b \rho_L}{\mu_L} \\[2mm]
Eo = \dfrac{g d_e^2 (\rho_L - \rho_g)}{\sigma} \\[2mm]
Mo = \dfrac{g \mu_L^4}{\rho_L \sigma^3}
\end{cases}
\tag{5-42}
$$

式中，ρ_L、ρ_g 分别为液体和气体的密度；d_e、u_b 分别为气泡的当量直径和上升速度；σ、μ_L 分别为液体的表面张力和黏度。

以下，仅对一些典型特征参数区域，论述气泡的上升速度。

（1）$Re < 2$ 且 $d_e < 2\text{mm}$（球形气泡）。此时，小球形气泡的行为类似刚体，服从斯托克斯（Stokes）定律，其稳定的上升速度计算式为

$$
u_b = \frac{d_e^2}{18\mu_L}(\rho_L - \rho_g)g
\tag{5-43}
$$

（2）$2 < Re < 400$ 且 $d_e < 2\text{mm}$（球形气泡）。此时，气泡内发生循环流动，可减少液体的阻力，气泡上升速度 u 将增加至按式（5-43）的计算值的 1.5 倍左右，其计算式为

$$
u_b = \frac{d_e^2}{12\mu_L}(\rho_L - \rho_g)g
\tag{5-44}
$$

（3）$400 < Re < 1000$ 且 $2\text{mm} < d_e < 10\text{mm}$（椭球形气泡）。此时，气泡被压扁成椭球形，其上升速度是变化的，且实验结果较为分散，没有一般规律可循。

（4）$Re > 1000$ 且 $d_e > 10\text{mm}$（球冠形气泡）。此时，气泡的上升速度与液体性质无关，可由下式估算

$$
u_b = 0.79 g^{1/2} V_b^{1/6} \quad \text{或} \quad u_b = 0.72(g d_e)^{1/2}
\tag{5-45}
$$

（5）上升中长大的气泡。式（5-43）~式（5-45）只适用于大小不变的气泡。在实际体系中，伴随在液体中上升，气泡将由于静压强的不断降低而逐渐膨胀。这种效应对于自由表面处于大气压下的水溶液可能并非特别重要，但是对于密度较大的熔融金属体系，即使气泡上升不大距离，也会发生显著膨胀。例如，自由表面处于大气压下的水银和铁水体系，分别在液面以下 0.76m 和 1.4m 处上升的气泡，当到达液面时体积将增加一倍。若自由表面处于真空中，则气泡膨胀将会更加显著。

设在产生气泡的孔口处及其上方 z 高度处的气泡内压强分别为 p_0 和 p_z，则有

$$
p_z = p_0 - \rho_L g z
\tag{5-46}
$$

由气体状态方程 $p_z V_z = p_0 V_0$ 及式（5-46）可导出 z 高度处的气泡体积

$$
V_z = p_0 V_0 / p_z = p_0 V_0 / (p_0 - \rho_L g z)
\tag{5-47}
$$

式中，V_0、V_z 分别为对应 p_0、p_z 的气泡的体积。

考虑球冠形气泡情况，将式（5-47）代入式（5-45）得到

$$u_b = \frac{dz}{dt} = 0.79g^{1/2}V_z^{1/6} = 0.79g^{1/2}\left(\frac{p_0V_0}{p_0 - \rho_L gz}\right)^{1/6} \qquad (5-48)$$

在 $t = 0$，$z = 0$ 的初始条件下积分上式得到

$$t = \frac{1.08}{g^{1/2}(p_0V_0)^{1/6}\rho_L g}\left[p_0^{7/6} - (p_0 - \rho_L gz)^{7/6}\right] \qquad (5-49)$$

式中，z 的范围为 $0 \leqslant z \leqslant H$，$H$ 表示孔口上方液体总高度。由式（5-49）可以计算气泡上升到 z 高度所需要的时间，应用式（5-47）和式（5-48）可计算该高度处的瞬间气泡体积和瞬间气泡上升速度。应该指出，式（5-49）只适用于气泡膨胀速度较低的情况。对于抽真空体系，气泡迅速膨胀和上升将使周围液体加速流动，同时使形状阻力发生变化，情况要复杂得多。对于球形气泡也可用类似的方法估计气泡的膨胀情况。

5.2.3 气泡与液体间的传质

5.2.3.1 传质系数

如前所述，气泡与液体间的传质过程会受到气泡内的气体循环、气泡变形以及气泡振动等因素的影响，其传质过程与通常的气液间的传质相比要复杂得多。气泡与液体间的传质系数目前无法完全从理论上进行解析计算，一般是根据式（5-42）中所定义的雷诺数的大小，分成四个区域分别采用经验或半经验公式进行计算。

（1）$Re < 1$ 区域。气泡行为类似刚球，理论上可导出以下准数方程

$$Sh = 0.99(Re \cdot Sc)^{1/3} \qquad (5-50)$$

式中

$$\begin{cases} Sh = k_d d_e / D_A \\ Sc = \mu_L / (\rho_L D_A) \end{cases} \qquad (5-51)$$

其中，D_A 为被迁移组分 A 在液体中的扩散系数。根据以上关系式即可求出传质系数 k_d。

（2）$1 < Re < 100$ 区域。气泡内无气体循环流动，可应用下式粗略估算

$$Sh = 2 + 0.55Re^{0.55} \cdot Sc^{0.33} \qquad (5-52)$$

（3）$100 < Re < 400$ 区域。气泡内有气体循环，引起气泡变形和振动等，但尚无适宜的计算式。

（4）$Re > 400$ 区域。此时，气泡呈球冠形。对球冠形气泡，可直接应用渗透理论的结果

$$k_d = 2\sqrt{\frac{D_A}{\pi\tau}} \qquad (5-17)$$

式中，液体微元在气泡与液体界面上的停留时间 τ 可以由下式计算

$$\tau = \frac{d_e}{u_b} \qquad (5-53)$$

将式（5-45）代入式（5-53）再代入式（5-17）整理得

$$k_d = 0.957g^{1/4}D_A^{1/2}d_e^{-1/4} \qquad (5-54)$$

此外，对于球冠形气泡，传质系数的准数方程为

$$Sh = 1.28(Re \cdot Sc)^{1/2} \tag{5-55}$$

将式（5-55）改写为

$$k_d = \left(\frac{D_A}{d_e}\right)1.28\left(\frac{d_e \rho_L u_b}{\mu_L} \frac{\mu_L}{\rho_L D_A}\right)^{1/2} = 1.28\left(\frac{u D_A}{d_e}\right)^{1/2}$$

并将式（5-45）的 u_b 代入上式可导出

$$k_d = 1.28\left[0.72(gd_e)^{1/2}\frac{D_A}{d_e}\right]^{1/2} = 1.08g^{1/4}D_A^{1/2}d_e^{-1/4} \tag{5-56}$$

可见，式（5-54）和式（5-56）的结果十分相近。在没有可靠实验数据时，以上各关联式可用来估算传质系数 k_d 值。由此可知，在较大的雷诺数区域内（$Re > 400$），气泡与液体间的传质系数与气泡的大小、组分 A 在液体中的扩散系数、重力加速度等因素有关。

5.2.3.2 传质速度

扩散组分 A 在气泡和液体之间的传质通量（传质速度，$mol/(m^2 \cdot s)$）N_A 可由下式计算

$$N_A = \frac{1}{S}\frac{dn_A}{dt} = k_d(C_{Ab} - C_{Ai}) \tag{5-57}$$

式中，C_{Ab} 和 C_{Ai} 分别为液相主体和气泡与液体界面上扩散组分 A 的浓度；S 为气泡与液体的界面积。

一般来说，式（5-57）仅适用于计算在某一时刻气泡与液体间的传质通量。在气泡的上升过程中，液体的静压力和气泡的体积、形状会发生变化，从而使 k_d、S、C_{Ai} 也发生变化，所以气泡与液体间的传质通量 N_A 将随气泡的上升而不断发生变化。若要计算气泡在上升过程中的总传质量及平均传质速度，需要在一定的条件下对式（5-57）中的一些变量进行一些特殊处理才行。

首先，要考虑的是气 – 液界面浓度 C_{Ai}。大多数气体与液态金属间的化学反应速度要大于扩散速度。因此，气泡与液体间的化学反应通常受到传质过程控制，而在相界面上达到化学反应平衡。在这种条件下，对于以分子状态溶解的气体，有

$$C_{Ai} = H'p_A \tag{5-58}$$

双原子分子从液态金属中析出时有

$$C_{Ai} = H'p_A^{1/2} \tag{5-59}$$

式中，H' 为亨利系数的倒数；p_A 为扩散组分 A 在气泡中的分压。若无其他气体成分时，p_A 等于气泡内总压。这种情况下，式（5-57）即为过程的总速度方程。在求解时需要把所有因变量改为气泡体积和高度位置的函数，若考虑无其他气体成分并忽略附加压强 p_{Ad}，式（5-58）可改写为

$$C_{Ai} = H'[p_g + g\rho_L(H-z)] \tag{5-60}$$

式中，z 和 H 分别为从底面算起的气泡高度和液面高度（**液浴深度**）。

其次，气泡与液体的界面积 S 和组元 A 的物质的量可由下式计算

$$\begin{cases} S = \varphi V_b^{2/3} \\ n_A = p_A V_b/(RT) \end{cases} \tag{5-61}$$

式中，φ 为气泡的形状因子。于是有

$$\frac{dn_A}{dt} = \frac{1}{RT}\left(V_b \frac{dp_A}{dt} + p_A \frac{dV_b}{dt} \right) \tag{5-62}$$

其中

$$\begin{cases} \dfrac{dV_b}{dt} = \dfrac{dz}{dt}\dfrac{dV_b}{dz} = u_b \dfrac{dV_b}{dz} \\[3mm] \dfrac{dp_A}{dt} = \dfrac{dz}{dt}\dfrac{dp_A}{dz} = u_b \dfrac{dp_A}{dz} = -u_b g\rho_L \end{cases} \tag{5-63}$$

联立式（5-57）、式（5-62）以及式（5-63）可得

$$\frac{dV_b}{dz} = \frac{k_d RT\varphi V_b^{2/3}}{u_b}\left[\frac{C_{Ab}}{p_g + g\rho_L(H-z)} - H' \right] + \frac{g\rho_L V_b}{p_g + g\rho_L(H-z)} \tag{5-64}$$

其边界条件为：在 $z=0$ 处，$V_b = V_{b0}$。通常，k_d 和 φ 均为 V_b 的非线性函数，故需要用数值法积分式（5-64）。如果已知或者能够计算炉底气泡的生成频率，则可以计算整个过程的气泡脱除杂质速度。

5.3 持续接触的气-液反应

气-液反应以及气体的吸收或解吸，在多种金属的精炼中具有重要意义。前者是伴随传质过程的化学反应，后者可作为物理过程处理，通常情况下两者都受液体中的传质过程控制。如前所述，对于持续接触的气-液反应，膜理论应用较多。以气-液化学吸收为例，根据膜理论，过程的基元步骤应包括气相中反应组分向气-液界面扩散、在界面上的吸附溶解、与液相中某组分发生化学反应及反应生成物向液相主体扩散等。因此，总速度方程应包括传质和化学反应等项，下面仅就常见的几种情况进行讨论。

5.3.1 气-液反应分类

考虑以下气-液反应

$$A(g) + bB(l) \longrightarrow R(l) \tag{5-65}$$

为使以上反应进行，首先气相组分 A 需在气-液界面附近溶解并向液体本体中扩散。在扩散过程中 A 与溶液中的组分 B 反应，因此，气-液反应过程除了反应本身外还要受到扩散的影响。

解析气-液反应时常用双膜理论。根据此理论，在气-液界面的两侧附近分别存在气膜和液膜，在两个薄膜中传质是通过分子扩散进行的。此外，在气-液界面中 A 的分压 p_{Ai} 与液相侧 A 的浓度 C_{Ai} 达到平衡。在薄膜附近 A 和 B 的浓度分布将受到反应速度和扩散速度相对大小的影响，气-液反应可据此进行如下分类。

5.3.1.1 瞬间反应

若反应速度很大、A 和 B 相遇瞬间反应即告完成，则 A 和 B 二者不能共存，在液膜内的某处（反应界面）A 和 B 的浓度为零，如图 5-8(a) 所示。此时，总的反应速度取决于 A 和 B 扩散至此反应界面的速度。随着液相中 B 的浓度的增大，反应界面将向气-液界面移动，当 B 的浓度达到一定程度时，反应界面与气-液界面重合，如图 5-8(b) 所

示。这时，过程受气膜中 A 的传质控制。

5.3.1.2 快速反应

反应在液膜内快速完成，在液体本体中的反应则可以忽略不计。这种情况相当于瞬间反应的反应界面扩展为一个区域，在此区域内 A 和 B 共存，如图 5-8(c) 所示。在液膜反应区域内，A 和 B 的浓度变化较大。当 B 的浓度很大时，液膜内 B 的浓度减少可忽略，B 的浓度可近似为定值，如图 5-8(d) 所示。这时，表观反应速度只受 A 的浓度的影响，可近似按一级反应处理（准一级反应）。

5.3.1.3 中速反应

在气液中速反应条件下，由于反应速度相对较慢，反应不是局限在液膜内，而是扩展至液体本体中，反应组分的浓度分布如图 5-8(e) 所示。同样，当 B 的浓度增大至一定程度时，可近似按 A 的一级反应进行解析处理，如图 5-8(f) 所示。

5.3.1.4 慢速反应

当反应速度很慢时，液膜内的反应量很少，可以认为反应主要发生在液体本体中，如图 5-8(g) 所示。在液膜中 A 组元的浓度呈直线减少分布，而 B 组元的浓度为定值。此时，若液体量足够，则溶解的 A 全部消耗在液体本体中，其最终浓度为零。若反应速度极其缓慢，则扩散速度相对变得较大，液膜内 A 的浓度分布也变为平坦的直线，在液相中组元 A 和 B 是均匀的，总的速度取决于化学反应，如图 5-8(h) 所示。

5.3.2 气-液反应速度

针对上述各类气-液反应，以下仅对可求得解析解的相对简单的气-液反应的速度进行解析推导。

5.3.2.1 瞬间反应速度

设液膜的厚度为 δ，在液膜内 $x = x_R$ 点处，A 与 B 相遇并瞬间完成反应，如图 5-8(a) 所示。A 与 B 的浓度分布曲线为直线且在 $x = x_R$ 处同为零。组元 A 和 B 的扩散速度 N_A、$N_B(\mathrm{mol}/(\mathrm{m}^2 \cdot \mathrm{s}))$ 分别为

$$\begin{cases} N_A = D_A(C_{Ai} - 0)/x_R \\ N_B = D_B(C_{Bb} - 0)/(\delta - x_R) \end{cases} \tag{5-66}$$

式中，C_{Ai} 为气-液界面上 A 的浓度，$\mathrm{mol/m}^3$；C_{Bb} 为液相主体中扩散组元 B 的浓度，$\mathrm{mol/m}^3$；D_A、D_B 分别为组元 A 和 B 在液相中的扩散系数，m^2/s。

由反应式（5-65）可知

$$N_A = N_B/b \tag{5-67}$$

联立式（5-66）和式（5-67），可得到反应界面位置 x_R 为

$$x_R = \delta \Big/ \left(1 + \frac{D_B}{bD_A} \cdot \frac{C_{Bb}}{C_{Ai}}\right) \tag{5-68}$$

将式（5-68）代入到式（5-66）中，得

$$N_A = \frac{D_A}{\delta} C_{Ai} \left(1 + \frac{D_B}{bD_A} \cdot \frac{C_{Bb}}{C_{Ai}}\right) \tag{5-69}$$

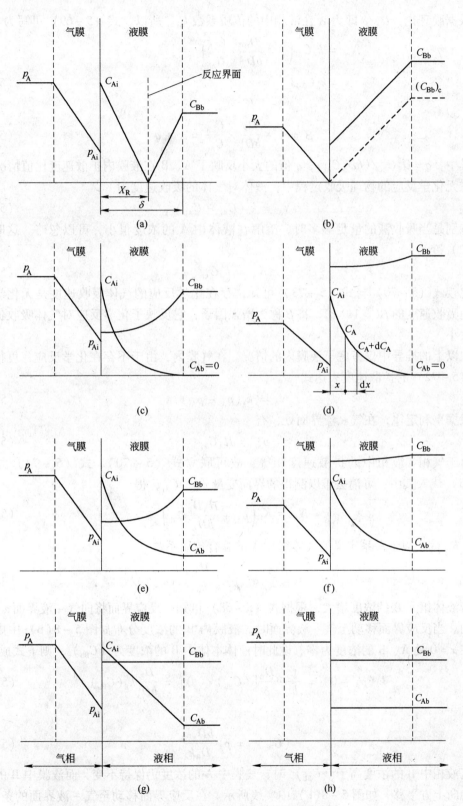

图 5-8 气-液反应分类及浓度分布

根据膜理论，D_A/δ 即为 A 在液相中的传质系数 k_d。所以，式（5－69）可写为

$$N_A = k_d C_{Ai}\left(1 + \frac{D_B}{bD_A}\cdot\frac{C_{Bb}}{C_{Ai}}\right)$$

$$= k_d C_{Ai}\beta \tag{5－70}$$

式中

$$\beta = 1 + \frac{D_B}{bD_A}\cdot\frac{C_{Bb}}{C_{Ai}} = 1 + q \tag{5－71}$$

其中，$q = D_B C_{Bb}/(bD_A C_{Ai})$，$q$ 值的大小反映了 A、B 在液膜内扩散速度比值情况。

在无化学反应的物理吸收过程中，液体对气体的吸收速度为

$$N_A = k_d(C_{Ai} - C_{Ab}) \tag{5－72}$$

特别是当吸收液的量足够多时，溶解在液体中 A 的浓度很小，可以忽略。这时，式（5－72）变为

$$N_A = k_d C_{Ai} \tag{5－73}$$

比较式（5－70）与式（5－73）可知，存在化学反应的气体吸收速度是无化学反应的物理吸收速度的 $\beta(>1)$ 倍，将 β 称为增强因子，它反映了化学反应对气体吸收促进作用的大小。

在以上的推导中仅考虑了液膜内的情况。在气膜内，由于不存在化学反应，可得到类似式（5－72）的扩散速度表达式

$$N_A = k_g(p_A - p_{Ai}) \tag{5－74}$$

根据亨利定律，在气－液界面处，有

$$p_{Ai} = H_A C_{Ai} \tag{5－75}$$

由于气相和液相中的扩散速度相等，故可联立式（5－70）、式（5－74）并将式（5－75）代入其中，可消去难以测得的界面变量 p_{Ai}、C_{Ai}，得

$$N_A = K_G\left(p_A + \frac{H_A D_B}{bD_A}C_{Bb}\right) \tag{5－76}$$

式中，K_G 为按以下关系定义的气体组元 A 的综合传质系数

$$\frac{1}{K_G} = \frac{1}{k_g} + \frac{H_A}{k_d} \tag{5－77}$$

若液体组元 B 的浓度增大，根据式（5－68）可知，反应界面将向气－液界面 $x=0$ 方向移动。当反应界面移动至气－液界面时，液膜内 B 的浓度分布如图 5－8(b) 中虚线所示，在 $x=0$ 处 A、B 的浓度为零。设此时液体本体中 B 的浓度为 $(C_{Bb})_c$，则下式成立

$$k_g(p_A - 0) = \frac{1}{b}\cdot\frac{D_B}{\delta}[(C_{Bb})_c - 0] = \frac{D_B}{bD_A}k_d(C_{Bb})_c \tag{5－78}$$

所以

$$(C_{Bb})_c = p_A \frac{bD_A k_g}{D_B k_d} \tag{5－79}$$

当液相中 B 的浓度高于 $(C_{Bb})_c$ 时，气膜中 A 的浓度仍保持不变，而液膜中 B 的浓度分布将向上方平移，如图 5－8(b) 中实线所示。在反应界面移动至气－液界面的条件下，无论液相中 B 的浓度如何，气体的吸收速度可用下式表示

$$N_A = k_g p_A \quad (C_{Bb} \geqslant (C_{Bb})_c) \tag{5-80}$$

在考虑气膜传质阻力时，联立式（5–75）、式（5–74）及式（5–73），可得物理吸收速度表达式

$$N_A = k_d C_{Ai} = \frac{p_A}{1/k_g + H_A/k_d} \tag{5-81}$$

此时，当 $C_{Bb} < (C_{Bb})_c$ 时，由式（5–76）及式（5–81）两式相除可得增强因子

$$\beta = 1 + \frac{H_A D_B}{b D_A p_A} C_{Bb} \tag{5-82}$$

同理，当 $C_{Bb} > (C_{Bb})_c$ 时，由式（5–80）及式（5–81）两式相除可得增强因子

$$\beta = 1 + H_A k_g / k_d \tag{5-83}$$

5.3.2.2 准一级快速反应速度

以如图 5–8(d) 所示的准一级快速反应为例进行反应速度解析。距气–液界面为 x 及 $x + \mathrm{d}x$ 之间单位面积中 A 的质量平衡可用下式表示

$$-D_A \frac{\mathrm{d}C_A}{\mathrm{d}x} - \left[-D_A \frac{\mathrm{d}C_A}{\mathrm{d}x} - \frac{\mathrm{d}}{\mathrm{d}x}\left(D_A \frac{\mathrm{d}C_A}{\mathrm{d}x} \right)\mathrm{d}x \right] - k C_{Bb} C_A \mathrm{d}x = 0 \tag{5-84}$$

式中，k 为反应速度常数。

整理上式得

$$D_A \frac{\mathrm{d}^2 C_A}{\mathrm{d}x^2} = k C_{Bb} C_A \tag{5-85}$$

边界条件为

$$\begin{cases} x = 0, & C_A = C_{Ai} \\ x = \delta, & C_A = 0 \end{cases} \tag{5-86}$$

故可求得式（5–85）的解为

$$C_A = C_{Ai} \frac{\sinh\left[(\delta - x) \sqrt{k C_{Bb}/D_A} \right]}{\sinh(\delta \sqrt{k C_{Bb}/D_A})} \tag{5-87}$$

单位气–液界面积中 A 的吸收速度（通量）等于 $x = 0$ 处 A 的扩散速度，因此

$$N_A = -D_A \frac{\mathrm{d}C_A}{\mathrm{d}x}\Big|_{x=0} = -D_A C_{Ai} \frac{\cosh(\delta \sqrt{k C_{Bb}/D_A})(-\sqrt{k C_{Bb}/D_A})}{\sinh(\delta \sqrt{k C_{Bb}/D_A})} = k_d C_{Ai} \frac{\gamma}{\tanh(\gamma)} \tag{5-88}$$

式中

$$\begin{cases} k_d = D_A/\delta \\ \gamma = \delta \sqrt{k C_{Bb}/D_A} = \sqrt{k C_{Bb} D_A}/k_d \end{cases} \tag{5-89}$$

将式（5–88）与物理吸收速度表达式（5–73）比较可知，增强因子 β 为

$$\beta = \frac{\gamma}{\tanh(\gamma)} \tag{5-90}$$

其中，γ 为气–液反应中重要的参数之一，称为转化系数。通过其平方值的表达式可理解其物理意义，即

$$\gamma^2 = \frac{\delta^2 k C_{Bb}}{D_A} = \frac{k C_{Ai} C_{Bb} \delta}{(D_A/\delta)(C_{Ai} - 0)} = \frac{最大反应速度}{最大扩散速度} \tag{5-91}$$

γ 的大小反映了液膜内进行的反应可能占的比例，故可以依此系数来判断反应的相对快慢。当 $\gamma \gg 1$ 时，表明反应速度远远大于气膜内气体组元 A 的扩散速度。

β 与 γ 的关系如图 5-9 所示。当 $\gamma > 5$ 时，$\tanh(\gamma) \approx 1$，此时

$$\beta = \gamma \tag{5-92}$$

而且，式 (5-88) 可改写为

$$N_A = C_{Ai} \sqrt{k C_{Bb} D_A} \tag{5-93}$$

上式中并不包含传质系数 k_d，表明当化学反应速度很大时，表观反应速度与传质系数 k_d（决定了液膜的厚度，$\delta = D_A / k_d$）无关，反应的大部分在液膜内已经完成，且与液膜厚度无关。

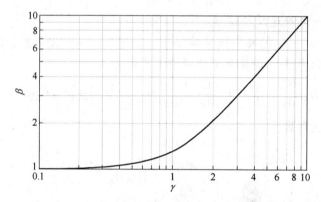

图 5-9 准一级反应的增强因子与转化系数的关系

另一方面，当 $\gamma < 0.1$ 时，$\beta \approx 1$，如图 5-9 所示。此时，式 (5-88) 可改写为

$$N_A = k_d C_{Ai} \tag{5-94}$$

上式与液体量足够多时的气体物理吸收式，即式 (5-73) 相同。此时液膜内的反应可以忽略，如图 5-8(g) 所示的那样，气体组元 A 的浓度将呈直线减少趋势。虽然在液体本体中也有反应进行，但由于液体量足够大，最终液体本体中 A 的浓度将为零。

当气膜中的传质阻力不可忽略时，可将气膜与液膜中的传质过程看做两个串联的组合过程，则

$$N_A = k_g(p_A - p_{Ai}) = k_d C_{Ai} \beta \tag{5-95}$$

将亨利定律，即式 (5-75) 代入上式，得

$$N_A = \frac{p_A}{(1/k_g) + (H_A / k_d \beta)} \tag{5-96}$$

当 $\gamma > 5$ 或 $\gamma < 0.1$ 时，上式可分别改写为

$$\begin{cases} N_A = \dfrac{p_A}{(1/k_g) + (H_A / \sqrt{k C_{Bb} D_A})} & (\gamma > 5) \\[3mm] N_A = \dfrac{p_A}{(1/k_g) + (H_A / k_d)} & (\gamma < 0.1) \end{cases} \tag{5-97}$$

5.3.2.3 慢速反应速度

对于如图 5-8(g) 所示的慢速反应，平衡时可认为气膜、液膜内的传质以及液体本体内的反应三者速度相等。设气-液装置内单位液体体积 A 的吸收速度为 N_{AL}，对应 N_{AL}

的气－液界面面积为 $a_b[m^2/(m^3-液)]$（比相界面积），则

$$N_{AL} = k_g a_b(p_A - p_{Ai}) = k_d a_b(C_{Ai} - C_{Ab}) = kC_{Ab}C_{Bb} \qquad (5-98)$$

利用亨利定律，将上式中的 p_{Ai}、C_{Ai} 项消去，得

$$N_{AL} = \frac{p_A}{(1/k_g a_b) + (H_A/k_d a_b) + (H_A/kC_{Bb})} \qquad (5-99)$$

当反应速度极端缓慢时，浓度分布如图 5-8(h) 所示，反应速度可表达为

$$N_{AL} = kC_{Ab}C_{Bb} = (k/H_A)p_A C_{Bb} \qquad (5-100)$$

5.3.2.4 反应速度式成立的条件

在以上的分析推导中，通过比较化学反应速度与传质速度的相对大小，针对气－液界面附近液相中反应物成分的浓度分布变化情况定性地进行了论述。根据转化系数 γ 值的大小，可在一定程度上定量地得到浓度分布结果。例如，当 $\gamma > 5$ 时，反应在液膜内完成，浓度分布如图 5-8(a)、(b)、(c) 或 (d) 所示。当 $\gamma < 0.1$ 时，液膜内的反应可以忽略，反应在液体本体中进行，浓度分布如图 5-8(g) 或 (h) 所示。当 $0.1 < \gamma < 5$ 时，反应在液膜及液体本体中同时进行，浓度分布如图 5-8(e) 或 (f) 所示。如若想得到更加精准的反应速度式成立的条件及浓度分布结果，则需要更多的参数条件，且解析过程也变得复杂。

例题 5-2

在 10atm，20℃ 条件下，利用某水溶液（记为 RNH_3）吸收某惰性气体中含量为 0.2% 的 H_2S 气体杂质。试计算当 RNH_3 的浓度分别为 $30mol/m^3$ 及 $150mol/m^3$ 时，以液体体积为基准的反应吸收速度。设此反应为瞬间反应，反应式如下

$$H_2S + RNH_2 \longrightarrow HS^- + RNH_3^+ \quad [A(g) + B(l) \longrightarrow C(l) + D(l)]$$

参数：$k_d = 4.3 \times 10^{-5} m/s$，$k_g = 0.06 mol/(m^2 \cdot s \cdot atm)$，$D_A = 1.48 \times 10^{-9} m^2/s$，$D_B = 0.95 \times 10^{-9} m^2/s$，单位液体体积条件下的气－液界面面积 $a_b = 1200 m^2/m^3$，亨利系数 $H_A = 1.2 \times 10^{-4} atm \cdot m^3/mol$。

解：

如图 5-8(a)、(b) 所示，瞬间反应随着液体浓度 C_{Bb} 的不同，反应界面可能在液膜内，也可能与气－液界面重合。其临界浓度 $(C_{Bb})_c$ 可根据式 (5-79) 计算，即

$$(C_{Bb})_c = p_A \frac{bD_A k_g}{D_B k_d} = (10 \times 0.002) \times \frac{1 \times (1.48 \times 10^{-9}) \times 0.06}{(0.95 \times 10^{-9}) \times (4.3 \times 10^{-5})} = 43.5(mol/m^3)$$

(1) 当 RNH_3 的浓度为 $30mol/m^3$ 时。由于 $C_{Bb} = 30 < (C_{Bb})_c = 43.5$，故此时浓度分布如图 5-8(a) 所示，以气－液界面面积为基准的气体吸收速度可根据式 (5-76) 计算。

首先，根据式 (5-77) 计算综合传质系数 K_G

$$1/K_G = 1/k_g + H_A/k_d = 1/0.06 + 1.2 \times 10^{-4}/4.3 \times 10^{-5} = 16.67 + 2.79 = 19.46$$

所以

$$K_G = 0.05139 mol/(m^2 \cdot s \cdot atm)$$

由以上计算还可看出，气膜和液膜内的传质阻力分别为 $1/k_g = 16.67$、$H_A/k_d = 2.79$，表明此时气膜内的传质阻力相对很大。

再根据式 (5-76)，以气－液界面面积为基准的气体吸收速度为

$$N_A = K_G\left(p_A + \frac{H_A D_B}{b D_A} C_{Bb}\right) = 0.05139 \times \left[(10 \times 0.002) + \frac{(1.2 \times 10^{-4}) \times (0.95 \times 10^{-9})}{1 \times (1.48 \times 10^{-9})} \times 30\right]$$

$$= 1.15 \times 10^{-3} (\text{mol}/(\text{m}^2 \cdot \text{s}))$$

以液体体积为基准的反应吸收速度为

$$N_{AL} = N_A \cdot a_b = 1.15 \times 10^{-3} \times 1200 = 1.38 (\text{mol}/(\text{m}^3 \cdot \text{s}))$$

（2）当 RNH_3 的浓度为 $150\text{mol}/\text{m}^3$ 时。由于 $C_{Bb} = 150 > (C_{Bb})_c = 43.5$，故此时气－液界面附近的浓度分布为图 5－8（b）中实线所示，此时，以气－液界面面积为基准的气体吸收速度可根据式（5－80）计算。即

$$N_A = k_g p_A = 0.06 \times (10 \times 0.002) = 1.2 \times 10^{-3} (\text{mol}/(\text{m}^2 \cdot \text{s}))$$

以液体体积为基准的反应吸收速度为

$$N_{AL} = N_A \cdot a_b = 1.2 \times 10^{-3} \times 1200 = 1.44 (\text{mol}/(\text{m}^3 \cdot \text{s}))$$

比较以上（1）和（2）的计算结果可知，虽然（2）的反应吸收速度大于（1）的反应吸收速度，但二者相差并不大。且根据（1）的计算可知，传质阻力的大部分存在于气膜中，因此，即使增大吸收液浓度、消除液膜中的传质阻力，对反应吸收速度的提高也不会产生太大影响。

5.4 冶金气－液反应动力学分析举例

5.4.1 铁水脱碳反应

5.4.1.1 脱碳反应的基本规律

铁水脱碳反应是炼钢氧化精炼过程中极为重要的反应。其作用一是除去多余的碳以保证钢的性能；二是此反应将产生 CO 气体，造成激烈沸腾，有利于驱除有害气体成分和非金属夹杂物，加速精炼过程的传热和传质速率，从而提高钢的质量。因此，脱碳反应对于提高钢的质量和强化冶炼过程均具有重要作用。

按氧化剂的性质，脱碳反应主要分为两大类。

（1）铁水中溶解碳与氧化性气体介质在铁水与气体界面上的脱碳反应。

$$\begin{cases} [C] + \frac{1}{2}O_2 = CO \\ [C] + CO_2 = 2CO \\ [C] + H_2O = H_2 + CO \end{cases} \quad (5-101)$$

（2）铁水中溶解碳与溶解氧传输到气－液界面，并在界面上生成 CO，该界面可以是铁水自由表面或是铁水与气泡的界面。

$$[C] + [O] = CO \quad (5-102)$$

上述反应是炼钢过程的最基本反应。在转炉吹氧炼钢时，氧射流冲击铁水液面可以直接氧化铁水中的溶解碳，反应释放的 CO 经过二次燃烧生成的 CO_2 和氧射流混合后也可与溶解碳反应。H_2O 与溶解碳的反应在实际炼钢过程中意义并不大，而溶解碳与溶解氧的反应是必须向铁水中不断供应氧气才能持续进行的反应。下面以氧气与铁水中溶解碳的反应为例讨论脱碳反应动力学。

氧气与铁水溶解碳的反应已经有许多研究。小型坩埚实验的大量实验结果表明，铁水中碳含量高于 2%（相应于吹炼的第一阶段）时，脱碳速度几乎与碳浓度无关，可认为脱碳速度仅与气相中氧化性气体分压成比例，且气体流速增大时脱碳速度也随之增大。因此，许多研究者都认为气膜传质所起的作用最大，并采用如下速度方程

$$v_C = -\frac{dC_C}{dt} = k_g a_0 (C_{A0} - C_{Ai}) \tag{5-103}$$

式中，k_g 是气膜传质系数；a_0 是铁水的比表面积，m^2/m^3；C_{A0} 和 C_{Ai} 分别是气流主体和气液界面处氧浓度；C_C 为铁水中碳的浓度，mol/m^3。

在选用适当的 k_g 推算式后，应用式（5-103）计算的脱碳速度与吹炼的第一阶段实验数据相当一致。但是，仅把脱碳反应看成气膜传质控制不能说明有些实验结果。例如，铁水中碳含量降低至 0.2% 以下（相应于吹炼的第二阶段），气流速度超过一定程度后，继续增加气流速度，对脱碳反应的促进作用降低。为此，根据反应机理提出了统一的脱碳反应模型。该模型认为氧与铁水中溶解碳的反应包括 5 个基元步骤，即

$$\begin{cases} (1) \text{在铁水表面上生成活性氧} & O_2 \xrightarrow{k_1} 2O^* \\ (2) \text{活性氧与铁水中溶解碳的反应} & O^* + [C] \xrightarrow{k_2} CO \\ (3) \text{活性氧溶解于铁水中} & O^* \xrightarrow{k_3} [O] \\ (4) \text{活性氧与铁水中 Fe 的反应} & O^* + [Fe] \xrightarrow{k_4} FeO \\ (5) \text{铁水中溶解氧与溶解碳的反应} & [O] + [C] \xrightarrow{k_5} CO \end{cases} \tag{5-104}$$

式中，$k_1 \sim k_5$ 为相应反应的速度常数。与其他过程比较，反应（5）速度很低，故可假定 $k_5 \approx 0$。这样，脱碳反应速度可表达为

$$v_C = -\frac{dC_C}{dt} = k_2 a_0 C_C \left(\frac{n^*}{V}\right) \tag{5-105}$$

式中，V 为铁水体积，m^3；n^* 为界面上活性氧的物质的量，mol。n^* 非常低，实际上可以假定它保持一定值。这样，由 O^* 的物质平衡可得

$$\frac{1}{V}\frac{dn^*}{dt} = 2k_1 a_0 C_{Ai} - k_2 a_0 C_C \frac{n^*}{V} - k_3 a_0 \frac{n^*}{V} - k_4 a_0 C_{Fe} \frac{n^*}{V} = 0$$

整理得

$$\frac{n^*}{V} = \frac{2k_1 C_{Ai}}{k_2 C_C + k_3 + k_4 C_{Fe}} \tag{5-106}$$

假定 O_2 在气膜内的传质与解离反应（1）是稳态串联进行的，则有

$$k_g a_0 (C_{A0} - C_{Ai}) = k_1 a_0 C_{Ai}$$

即

$$C_{Ai} = \frac{k_g C_{A0}}{k_1 + k_g} \tag{5-107}$$

联立式（5-105）～式（5-107）得到

$$v_c = -\frac{dC_C}{dt} = \frac{2k_1 k_2 k_g a_0 C_{A0} C_C}{(k_1 + k_g)(k_2 C_C + k_3 + k_4 C_{Fe})} \tag{5-108}$$

在一定反应条件下的实际体系中，C_{A0} 为定值（氧的本体浓度），C_{Fe} 通常也可看作定值（熔体中铁的浓度），于是，式（5-108）成为描述铁水中溶解碳浓度 C_C 随时间 t 变化的常微分方程。在 $t=0$，$C_C = C_{C0}$ 的初始条件下积分式（5-108）得

$$C_{C0} - C_C = \frac{k_3 + k_4 C_{Fe}}{k_2}\ln\left(\frac{C_C}{C_{C0}}\right) + k_t a_0 C_{A0} t \qquad (5-109)$$

式中，参数 k_t 称为综合脱碳速度常数，且满足下列关系

$$\frac{2}{k_t} = \frac{1}{k_1} + \frac{1}{k_g} \qquad (5-110)$$

可以看出，式（5-109）右侧是两项的加合，第一项为负值，反映了碳浓度对脱碳速度的影响；第二项与碳浓度无关，反映了气膜传质及氧解离对脱碳速度的影响。在吹炼初期（$C_C \approx C_{C0}$），第一项接近于零，碳含量的降低近似与吹炼时间成正比，脱碳速度与 C_C 无关，但与气相氧浓度 C_{A0} 成正比，随气体流速（从而 k_t）提高而增大。随着 C_C 的降低，第一项的绝对值增大，C_C 对脱碳速度的影响也增大。

采用刚玉坩埚，利用氩氧混合气体在感应炉中进行的钢液脱碳实验结果如图5-10所示。由图可知，脱碳速度与碳含量的关系可分为两个阶段：（1）脱碳速度和碳含量无关但与喷吹气体中的氧含量成正比；（2）在碳浓度变低时，脱碳速度和碳含量成正比，而气流中的氧含量影响较小。因此，关于脱碳反应的基本规律，实验与理论分析得到了一致的结果。在第一阶段，钢水中含碳量较高，从钢液内部向钢液表面的供碳速度较大，氧通过气相边界层的供氧速度为限制环节。因此，脱碳速度和钢水含碳量无关而和气流中氧含量成正比。在第二阶段，钢水中含碳量较低，碳通过液相边界层扩散到钢水表面成为脱碳反应的限制环节。这时脱碳速度和碳含量成正比，而和气流中氧含量无关。当氩氧混合气体中氧含量较高时，钢水表面生成氧化铁质炉渣，再增加气相中氧含量对脱碳速度仅产生微小的影响（如图5-10中阴影带所示）。

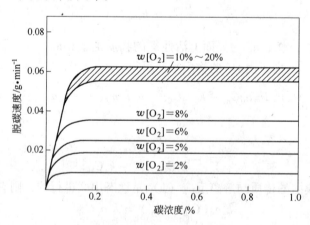

图5-10　脱碳速度和钢中碳含量以及气流中氧含量的关系

此外，应用该脱碳反应模型还可计算吹炼过程中铁水中氧 [O] 浓度 C_O 和 FeO 浓度 C_{FeO} 与 C_C 的关系。对于 C_O，由反应（3）可写出

$$\frac{dC_O}{dt} = k_3 a_0 \frac{n^*}{V} \qquad (5-111)$$

取式（5-111）与式（5-105）之比得到

$$-\frac{\mathrm{d}C_O}{\mathrm{d}C_C} = \frac{k_3}{k_2 C_C} \tag{5-112}$$

在 $C_O = C_{O0} \sim C_O$，$C_C = C_{C0} \sim C_C$ 区间积分式（5-112）得到

$$C_O = C_{O0} - \frac{k_3}{k_2}\ln\frac{C_C}{C_{C0}} \tag{5-113}$$

同样，由反应（4）可写出

$$\frac{\mathrm{d}C_{\mathrm{FeO}}}{\mathrm{d}t} = k_4 a_0 C_{\mathrm{Fe}}\frac{n^*}{V} \tag{5-114}$$

取式（5-114）与式（5-105）之比得到

$$\frac{\mathrm{d}C_{\mathrm{FeO}}}{\mathrm{d}C_C} = \frac{k_4 C_{\mathrm{Fe}}}{k_2 C_C} \tag{5-115}$$

将 C_{Fe} 看作定值，在 $C_{\mathrm{FeO}} = C_{\mathrm{FeO0}} \sim C_{\mathrm{FeO}}$，$C_C = C_{C0} \sim C_C$ 区间积分式（5-115）得到

$$C_{\mathrm{FeO}} = C_{\mathrm{FeO0}} - \frac{k_4 C_{\mathrm{Fe}}}{k_2}\ln\frac{C_C}{C_{C0}} \tag{5-116}$$

5.4.1.2　顶吹转炉脱碳反应模型

实际顶吹转炉脱碳反应虽然比上述的实验室研究或理论分析要复杂得多，但基本规律是一致的。大量的理论分析及实践证明，顶吹转炉脱碳反应速度变化情况可分为三个阶段，在吹炼初期较小，中期达到最大值并保持不变，末期则降低。整个脱碳过程中，脱碳速度变化呈台阶形曲线，如图5-11所示。

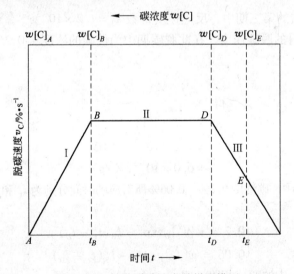

图5-11　转炉脱碳速度的梯形模型

各阶段脱碳速度特点为：

（1）吹炼初期（$0 < t < t_B$）。由于铁水温度较低且铁水中含有一定量的硅和锰，使脱碳反应受到抑制。此时，脱碳反应速度随吹炼时间的增加而逐渐增大，速度表达式为

$$v_C = -\frac{\mathrm{d}w[C]}{\mathrm{d}t} = k_1 t \tag{5-117}$$

式中，k_1 为常数，取决于铁水的碳含量、铁水温度及吹炼条件。

（2）吹炼第二期（$t_B < t < t_D$）。当硅含量降低且炉温又升高到一定值以上时，脱碳反应激烈进行，供应的氧几乎全部消耗于脱碳反应，脱碳速度与钢水含碳量无关而与供氧强度成正比。此时，在一定的供氧强度下脱碳速度达最大值并保持不变，其表达式为

$$v_C = -\frac{dw[C]}{dt} = k_2 I_0 \qquad (5-118)$$

即脱碳速度与供氧强度 I_0（mol/s）成正比，常数 k_2 由供氧强度决定。

（3）吹炼第三期（$t_D < t < t_E$）。当碳含量降低至一定值时，脱碳速度开始下降。此时，脱碳速度受钢液中 [C] 的传质控制，且碳含量越低则脱碳速度下降越明显，其表达式为

$$v_C = -\frac{dw[C]}{dt} = k_3 w[C] \qquad (5-119)$$

比例系数 k_3 是由氧气流量、喷枪高度等因素决定的常数。

分别积分式（5-117）~式（5-119），得

$$\begin{cases} w[C] = w[C]_A - 0.5k_1 t^2 & (0 < t \leqslant t_B) \\ w[C] = w[C]_B - k_2 I_0 (t - t_B) & (t_B < t \leqslant t_D) \\ w[C] = w[C]_D \exp[-k_3(t - t_D)] & (t_D < t \leqslant t_E) \end{cases} \qquad (5-120)$$

式中，$w[C]_A$、$w[C]_B$、$w[C]_D$ 分别为熔池中初始碳含量及三个阶段脱碳曲线拐点处的碳含量，%；t_B、t_D、t_E 分别为至吹炼第一、第二期结束的吹炼时间及吹炼终点时间，终点碳含量为 $w[C]_E$。

例题 5-3

已知在转炉脱碳的第三期中，反应速度常数 $k_3 = 1.2 \times 10^{-3} \mathrm{s}^{-1}$，试求此阶段钢液中碳质量分数为 0.05% 时的脱碳速度。在此脱碳期中为使碳的浓度从 0.2% 下降至 0.06%，需要多少时间？

解：

根据式（5-119），可计算得

$$\begin{aligned} v_C &= k_3 w[C] \\ &= 1.2 \times 10^{-3} \times 0.05 \\ &= 6.0 \times 10^{-5} (\%/s) \end{aligned}$$

设在第三吹炼期中，碳浓度 0.2%、0.06% 所对应的时间分别为 t_1 和 t_2，根据式（5-120）中的第三式，可得

$$\begin{cases} 0.2 = w[C]_D \exp[-k_3(t_1 - t_D)] \\ 0.06 = w[C]_D \exp[-k_3(t_2 - t_D)] \end{cases} \qquad (5-121)$$

将式（5-121）中的两式相除，得

$$\begin{aligned} t_2 - t_1 &= -\frac{1}{k_3} \ln \frac{0.06}{0.2} \\ &= -\frac{1}{1.2 \times 10^{-3}} \ln \frac{0.06}{0.2} \\ &= 1003.31 (s) \approx 17 (min) \end{aligned} \qquad (5-122)$$

可见，在第三期的吹炼过程中，脱碳速度较低，耗时较长。为进一步强化脱碳，可采

用真空操作或吹入氩气等措施。

5.4.2　铁水脱气与吸气反应

在炼钢过程中，炉气中的氮、水汽及炉料带入的水分在高温下会溶解于钢液中，使钢中的氢、氮等元素含量增加。此外，溶解的气体又可以在强烈的脱碳过程中随着反应产生的 CO 气泡而排出，吹入熔池中的氩气也有利于对钢中气体的脱除。为区别起见，前述的铁水脱碳反应可归为有化合物生成的气 – 液反应；而铁水的脱气与吸气为无化合物生成的气 – 液反应，如：

$$\begin{cases} N_2(g) == 2[N] \\ H_2(g) == 2[H] \\ O_2(g) == 2[O] \end{cases} \tag{5 - 123}$$

以下，以铁水与氮之间的反应为例，简述铁水脱气与吸气反应过程动力学。

5.4.2.1　铁水 – 氮之间的反应

铁水 – 氮之间的反应包括氮的吸收和脱除，它是动力学研究得较为详尽的反应之一。氮在气相和熔体之间的迁移，无论是氮的吸收还是氮的脱除，均由氮在气相中的传质、界面反应和溶解氮在熔体中传质三个串联进行的基元步骤构成。对上述过程的动力学实验研究，主要是利用感应搅拌的坩埚熔体或悬浮熔体进行研究。此外，也有利用氩气通过熔体的脱氮研究。根据所选择的实验条件不同，上述三个基元步骤均可能分别成为速度控制步骤。气体的脱除与吸收过程进行的方向相反，但两者的动力学方程类似。以下以气体的脱除为例推导其速度方程式。

（1）气相中的传质。氮在气相中的传质速度 J_{gA} 可表示为

$$J_{gA} = \frac{k_{gA}}{RT}(p_{Ai} - p_{A0}) \tag{5 - 124}$$

式中，p_{Ai} 和 p_{A0} 分别表示气液界面和气流主体中氮的分压。

（2）界面反应。界面反应包括氮在气液界面上的吸附（或解吸）和吸附氮与熔体中溶解氮之间的交换等环节。按目前的认识，界面反应的控速环节是氮在气液界面上的吸附（或解吸）过程，因此，该过程没有达到平衡

$$N_2 = 2N_{ad} \tag{5 - 125}$$

而吸附氮与熔体中溶解氮之间的交换过程则处于平衡状态

$$2N_{ad} = 2[N]_i \tag{5 - 126}$$

式中，N_{ad} 和 $[N]_i$ 分别表示气液界面上的吸附氮和溶解氮的浓度。

由式（5 – 125）和式（5 – 126）可得到以通量表示的界面反应速度 J_{rA}

$$J_{rA} = k_{rA}([N]_i^2 - [N]_{eq}^2) = k_{rA}([N]_i^2 - K_r p_{Ai}) \tag{5 - 127}$$

式中，$[N]_{eq}$ 和 K_r 分别表示与界面处分压成平衡的溶解氮浓度和平衡常数，并存在以下关系

$$K_r = \frac{[N]_{eq}^2}{p_{Ai}} \tag{5 - 128}$$

（3）熔体中的传质。氮在熔体中的传质速度通量可表示为

$$J_{mA} = k_{mA}([N] - [N]_i) \tag{5 - 129}$$

（4）综合速度方程。根据串联过程准稳态进行的原理有

$$2J_{gA} = J_{rA} = J_{mA} = J_A \tag{5-130}$$

将式（5-124）和式（5-127）改写为

$$\begin{cases} \dfrac{2J_{gA}RT}{2k_{gA}} = p_{Ai} - p_{A0} \\ \dfrac{J_{rA}}{k_{rA}K_r} = \dfrac{[N]_i^2}{K_r} - p_{Ai} \end{cases}$$

两式相加消去p_{Ai}并考虑式（5-130）的关系可导出

$$J_A = k_{rt}([N]_i^2 - K_r p_{A0}) \tag{5-131}$$

式中

$$\frac{1}{k_{rt}} = \frac{1}{k_{rA}} + \frac{RTK_r}{2k_{gA}} \tag{5-132}$$

用类似方法联立式（5-129）和式（5-131）消去$[N]_i$并考虑式（5-130）关系可导出

$$J_A = k_{mA}\left\{[N] - \frac{[\phi^2 + 4(K_r p_{A0} + \phi[N])]^{1/2} - \phi}{2}\right\} \tag{5-133}$$

式中

$$\phi = \frac{k_{mA}}{k_{rt}} \tag{5-134}$$

ϕ为包含了气膜中的传质系数、熔体中的传质系数、反应速度常数、反应平衡常数等变量的综合参数。应用式（5-133）可针对不同的气体中氮分压和铁水中溶解氮浓度，计算铁水-氮之间反应速度。在下面特定条件下，式（5-133）可以进一步简化。

（1）在用纯氮实验或气流速度很大情况下，若气相传质阻力可忽略（$k_{gA} \to \infty$），则$k_{rt} = k_{rA}$；

（2）若界面反应很快，则$k_{rA} \to \infty$，$k_{rt} = 2k_{gA}/(RTK_r)$；

（3）若气相传质阻力可忽略，同时界面反应也很快，则$k_{rt} \to \infty$、$\phi \to 0$，式（5-133）简化为式（5-129）形式，其中，$[N]_i = (K_r p_{A0})^{1/2}$；

（4）若熔体传质阻力可忽略（$k_{mA} \to \infty$），则式（5-133）简化为式（5-131）形式，其中，$[N]_i = [N]$。

5.4.2.2 传质系数的估算

气相和熔体相中的传质系数k_{gA}和k_{mA}与气体和熔体的流动条件有关。有许多经验式可用于k_{gA}和k_{mA}的估算。

（1）传质系数k_{gA}。气体由上方向熔体喷吹时的k_{gA}，可根据空气-水体系测定结果所得到的准数方程求得

$$Sh = \frac{k_g r_0}{D} = 1.41 Re^{0.51} Sc^{0.33} \qquad (2 \times 10^3 \leqslant Re \leqslant 3 \times 10^4) \tag{5-135}$$

$$Sh = \frac{k_g r_0}{D} = 0.41 Re^{0.751} Sc^{0.33} \qquad (3 \times 10^4 \leqslant Re \leqslant 2 \times 10^5) \tag{5-136}$$

$$\begin{cases} Re = \dfrac{u_{mr}r_0}{\nu} \\[2mm] Sc = \dfrac{\nu}{D} \end{cases} \tag{5-137}$$

式中，D、k_g 和 ν 分别为气相的扩散系数、平均传质系数和运动黏度；r_0 为被气体射流覆盖的液面半径；u_{mr} 为向下的射流冲击液面后形成的沿液面射流的平均速度。此外，对于 $Re > 3 \times 10^4$ 的湍流区还有：

$$Sh = \frac{k_g r_0}{D} = BRe^{0.06}Sc^{0.33}\left(\frac{z}{D}\right)^{-0.09} \tag{5-138}$$

式中，z 为喷嘴至液面距离；系数 B 取值在 $0.026 \sim 0.031$ 之间；Re 数中速度取气体平均速度。

（2）传质系数 k_{mA}。关于与气相邻接的熔体中的传质，通过表面更新理论可导出准数关系式

$$Sh = \frac{k_{mA}r}{D} = \frac{1}{\sqrt{\pi}}Re^{1/2}Sc^{1/3} \tag{5-139}$$

式中，r 为熔体表面的代表尺寸，使用感应搅拌坩埚熔体时，可使用坩埚半径；Re 数中的速度项使用熔体的平均表面速度。在使用感应搅拌坩埚熔体时，在电磁力作用下熔体中心被抬起，设抬起高度为 h，则熔体的平均表面速度可用下式计算

$$u_m = \left(\frac{gh}{2}\right)^{1/2} \tag{5-140}$$

式中，g 为重力加速度。

表 5-1 列出 10kg 真空感应炉的熔体传质系数计算值及有关数据，表 5-2 列出了文献报道的传质系数的测量值。由表中数据比较，可以证实式（5-139）基本可用于与气相邻接的熔体中的传质系数估算。

表 5-1　10kg 真空感应炉中熔体传质系数计算值及有关数据

温度/℃	h/m	u_m（计算值）/m·s^{-1}	u_m（测定值）/m·s^{-1}	r/m	D/m^2·s^{-1}	k_{mA}（计算值）/m·s^{-1}
1600	1.78×10^{-2}	2.9×10^{-1}	2.0×10^{-1}	5.2×10^{-2}	6.0×10^{-9}	2.06×10^{-4}
1700	2.02×10^{-2}	3.2×10^{-1}	2.0×10^{-1}	5.2×10^{-2}	7.0×10^{-9}	2.38×10^{-4}

表 5-2　文献报道的传质系数的测量值

熔体杂质含量（质量分数）/%		k_{mA}（测定值）/m·s^{-1}	主要测定条件
[S]	[O]		
0.005	0.005	1.9×10^{-4}	感应加热，坩埚，吸收与析出
—	0.005	1.4×10^{-4}	感应加热，坩埚，吸收与析出
0.006	0.009	2.9×10^{-4}	感应加热，坩埚，吸收与析出
—	0.005	3.4×10^{-4}	感应加热，坩埚，吸收
0.005	0.006	2.2×10^{-4}	感应加热，坩埚，吸收
0.003	0.003	2.5×10^{-4}	感应加热，坩埚，吸收
0.001	0.002	1.9×10^{-4}	感应加热，悬浮熔体，吸收

5.4.2.3 速度常数的估算

有许多测定铁－氮界面反应速度常数的报道。其中，为了消除气膜传质阻力，感应搅拌熔体的氮析出实验是在超低压或 $p_{N_2} = 0$ 下进行，熔体中传质系数 k_{mA} 根据另外的吸收实验确定。这样，应用实验测定反应速度 J，由式（5－133）便可以求出 $\phi(\phi = k_{mA}/k_{rA})$，从而确定界面反应速度常数 k_{rA} 值。这种方法得到的 1600℃时的 k_{rA} 值为 $1.27 \times 10^{-5} \mathrm{m}^4/(\mathrm{mol \cdot s})$。

此外，利用氮的同位素交换反应测定了 1500～1600℃间反应速度常数，得到如下关系式：

$$\lg k_{rA} = \frac{-5770}{T} + 5.63 \qquad (5-141)$$

由此式计算 1600℃时的 k_{rA} 值为 $3.54 \times 10^{-6} \mathrm{m}^4/(\mathrm{mol \cdot s})$，约为前一测定值的 1/4。

熔体中的氧和硫对铁－氮界面反应速度常数有重要影响，这是由于氧和硫元素均为表面活性物质，它们在表面上的吸附将阻碍氮的吸附，且随氧和硫元素浓度的提高，氮的迁移过程将变得更加缓慢。根据实验研究结果，1600℃时熔体中［O］和［S］对界面反应速度常数的影响可分别表示为

$$k_{rA} = \frac{1.7 \times 10^{-5}}{1 + 220 \times w[O]} \qquad (5-142)$$

$$k_{rA} = \frac{1.7 \times 10^{-5}}{1 + 230 \times w[S]} \qquad (5-143)$$

式中，$w[O]$ 和 $w[S]$ 均为质量分数。

本章符号列表

a_b：单位液体体积的气－液界面面积（比相界面积）（$\mathrm{m}^2/\mathrm{m}^3$）

a_0：单位铁水体积的铁水表面面积（比表面积）（$\mathrm{m}^2/\mathrm{m}^3$）

C_A：扩散组元 A 的浓度（$\mathrm{mol}/\mathrm{m}^3$）

C_{Ab}：液相主体中扩散组元 A 的浓度（$\mathrm{mol}/\mathrm{m}^3$）

C_{Ai}：气－液界面上扩散组元 A 的浓度（$\mathrm{mol}/\mathrm{m}^3$）

C_{A0}：气流主体扩散组元 A 的浓度（$\mathrm{mol}/\mathrm{m}^3$）

C_{Bb}：液相主体中扩散组元 B 的浓度（$\mathrm{mol}/\mathrm{m}^3$）

$(C_{Bb})_c$：当反应界面移动至气－液界面时液体本体中 B 的浓度（$\mathrm{mol}/\mathrm{m}^3$）

C_C：铁水中碳的浓度（$\mathrm{mol}/\mathrm{m}^3$）

C_{C0}：铁水中碳的初始浓度（$\mathrm{mol}/\mathrm{m}^3$）

C_O：铁水中氧［O］浓度（$\mathrm{mol}/\mathrm{m}^3$）

C_{O0}：铁水中氧［O］的初始浓度（$\mathrm{mol}/\mathrm{m}^3$）

C_{Fe}：熔体中铁的浓度（$\mathrm{mol}/\mathrm{m}^3$）

C_{FeO}：铁水中 FeO 浓度（$\mathrm{mol}/\mathrm{m}^3$）

C_{FeO0}：铁水中 FeO 的初始浓度（$\mathrm{mol}/\mathrm{m}^3$）

C_L：被迁移组分 A 在液体中的浓度（$\mathrm{mol}/\mathrm{m}^3$）

C_{eq}：被迁移组分 A 在气－液界面的平衡浓度（$\mathrm{mol}/\mathrm{m}^3$）

d_0：喷嘴内径（m）

$d_{n,0}$：喷嘴外径（m）

d_b：在润湿的喷嘴处形成的气泡脱离微孔时的直径（m）

d_{bd}：在不润湿的喷嘴处形成的气泡脱离微孔时的直径（m）

d_e：气泡的当量直径（m）

D：气相的扩散系数（m^2/s）

D_A：组分 A 在液体中的扩散系数（m^2/s）

D_B：组分 B 在液体中的扩散系数（m^2/s）

f：气泡生成频率（s^{-1}）

ΔF：界面能增加量（J）

g：重力加速度（m/s^2）

h：液面到微孔的深度（m）

H：孔口上方液体总高度（m）

H'：亨利系数的倒数

H_A：亨利系数（$atm \cdot m^3/mol$）

I_O：供氧强度（mol/s）

J_{gA}：气相中组元 A 的传质通量（$mol/(m^2 \cdot s)$）

J_{rA}：以通量表示的界面反应速度（$mol/(m^2 \cdot s)$）

J_{mA}：熔体中组元 A 的传质通量（$mol/(m^2 \cdot s)$）

k：准一级快速反应速度常数（$m^3/(s \cdot mol)$）

k_1：吹炼初期反应速度常数（s^{-2}）

k_2：吹炼中期反应速度常数（mol^{-1}）

k_3：吹炼末期反应速度常数（s^{-1}）

k_d：液相中的传质系数（m/s）

k_g：气相平均传质系数（m/s）

k_{gA}：气相中 A 的传质系数（m/s 或 $mol/(m^2 \cdot s \cdot atm)$）

k_{mA}：熔体中 A 的传质系数（m/s）

k_{rA}：脱气或吸气反应速度常数（$m^4/(mol \cdot s)$）

k_t：综合脱碳速度常数（m/s）

K_G：综合传质系数（m/s 或 $mol/(m^2 \cdot s \cdot atm)$）

K_r：氮的熔解反应平衡常数（$mol^2/(m^6 \cdot atm)$）

N_A、N_B：组元 A、B 的传质通量（$mol/(m^2 \cdot s)$）

N_{AL}：单位液体体积时气体组元 A 的吸收速度（$mol/(m^3 \cdot s)$）

$\overline{N}_A$：微元在表面上停留时间（τ）内组分 A 的平均传质通量（$mol/(m^2 \cdot s)$）

n^*：气液界面上活性氧的物质的量（mol）

p_A：扩散组分 A 的压强（Pa）

p_{Ai}：扩散组分 A 在气液界面处的压强（Pa）

p_{A0}：扩散组分 A 在气流主体中的压强（Pa）

p_a：气泡表面处液体的压强（Pa）

p_b：气泡内的压强（Pa）

p_g：液面气体压强（Pa）

p_{Ad}：附加压强（Pa）

p_{max}：孔隙内气相压强最大值（Pa）

p_{eq}：气液反应平衡压强（Pa）

p_z：液体深度为 z 处的压强（Pa）

p_0：产生气泡的孔口处的压强（Pa）

Q：气体流量（m^3/s）

q：反映 A、B 在液膜内扩散速度比值的参数

R：气－液界面的曲率半径（m）

r：微孔半径或坩埚半径（m）

r_c：气泡脱离喷嘴时的半径（m）

r_{max}：最大微孔半径（m）

r_{min}：最小微孔半径（m）

s：气泡中心到喷嘴的距离（m）

S：气泡与液体的界面积（m^2）

t：时间（s）

t_c：气泡从开始形成到脱离喷嘴所经历的时间（s）

t_d：气泡从成核到脱落经历的时间（s）

u：喷嘴处气体流速（m/s）

u_b：气泡上升速度（m/s）

v_C：脱碳速度（mol/s）

V_b：气泡体积（m^3）

V_z：液体深度为 z 处的气泡体积（m^3）

V_0：产生气泡的孔口处的气泡体积（m^3）

V：铁水体积（m^3）

$w[C]$：铁液中碳的质量分数（%）

z：液体深度（m）

σ：液体表面张力（N/m）

θ：接触角（°）

ρ_L：液体密度（kg/m^3）

ρ_g：气泡中气体的密度（mol/m^3）

α：气泡排开液体体积的比例系数

β：有化学反应存在时气体吸收的增强因子

γ：气液反应参数（转化系数）

δ：液膜的厚度（m）

η：气泡的生长系数

μ_L：液体的黏度（Pa·s）

τ：液体微元在相界面上的停留时间（s）

φ：气泡的形状因子

ν：气体的运动黏度（m^2/s）

思考与练习题

5-1 液体中气泡的形成有几种途径？

5-2 试分析冶金用耐火材料炉衬或炉底上的微孔成为产生气泡核心的活性微孔的条件，如何确定活性微孔半径的上限和下限值？试计算钢水深度为1m处的最大临界微孔半径。

5-3 假设钢液中由于碳氧反应和能量起伏生成了半径为 10^{-2}mm 的气泡核心，试计算该气泡核心长大所需要克服的附加压力，已知钢液的表面张力为 1.5N/m。由计算结果分析在普通炼钢条件下，这种均相形成的气泡核心长大是否可能？

5-4 试分析液态金属与耐火材料的润湿性对气泡形成的影响以及对耐火材料寿命的影响关系。

5-5 浸入式喷嘴产生的气泡大小由哪些因素决定，喷嘴直径和气体流量各有什么影响？

5-6 气泡在液体中的上浮与固体颗粒在液体或气体中的下落运动规律有何类似性，又有哪些不同？

5-7 试分析用三种气-液间传质理论导出的传质系数与扩散系数的关系的差异。

5-8 已知25℃，NaOH 溶液吸收气体中 CO_2 是伴随瞬间反应的气-液化学吸收。假定 CO_2 和 OH^- 在溶液中的扩散系数相等，试计算在1标准大气压下，$p_{CO_2} = 0.2 \times 10^{-5}$Pa 时，用纯水物理吸收 CO_2 和用 0.2mol/L 的 NaOH 溶液吸收 CO_2 的速度各为多少，后一情况下的吸收增强因子为多大？已知 CO_2 以分子状态溶解于水时的亨利系数的倒数（CO_2 的溶解常数）为 3.85×10^{-4} mol/（m^3·Pa），其液膜传质系数 $k_d = 1 \times 10^{-4}$m/s。

5-9 利用 NaOH 水溶液吸收空气中的 CO_2，反应为如下所示的瞬间反应：
$$CO_2 + 2OH^- \longrightarrow H_2O + CO_3^{2-} [A(g) + 2B(l) \longrightarrow C(l) + D(l)]$$
试计算在下列条件下此反应的吸收速度是利用水溶液物理吸收 CO_2 速度的多少倍？

（1）$p_{CO_2} = 0.05$atm，$C_{NaOH} = 5 \times 10^3$mol/m^3

（2）$p_{CO_2} = 0.5$atm，$C_{NaOH} = 200$mol/m^3

参数：$D_A = D_B$，$k_g a_b = 1 \times 10^5$ mol/（m^3·h·atm），$k_d a_b = 40h^{-1}$，$H_A = 0.05$atm·m^3/mol

5-10 推导下列本章中出现的公式：

（1）$k_d = 0.957g^{1/4}D_A^{1/2}d_e^{-1/4}$ （5-54）

（2）$\dfrac{dV_b}{dz} = \dfrac{k_d RT\varphi V_b^{2/3}}{u_b}\left[\dfrac{C_{Ab}}{p_g + g\rho_L(H-z)} - H'\right] + \dfrac{g\rho_L V_b}{p_g + g\rho_L(H-z)}$ （5-64）

（3）$v_c = \dfrac{dC_C}{dt} = \dfrac{2k_1 k_2 k_g a_0 C_{A0} C_C}{(k_1 + k_g)(k_2 C_C + k_3 + k_4 C_{Fe})}$ （5-108）

（4）$J_A = k_{rt}([N]_i^2 - K_r p_{A0})$ （5-131）

式中 $\dfrac{1}{k_{rt}} = \dfrac{1}{k_{rA}} + \dfrac{RTK_r}{2k_{gA}}$ （5-132）

（5）$J_A = k_{mA}\left\{[N] - \dfrac{[\phi^2 + 4(K_r p_{A0} + \phi[N])]^{1/2} - \phi}{2}\right\}$ （5-133）

式中 $\phi = \dfrac{k_{mA}}{k_{rt}}$ （5-134）

6　液－液反应

　　两个互不相溶的液相之间的反应（即液－液反应），是冶金过程中十分普遍和重要的反应类型之一。例如，在电炉炼钢过程中，从炉内形成钢液熔体开始直至出钢为止，液－液反应贯穿于整个熔化、氧化和还原过程中。在熔化期和氧化期，包含有渣中氧化铁和钢液中 C、Si、Mn、P 及某些合金元素的氧化反应；在还原期的脱硫也是渣相与钢液之间的反应。再如，湿法提取冶金中用萃取的方法进行分离和提纯也是典型的液－液反应。此外，在鼓风炉炼制粗铅及转炉吹炼粗铜的火法有色冶金过程中都包含有熔渣和金属熔体之间的液－液反应。

　　液－液反应的反应物来自两个不同的液相，在相界面上发生界面化学反应后，生成物以扩散的方式从相界面传递到不同的液相中。因此，液－液反应的限制环节一般分为扩散控制或界面化学反应控制，可通过考察温度、浓度、搅拌速度等外界条件对过程速度的影响情况来判断过程的限制环节。大量事实表明，在液－液反应尤其是高温冶金液－液反应中，大部分的限制环节是处于扩散范围，只有小部分反应属于界面化学反应控制类型。然而，尽管后者代表的反应不多，其机理的研究却很重要且处理的难度一般也较前者为大。

　　参加反应的液－液两相可均为连续相（如渣金反应），也能是一种液体为分散相而另外一种液体为连续相（如液滴反应）。炼钢中的脱硅和脱锰、转炉和电炉熔池脱硫以及高炉炉缸中的还原反应等属于前者，高炉炉缸和电渣重溶中金属滴穿过渣层的反应、向钢液中喷吹粉剂的精炼反应以及有机溶剂萃取反应等是后者的实例。两种液体的接触方式又可分为间歇式持续接触或连续式移动接触，当然在许多实际冶金过程中，两种接触方式可能同时存在。当两个液相均为连续相时，相界面虽然有扰动现象，但基本可以看成是平面且在反应过程中界面积维持不变。

　　本章以冶金中常见的渣金反应及液滴反应为例来讨论液－液反应的基本动力学解析方法，目的是要探究液－液两相反应速度的基本规律及影响因素，为指导生产实践奠定基础。

6.1　渣金反应动力学

6.1.1　渣金反应的特点

　　渣金反应体系可分为有气体产物生成的体系和无气体产物生成的金属与离子间交换反应体系两大类。例如，炼铁过程中的重要反应——铁水中溶解碳还原渣中金属氧化物的反应属于前一类，反应式如下

$$(MeO) + [C] === [Me] + CO \qquad (6-1)$$

由于这类反应涉及气相和两个液相，本章不做深入讨论。在冶金过程中，特别是炼钢

过程中更多发生的交换反应属于后一类，反应式为

$$[A] + (B^{2+}) \Longrightarrow [B] + (A^{2+}) \tag{6-2}$$

例如，炼钢时熔渣对 Mn 的氧化，其反应式为

$$[Mn] + (Fe^{2+}) \Longrightarrow [Fe] + (Mn^{2+}) \tag{6-3}$$

熔渣与金属熔体间的此类反应过程机理如图 6-1 所示。根据膜理论，在熔渣和钢液两侧存在厚度分别为 δ_s、δ_m 的边界层（液膜），过程由边界层中的扩散和相界面上的反应构成，具体步骤如下：

（1）钢液中 A 原子向钢渣界面迁移；

（2）渣中 B^{2+} 离子向钢渣界面迁移；

（3）A 与 B^{2+} 在钢渣界面上进行化学反应生成 A^{2+} 和 B；

（4）生成的 A^{2+} 离子从钢渣界面向渣中迁移；

（5）生成的 B 原子从钢渣界面向钢液中迁移。

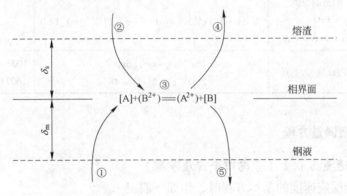

图 6-1 渣金反应过程机理示意图

由于 O^{2-} 的扩散系数及浓度都远远大于 $Fe^{2+}(B^{2+})$，故 FeO 在熔渣中的扩散是由 Fe^{2+} 的扩散决定的，O^{2-} 离子在渣中的扩散可忽略。

由于高温下冶金熔渣和液态金属或合金的某些特殊性质，在研究渣金反应动力学时，应注意以下特性。

（1）电子交换的两种方式。在渣金反应体系中，金属相是具有自由电子的液态金属溶液，渣相是由氧化物、硫化物等组成的高温离子溶液。因此，在渣金两相界面上发生的反应属于有电子交换的氧化还原反应。电子交换的方式可能有

1）粒子直接碰撞的普通方式

$$[A] \xrightarrow{2e} (B^{2+}) \Longrightarrow (A^{2+}) + [B]$$

2）阳极氧化、阴极还原的电化学方式

$$[A] \Longrightarrow (A^{2+}) + 2e$$
$$(B^{2+}) + 2e \Longrightarrow [B]$$

由于金属是良导电体，故两个电极反应可以分开进行，电子由金属相传递，反应过程中两相均遵循电中性原则。

（2）渣金反应的控制环节。渣金反应均在较高温度下进行，通常界面化学反应活化能较扩散传质过程活化能高得多，即随着温度的升高，化学反应比传质速度提高得更多。因

此，除个别情况（如渣中 SiO_2 的还原）外，通常渣金反应的控制环节为传质步骤。

（3）渣相边界层的传质控制。由于通常原子在熔融金属或合金中的扩散系数为 $10^{-10} \sim 10^{-8} m^2/s$，而离子在熔渣中的扩散系数为 $10^{-12} \sim 10^{-10} m^2/s$ 数量级，所以过程受渣相边界层传质控制的情况较多。

表6-1 所列为渣金反应体系控制步骤的部分研究结果。除渣中 SiO_2 还原反应很缓慢，在较低温度下，过程受界面反应控制外，在实际冶炼温度下，绝大多数渣金反应是受传质过程控制的。

表 6-1　一些典型渣金反应的控制步骤研究结果

反应体系	反应式	控制步骤
硫从铁水向渣中的转化 $FeO - Al_2O_3$（$FeO > 80\%$）	$[S] + (O^{2-}) = (S^{2-}) + [O]$	渣中传输
用 CaO 含量较高的渣的脱磷 $CaO - SiO_2 - FeO$ $CaO - Al_2O_3 - MgO - FeO - CaF_3$	$2[P] + 5(Fe^{2+}) + 8(O^{2-}) = 2(PO_4^{3-}) + 5[Fe]$	金属相传输
渣中 SiO_2 的还原	$(Si^{4+}) + 4e \rightarrow [Si]$ $2(O^{2-}) \rightarrow 2[O] + 4e$	$1000 \sim 1100℃$：界面反应 $1600℃$：渣中边界层扩散

6.1.2　渣金传质通量方程

6.1.2.1　通量方程1（考虑四个传质步骤）

在推导渣金反应速度的基本方程时，作如下假定

（1）渣、金两相主体分别是理想混合；

（2）过程在等温拟稳态下进行；

（3）过程由传质环节控制，界面化学反应达到局部平衡。

根据膜理论，由两相分别向界面迁移的 A 和 B^{2+} 的通量（$mol/(m^2 \cdot s)$）为

$$\begin{cases} N_A = k_{[A]}(C_{[A]} - C_{[A]i}) \\ N_{B^{2+}} = k_{(B)}(C_{(B)} - C_{(B)i}) \end{cases} \tag{6-4}$$

离开界面分别向两相主体迁移的 A^{2+} 和 B 的通量为

$$\begin{cases} N_{A^{2+}} = k_{(A)}(C_{(A)i} - C_{(A)}) \\ N_B = k_{[B]}(C_{[B]i} - C_{[B]}) \end{cases} \tag{6-5}$$

式中，圆括号下标"（ ）"表示渣相，方括号下标"［ ］"表示金属相，下标"i"表示界面；$k_{(A)}$、$k_{[A]}$ 分别为 A 在渣、金两相中的传质系数，m/s；$C_{(A)}$、$C_{[A]}$、$C_{(A)i}$、$C_{[A]i}$ 分别为 A 在渣、金两相中的本体浓度及界面浓度。组元 B 的相应参数的表示方法与 A 类似。

根据串联进行过程的拟稳态假定有

$$N_A = N_{A^{2+}} = N_B = N_{B^{2+}} = N \tag{6-6}$$

且界面化学反应达到局部平衡，其平衡常数为

$$K = \frac{C_{(A)i} C_{[B]i}}{C_{[A]i} C_{(B)i}} \tag{6-7}$$

由式（6-4）~式（6-7）消去界面浓度，可整理得到一个关于综合速度 N 的一元二次方程

$$\left(\frac{1}{k_{(A)}k_{[B]}} - \frac{K}{k_{[A]}k_{(B)}}\right)N^2 + \left(\frac{C_{[B]}}{k_{(A)}} + \frac{C_{(A)}}{k_{[B]}} + \frac{C_{(B)}K}{k_{[A]}} + \frac{C_{[A]}K}{k_{(B)}}\right)N + \left(C_{(A)}C_{[B]} - C_{[A]}C_{(B)}K\right) = 0$$

$$(6-8)$$

解式（6-8），可得到关于 N 的十分复杂的一般表达式，它适用于任何单独传质基元步骤为控制环节或混合传质控制的情况。

6.1.2.2　通量方程 2（考虑三个传质步骤）

如果 B 为金属相主体，A 代表杂质，则可以忽略反应过程中金属液相中 B 的浓度变化，并认为 $C_{[B]} = C_{[B]i}$。即推导速度方程时可以不考虑 B 在金属相中的传质阻力（$k_{[B]} = \infty$）。这时，式（6-8）可改写为

$$\left(-\frac{K}{k_{[A]}k_{(B)}}\right)N^2 + \left(\frac{C_{[B]}}{k_{(A)}} + \frac{C_{(B)}K}{k_{[A]}} + \frac{C_{[A]}K}{k_{(B)}}\right)N + \left(C_{(A)}C_{[B]} - C_{[A]}C_{(B)}K\right) = 0 \quad (6-9)$$

求解该方程，得到

$$N = \frac{1}{2}\left(\zeta - \sqrt{\zeta^2 + 4\eta}\right) \tag{6-10}$$

式中

$$\begin{cases} \zeta = \dfrac{k_{[A]}k_{(B)}}{Kk_{(A)}}C_{[B]} + k_{[A]}C_{[A]} + k_{(B)}C_{(B)} \\[2mm] \eta = k_{[A]}k_{(B)}C_{(A)}C_{[B]}\left(\dfrac{1}{K} - \dfrac{1}{Q}\right) \\[2mm] Q = \dfrac{C_{(A)}C_{[B]}}{C_{[A]}C_{(B)}} \end{cases} \tag{6-11}$$

式中，Q 是由渣、金两相主体浓度决定的浓度商。

由式（6-10）和式（6-11）可知，可把 $1/K - 1/Q$ 看作是脱除金属相中杂质 A 的渣金反应推动力。根据 K 和 Q 的相对大小，存在下列三种情况：

（1）当 $Q < K$ 时，$\eta < 0$、$N > 0$，反应正向进行，金属相中杂质 A 被氧化。即

$$[A] \longrightarrow (A^{2+}) + 2e$$

（2）当 $Q > K$ 时，$\eta > 0$、$N < 0$，反应反向进行，渣相中杂质 A 被还原。即

$$(A^{2+}) + 2e \longrightarrow [A]$$

（3）当 $Q = K$ 时，$\eta = 0$、$N = 0$，反应体系处于平衡状态。

式（6-10）即为 A、A^{2+} 及 B^{2+} 的传质为限制环节时的一般速度表达式。

6.1.2.3　通量方程 3（考虑两个或一个传质步骤）

（1）A 和 A^{2+} 传质控制。在以脱除金属相中杂质 A 为目的的渣金反应体系中，通常主金属 B 在两相中的浓度都很大，可以忽略反应过程中 B 在两相中的浓度变化，而仅着眼于杂质 A 的变化来进行动力学分析。这时，对式（6-9），可令 $k_{(B)} = \infty$，则式（6-9）可写为

$$\left(\frac{C_{[B]}}{k_{(A)}} + \frac{C_{(B)}K}{k_{[A]}}\right)N + \left(C_{(A)}C_{[B]} - C_{[A]}C_{(B)}K\right) = 0 \tag{6-12}$$

即

$$N = \frac{C_{[A]} - \dfrac{C_{(A)}C_{[B]}}{KC_{(B)}}}{\dfrac{1}{k_{[A]}} + \dfrac{C_{[B]}}{Kk_{(A)}C_{(B)}}} \qquad (6-13)$$

1）若 $k_{[A]} \ll k_{(A)}$，则反应速度的限制环节为 A 从钢液向钢渣界面的传质，此时速度方程可简化为

$$N_A = k_{[A]}\left(C_{[A]} - \frac{C_{(A)}C_{[B]}}{KC_{(B)}}\right) = k_{[A]}C_{[A]}\left(1 - \frac{C_{(A)}C_{[B]}}{KC_{[A]}C_{(B)}}\right) = k_{[A]}C_{[A]}\left(1 - \frac{Q}{K}\right) \qquad (6-14)$$

2）若 $k_{[A]} \gg k_{(A)}$，则反应速度的限制环节为 A^{2+} 从钢渣界面向熔渣的传质，此时速度方程可简化为

$$N_{A^{2+}} = k_{(A)}\left(\frac{KC_{[A]}C_{(B)}}{C_{[B]}} - C_{(A)}\right) = k_{(A)}C_{(A)}\left(\frac{KC_{[A]}C_{(B)}}{C_{(A)}C_{[B]}} - 1\right) = k_{(A)}C_{(A)}\left(\frac{K}{Q} - 1\right) \qquad (6-15)$$

（2）A^{2+} 和 B^{2+} 传质控制。当 A 从钢液向钢渣界面的传质速度很快时，反应将受 A^{2+} 和 B^{2+} 在渣相中的传质控制，此时的速度方程即式（6-9）可改写为

$$\left(\frac{C_{[B]}}{k_{(A)}} + \frac{C_{[A]}K}{k_{(B)}}\right)N + (C_{(A)}C_{[B]} - C_{[A]}C_{(B)}K) = 0 \qquad (6-16)$$

即

$$N = \frac{C_{(B)} - \dfrac{C_{(A)}C_{[B]}}{KC_{[A]}}}{\dfrac{1}{k_{(B)}} + \dfrac{C_{[B]}}{Kk_{(A)}C_{[A]}}} \qquad (6-17)$$

若 $k_{(B)} \ll k_{(A)}$，则过程为 B^{2+} 在渣相中的传质控制，速度方程变为

$$N_{B^{2+}} = k_{(B)}\left(C_{(B)} - \frac{C_{(A)}C_{[B]}}{KC_{[A]}}\right) = k_{(B)}C_{(B)}\left(1 - \frac{C_{(A)}C_{[B]}}{KC_{(B)}C_{[A]}}\right) = k_{(B)}C_{(B)}\left(1 - \frac{Q}{K}\right) \qquad (6-18)$$

（3）B 传质控制。假设过程为 B 在金属相中的传质控制，则式（6-8）应改写为

$$\frac{C_{(A)}}{k_{[B]}}N + (C_{(A)}C_{[B]} - C_{[A]}C_{(B)}K) = 0 \qquad (6-19)$$

即

$$N = N_B = k_{[B]}C_{[B]}\left(\frac{K}{Q} - 1\right) \qquad (6-20)$$

在研究实际渣金反应时，确定哪一个基元步骤阻力最大，从而可能成为控制环节，对于促进精炼反应是很有意义的。但是，目前尚无固定的模式来确定控制环节，必须经过仔细实验及数据比较和分析才能得到正确结论。一般可采用以下方法：

（1）改变温度进行实验。根据表观活化能的高低来判断反应控制或传质控制。若为化学反应控制时活化能较高，而传质控制时则活化能较低。

（2）改变搅拌条件进行实验。界面反应速度本身不受搅拌影响，如果搅拌使过程大幅度加快，则基本上可确定过程为传质控制，但应注意施加强力搅拌时可能会改变相界面积。

（3）以流体力学理论为基础，推算相界面附近渣金两相流速、边界层厚度及传质系数。由于某些情况下缺少高温熔体、特别是熔渣的有关物性值数据，可能造成计算精度不高。

（4）大幅度改变渣金两相中 B 和 A 的含量比，可判断 B 成分传质的影响程度。

（5）假定限制环节，比较计算值与同条件下的实测值来判断限制步骤。

例题 6-1

在 25t 电炉内，与组成为 $w(FeO) = 20\%$、$w(MnO) = 5\%$ 的熔渣接触的钢液中，锰的质量分数 $w[Mn] = 0.2\%$，温度为 1600℃。试计算当过程分别为 $[Mn]$、(Mn^{2+})、$[Fe]$、(Fe^{2+}) 的单独传质控制时的反应通量及锰的氧化速度并分析过程可能的控制环节。已知：钢液的密度 $\rho_m = 7000kg/m^3$，熔渣的密度 $\rho_s = 3500kg/m^3$，传质系数 $k_{[Mn]} = 3.3 \times 10^{-4} m/s$，$k_{[Fe]} = 3.3 \times 10^{-4} m/s$，$k_{[Mn^{2+}]} = 8.3 \times 10^{-7} m/s$，$k_{[Fe^{2+}]} = 8.3 \times 10^{-7} m/s$，钢渣界面的面积 $S = 15m^2$。

解：

钢渣界面中锰的氧化反应为

$$[Mn] + (Fe^{2+}) = (Mn^{2+}) + [Fe]$$

该反应的标准自由能变化为

$$\Delta G^{\ominus} = -123307 + 56.48T$$

故平衡常数为

$$\begin{aligned}
K &= \exp\left(-\frac{\Delta G^{\ominus}}{RT}\right) = \exp\left(-\frac{-123307 + 56.48T}{RT}\right) \\
&= \exp\left(-\frac{-123307 + 56.48 \times 1873}{8.314 \times 1873}\right) \\
&= 3.08
\end{aligned}$$

浓度商为

$$Q = \frac{w(MnO)}{w[Mn] \times w(FeO)} = \frac{5}{0.2 \times 20} = 1.25$$

根据题设条件，四种单独传质控制过程可分别用以下相应的公式计算其通量，即

$$\begin{cases}
N_A = k_{[A]} C_{[A]} (1 - Q/K) \\
N_{A^{2+}} = k_{(A)} C_{(A)} (K/Q - 1) \\
N_{B^{2+}} = k_{(B)} C_{(B)} (1 - Q/K) \\
N_B = k_{[B]} C_{[B]} (K/Q - 1)
\end{cases}$$

其中，A = Mn、B = Fe。将已知数据代入上式中，即可进行计算。例如

$$\begin{aligned}
N_{Mn} &= k_{[Mn]} C_{[Mn]} \left(1 - \frac{Q}{K}\right) = 3.3 \times 10^{-4} \times \frac{0.2}{100} \times \frac{7 \times 10^3}{55 \times 10^{-3}} \times \left(1 - \frac{1.25}{3.08}\right) \\
&= 0.0499 (mol/(m^2 \cdot s))
\end{aligned}$$

$$V_{Mn} = N_{Mn} \times S = 0.0499 \times 15 = 0.749 (mol/s)$$

全部计算结果见表 6-2。

表 6-2 钢中锰的氧化各控制环节条件下的反应通量及反应速度计算结果

控制环节	速度常数 $k/m \cdot s^{-1}$	浓度 $C/mol \cdot m^{-3}$	K/Q	Q/K	通量 $N/mol \cdot m^{-2} \cdot s^{-1}$	速度 $V/mol \cdot s^{-1}$
Mn	3.3×10^{-4}	2.55×10^2		0.406	4.99×10^{-2}	0.749
Fe^{2+}	8.3×10^{-7}	9.72×10^3		0.406	4.80×10^{-3}	0.072
Mn^{2+}	8.3×10^{-7}	2.46×10^3	2.46		3.00×10^{-3}	0.045
Fe	3.3×10^{-4}	1.25×10^5	2.46		60.4	906.087

由以上计算结果可知，$[Mn]$、(Mn^{2+})、(Fe^{2+}) 三者的扩散速度较小，但差别不大。其中 (Mn^{2+}) 的扩散速度最小，最可能成为氧化过程的控制环节。在反应初期，$[Mn]$ 的浓度较高，其扩散速度也会较高，这时 (Mn^{2+}) 的扩散最易成为控制环节；而在反应末期当 $[Mn]$ 的浓度较低时，$[Mn]$ 或 (Fe^{2+}) 的扩散也会成为控制环节。

6.1.3 渣金传质速度方程

6.1.3.1 综合速度方程

在炼钢温度下，钢液中的锰、磷、硫、硅等元素与熔渣的反应均属于液液反应，一般其界面化学反应不会成为速度的控制环节，反应速度主要受 A 在钢液和 A^{2+} 在渣相中的扩散所控制，其扩散通量即式（6-13）可表示为

$$N = \frac{C_{[A]} - \dfrac{C_{(A)}C_{[B]}}{KC_{(B)}}}{\dfrac{1}{k_{[A]}} + \dfrac{C_{[B]}}{Kk_{(A)}C_{(B)}}} = \frac{C_{[A]} - \dfrac{C_{(A)}C_{[B]}}{L_A C_{[B]}}}{\dfrac{1}{k_{[A]}} + \dfrac{1}{L_A k_{(A)}}} = \frac{L_A k_{[A]}}{L_A + \dfrac{k_{[A]}}{k_{(A)}}}\left(C_{[A]} - \frac{C_{(A)}}{L_A}\right) \quad (6-21)$$

式中，平衡常数可表示为

$$K = \frac{C_{(A)i}C_{[B]i}}{C_{[A]i}C_{(B)i}} = L_A \frac{C_{[B]i}}{C_{(B)i}} = L_A \frac{C_{[B]}}{C_{(B)}} \quad (6-22)$$

其中，相界面上 A 在熔渣和钢液中的分配系数定义为

$$L_A = \frac{C_{(A)i}}{C_{[A]i}} \quad (6-23)$$

此外，由于 B 在钢液和 B^{2+} 在渣相中的扩散不是过程的限制环节，故它们在相界面处的浓度近似等于其在钢液或渣相主体中的浓度。

设钢液的体积为 V_m，钢液与渣相的界面面积为 S，则式（6-21）可写成

$$-\frac{dC_{[A]}}{dt} = \frac{L_A k_{[A]}}{L_A + \dfrac{k_{[A]}}{k_{(A)}}}\left(\frac{S}{V_m}\right)\left(C_{[A]} - \frac{C_{(A)}}{L_A}\right) \quad (6-24)$$

若要对上式积分，需要将 $C_{(A)}$ 转化为 $C_{[A]}$ 的函数。为此，设熔渣的体积为 V_s，A 和 A^{2+} 的初始浓度分别为 $C_{[A]0}$ 和 $C_{(A)0}$，则根据 A 的质量平衡关系，可得

$$V_m C_{[A]0} + V_s C_{(A)0} = V_m C_{[A]} + V_s C_{(A)} \quad (6-25)$$

由上式可得

$$C_{(A)} = C_{(A)0} + \frac{V_m}{V_s}(C_{[A]0} - C_{[A]}) \quad (6-26)$$

将上式代入到式（6-24），有

$$-\frac{dC_{[A]}}{dt} = \frac{L_A k_{[A]}}{L_A + \dfrac{k_{[A]}}{k_{(A)}}}\left(\frac{S}{V_m}\right)\left[C_{[A]} - \frac{C_{(A)0} + \dfrac{V_m}{V_s}(C_{[A]0} - C_{[A]})}{L_A}\right]$$

$$= \frac{k_{[A]}}{L_A + \dfrac{k_{[A]}}{k_{(A)}}}\left(L_A + \frac{V_m}{V_s}\right)\left(\frac{S}{V_m}\right)\left(C_{[A]} - \frac{V_s C_{(A)0} + V_m C_{[A]0}}{L_A V_s + V_m}\right) \quad (6-27)$$

令

$$k = \frac{k_{[A]}}{L_A + \frac{k_{[A]}}{k_{(A)}}} \left(L_A + \frac{V_m}{V_s} \right) \left(\frac{S}{V_m} \right) \qquad (6-28)$$

$$\alpha = \frac{V_s C_{(A)0} + V_m C_{[A]0}}{L_A V_s + V_m} \qquad (6-29)$$

则式（6-27）可简化为

$$-\frac{dC_{[A]}}{dt} = k(C_{[A]} - \alpha) \qquad (6-30)$$

积分上式，得

$$\ln \frac{C_{[A]} - \alpha}{C_{[A]0} - \alpha} = -kt \qquad (6-31)$$

或

$$C_{[A]} = (C_{[A]0} - \alpha)\exp(-kt) + \alpha \qquad (6-32)$$

当 $t \to \infty$ 时，$C_{[A]} \to C_{[A]}^*$（平衡浓度），所以可知 $\alpha = C_{[A]}^*$，即

$$\ln \frac{C_{[A]} - C_{[A]}^*}{C_{[A]0} - C_{[A]}^*} = -kt \qquad (6-33)$$

$$C_{[A]} = (C_{[A]0} - C_{[A]}^*)\exp(-kt) + \alpha \qquad (6-34)$$

由此可见，当反应的速度受 A 在钢液和 A^{2+} 在渣相的扩散混合控制时，过程的速度符合一级反应动力学规律。反应的表观速度常数 k 与杂质 A 在熔渣和钢液中的分配系数 L_A、A 在钢液中的传质系数 $k_{[A]}$、A^{2+} 在熔渣中的传质系数 $k_{(A)}$ 等均有关系。根据 L_A 与 $\frac{k_{[A]}}{k_{(A)}}$ 的相对大小，可以得出不同条件下的速度方程。

6.1.3.2 特殊情况下的速度方程

（1）当 $L_A \gg \frac{k_{[A]}}{k_{(A)}}$ 时，金属杂质在钢液中的扩散是速度的限制环节，此时速度方程可简化为

$$-\frac{dC_{[A]}}{dt} = k_{[A]} \left(\frac{S}{V_m} \right) \left(C_{[A]} - \frac{C_{(A)}}{L_A} \right) \qquad (6-35)$$

当 L_A 足够大时，上式可进一步简化为

$$-\frac{dC_{[A]}}{dt} = k_{[A]} \left(\frac{S}{V_m} \right) C_{[A]} \qquad (6-36)$$

积分上式，得

$$\ln \frac{C_{[A]}}{C_{[A]0}} = -k_{[A]} \left(\frac{S}{V_m} \right) t \qquad (6-37)$$

（2）当 $L_A \ll \frac{k_{[A]}}{k_{(A)}}$ 时，金属杂质离子 A^{2+}（或氧化物 AO）在熔渣中的扩散是速度的限制环节，此时速度方程可简化为

$$-\frac{dC_{[A]}}{dt} = k_{(A)} L_A \left(\frac{S}{V_m} \right) \left(C_{[A]} - \frac{C_{(A)}}{L_A} \right) \qquad (6-38)$$

（3）当 $L_A \approx \dfrac{k_{[A]}}{k_{(A)}}$ 时，反应为 A 在钢液和 A^{2+} 在渣相中的混合控制，此时速度方程为式（6-24）。

由以上分析可知，影响钢液中杂质氧化脱除速度的因素很多，其中包括熔体的传质系数（$k_{[A]}$、$k_{(A)}$）、组元的分配系数（L_A）、反应界面积（S）、熔体的黏度及密度（μ、ρ）、操作温度及熔体的体积（T、V_m、V_s）等等。

例题 6-2

已知 27t 的电炉的钢渣界面积为 $15m^2$，钢液密度 $\rho = 7000 kg/m^3$，锰在钢液中的扩散系数 $D_{Mn} = 1.0 \times 10^{-7} m^2/s$，边界层厚度 $\delta = 3 \times 10^{-4} m$，假定锰在钢液中的分配系数很大，钢液中锰氧化的速度限制环节为锰在金属液中的扩散，试计算锰氧化 90% 所需的时间。

解：

钢渣界面中锰的氧化反应为

$$[Mn] + (Fe^{2+}) === (Mn^{2+}) + [Fe]$$

根据所设条件，可利用式（6-37）进行计算，即

$$\ln \frac{C_{[A]}}{C_{[A]0}} = -k_{[A]} \left(\frac{S}{V_m}\right) t$$

其中，锰氧化率

$$\frac{C_{[A]}}{C_{[A]0}} = \frac{C_{[Mn]}}{C_{[Mn]0}} = \frac{10}{100}$$

比表面积

$$\frac{S}{V_m} = \frac{15}{\dfrac{27000}{7000}}$$

传质系数

$$k_{[A]} = k_{[Mn]} = \frac{D_{Mn}}{\delta} = \frac{10^{-7}}{3 \times 10^{-4}}$$

利用以上数据，可求出

$$t = -\frac{\ln\left(\dfrac{C_{[A]}}{C_{[A]0}}\right)}{k_{[A]}\left(\dfrac{S}{V_m}\right)} = -\frac{\ln\left(\dfrac{10}{100}\right)}{\dfrac{10^{-7}}{3 \times 10^{-4}} \times \dfrac{15}{\dfrac{27000}{7000}}} = 1776.28(s) \approx 30(min)$$

即在上述条件下，电炉炼钢去 Mn 的时间约为 30min，计算结果与实际情况接近。

6.2　渣金反应操作解析

在渣金反应过程中，渣金相间接触方式对反应速度及熔体中杂质的脱除效率影响十分明显。渣金较为典型的 4 种接触方式如图 6-2 所示。其中，（1）两相分批接触方式或持续接触方式，即将金属和熔渣一起加入反应器，反应后又将金属和熔渣一起放出；（2）半分批熔渣流通接触方式或瞬时接触方式，即先将金属装入反应器内，然后在其中连续地加

入熔渣，反应后的熔渣液也连续地排除（如喷吹渣粉）；（3）半分批金属流通接触方式或逆向瞬时接触方式，即先将熔渣装入反应器，然后在其中连续地加入金属，反应后的金属连续地流出反应器；（4）逆流接触方式，即熔渣和金属在反应器内作逆流运动，二者连续地流入和流出反应器。

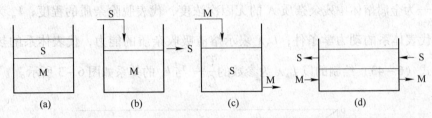

图 6 - 2　渣金 4 种典型接触方式（S：渣相，M：金属相）

以下，针对反应式（6 - 2），设反应速度仅受 A 在钢液和 A^{2+} 在渣相中的扩散所控制，且时间 $t = 0$ 时，$C_{(A)0} = 0$、$C_{[A]} = C_{[A]0}$，在这些条件下对上述四种渣金反应操作方式进行解析。

6.2.1　分批式持续接触操作

熔渣和金属熔体在分批式持续接触操作条件下，综合速度方程式可用式（6 - 31）表达，所以

$$\ln \frac{C_{[A]} - \dfrac{V_m C_{[A]0}}{L_A V_s + V_m}}{C_{[A]0} - \dfrac{V_m C_{[A]0}}{L_A V_s + V_m}} = - \frac{k_{[A]}}{L_A + \dfrac{k_{[A]}}{k_{(A)}}} \left(L_A + \frac{V_m}{V_s} \right) \left(\frac{S}{V_m} \right) t \tag{6 - 39}$$

即

$$\ln \frac{C_{[A]} - \dfrac{C_{[A]0}}{L_A \left(\dfrac{V_s}{V_m} \right) + 1}}{C_{[A]0} - \dfrac{C_{[A]0}}{L_A \left(\dfrac{V_s}{V_m} \right) + 1}} = - \frac{L_A k_{[A]}}{L_A + \dfrac{k_{[A]}}{k_{(A)}}} \left(1 + \frac{1}{L_A \left(\dfrac{V_s}{V_m} \right)} \right) \left(\frac{S}{V_m} \right) t \tag{6 - 40}$$

令

$$\begin{cases} \lambda = \dfrac{V_s}{V_m} \\[4mm] k_p = \dfrac{L_A k_{[A]}}{L_A + \dfrac{k_{[A]}}{k_{(A)}}} \left(\dfrac{S}{V_m} \right) t \end{cases} \tag{6 - 41}$$

则

$$\ln \frac{C_{[A]} - \left(\dfrac{1}{1 + L_A \lambda} \right) C_{[A]0}}{C_{[A]0} - \left(\dfrac{1}{1 + L_A \lambda} \right) C_{[A]0}} = - k_p \left(1 + \frac{1}{L_A \lambda} \right) \tag{6 - 42}$$

经整理，上式可写为

$$\frac{C_{[A]}}{C_{[A]0}} = \frac{1 + L_A\lambda \exp\left[-k_p\left(1 + \frac{1}{L_A\lambda}\right)\right]}{1 + L_A\lambda} \tag{6-43}$$

式中，$\dfrac{C_{[A]}}{C_{[A]0}}$ 为金属熔体中残余杂质 A 的无因次浓度，代表脱除杂质的程度；k_p 为反应操作系数，代表体系的动力学条件；$L_A\lambda$ 表示熔渣吸收杂质的能力，代表体系的热力学性质。根据式（6-43）绘制的以 $L_A\lambda$ 为参数的 $\dfrac{C_{[A]}}{C_{[A]0}}$ 与 k_p 的关系如图 6-3 所示。

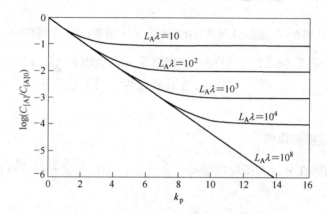

图 6-3　渣金分批持续接触时脱除杂质效率

由图 6-3 可知，当 $L_A\lambda$ 一定时，k_p 越大，则 $\dfrac{C_{[A]}}{C_{[A]0}}$ 值越小，即杂质脱除效果越好。对同样的操作条件（即 k_p 一定时），$L_A\lambda$ 越大（即热力学条件越好），则杂质脱除效果越好。

当 $k_p \to \infty$ 时，即体系达平衡态时（$t \to \infty$），式（6-43）可简化为

$$\frac{C_{[A]}}{C_{[A]0}} = \frac{1}{1 + L_A\lambda} \tag{6-44}$$

上式即为采用渣金分批持续接触操作条件下脱除杂质 A 的极限值。

若 k_p 有限，则当 $L_A\lambda \to \infty$ 时，对式（6-43）右端求极限，可得

$$\frac{C_{[A]}}{C_{[A]0}} = \exp(-k_p) \tag{6-45}$$

上式即为当熔渣吸收杂质能力极强时，金属熔体中杂质含量与反应操作系数 k_p 的关系。

例题 6-3

已知在分批式渣金持续接触脱除杂质的操作过程中，总渣量、渣金接触面积以及总接触时间 t 不变，但将渣等分为 n 批均等时间依次与金属熔体进行持续接触操作，求最终金属相中杂质残余浓度表达式。

解：

当将渣等分为 n 批依次均等时间与金属熔体进行持续接触操作时，相邻两次操作之间的杂质含量关系仍可用式（6-43）来计算，但相关参数要做如下调整

$$
\begin{cases}
渲量调整 \rightarrow \lambda' = \dfrac{\lambda}{n} \\[3mm]
时间调整 \rightarrow k'_p = \dfrac{k_p}{n}
\end{cases}
\tag{6-46}
$$

且相邻两次操作之间的杂质脱除效果可用下式表示

$$
\frac{C_{[A]n}}{C_{[A](n-1)}} = \frac{1 + L_A\lambda'\exp\left[-k'_p\left(1 + \dfrac{1}{L_A\lambda'}\right)\right]}{1 + L_A\lambda'}
\tag{6-47}
$$

因为

$$
\frac{C_{[A](n)}}{C_{[A]0}} = \frac{C_{[A]1}}{C_{[A]0}} \times \frac{C_{[A]2}}{C_{[A]1}} \times \frac{C_{[A]3}}{C_{[A]2}} \times \cdots \times \frac{C_{[A]n}}{C_{[A](n-1)}}
\tag{6-48}
$$

所以，总的脱除效果为

$$
\frac{C_{[A]n}}{C_{[A]0}} = \left\{ \frac{1 + L_A\lambda'\exp\left[-k'_p\left(1 + \dfrac{1}{L_A\lambda'}\right)\right]}{1 + L_A\lambda'} \right\}^n
\tag{6-49}
$$

上式即为最终金属相中杂质残余浓度表达式。

若每次操作都能够达到平衡，则 $k'_p \rightarrow \infty$，上式变为

$$
\frac{C_{[A]n}}{C_{[A]0}} = \left(\frac{1}{1 + L_A\lambda'} \right)^n = \left(\frac{1}{1 + \dfrac{L_A\lambda}{n}} \right)^n
\tag{6-50}
$$

比较式（6-44）与式（6-50）可知，采用 n 批依次均等时间与金属熔体进行持续接触操作可以提高杂质脱除效果。

6.2.2 半分批金属流通式操作

设金属熔体的流出速度为 F_m，忽略金属熔体中杂质的积累量，即假设从金属熔体中进入熔渣的杂质量等于金属熔体流出时减少的杂质量，则由式（6-35）可得

$$
-V_m\frac{dC_{[A]}}{dt} = k_{[A]}S\left(C_{[A]} - \frac{C_{(A)}}{L_A} \right) = F_m\left(C_{[A]0} - C_{[A]} \right)
\tag{6-51}
$$

由上式可解得金属熔体中的杂质浓度 $C_{[A]}$

$$
C_{[A]} = \frac{F_m C_{[A]0} + \left(k_{[A]}\dfrac{S}{L_A} \right)C_{(A)}}{k_{[A]}S + F_m}
\tag{6-52}
$$

熔渣中杂质的增加速度为

$$
V_s\frac{dC_{(A)}}{dt} = k_{[A]}S\left(C_{[A]} - \frac{C_{(A)}}{L_A} \right)
$$

$$
= k_{[A]}S\left[\frac{F_m C_{[A]0} + \left(k_{[A]}\dfrac{S}{L_A} \right)C_{(A)}}{k_{[A]}S + F_m} - \frac{C_{(A)}}{L_A} \right]
\tag{6-53}
$$

即

$$
\frac{dC_{(A)}}{dt} = \frac{F_m}{L_A V_s}\left(\frac{L_A C_{[A]0} - C_{(A)}}{1 + \dfrac{F_m}{k_{[A]}S}} \right)
\tag{6-54}
$$

分离变量并积分得

$$\ln\frac{L_A C_{[A]0} - C_{(A)}}{L_A C_{[A]0}} = -\left(\frac{1}{1 + \dfrac{F_m}{k_{[A]}S}}\right)\frac{1}{L_A}\frac{F_m t}{V_s} \tag{6-55}$$

令

$$\begin{cases} \lambda = \dfrac{V_s}{F_m t} = \dfrac{V_s}{V_m} \\ k_r = k_{[A]}\dfrac{S}{F_m} \end{cases} \tag{6-56}$$

将上式代入式（6-55）中，得

$$1 - \frac{C_{(A)}}{L_A C_{[A]0}} = \exp\left[-\frac{1}{L_A\lambda\left(1 + \dfrac{1}{k_r}\right)}\right] \tag{6-57}$$

所以

$$C_{(A)} = L_A C_{[A]0}\left\{1 - \exp\left[-\frac{1}{L_A\lambda\left(1 + \dfrac{1}{k_r}\right)}\right]\right\} \tag{6-58}$$

金属熔体从反应器流出时，其杂质浓度会随流出时间不断发生变化，其平均浓度 $\bar{C}_{[A]}$ 可由杂质的质量平衡得到，即

$$V_m\bar{C}_{[A]} + V_s C_{(A)} = V_m C_{[A]0} \tag{6-59}$$

根据式（6-56），上式两边同除 V_m，得

$$\bar{C}_{[A]} + \lambda C_{(A)} = C_{[A]0} \tag{6-60}$$

即

$$\frac{\bar{C}_{[A]}}{C_{[A]0}} = 1 - \lambda\frac{C_{(A)}}{C_{[A]0}} \tag{6-61}$$

将式（6-58）代入到式（6-61）中，得

$$\frac{\bar{C}_{[A]}}{C_{[A]0}} = 1 - \lambda L_A\left\{1 - \exp\left[-\frac{1}{L_A\lambda\left(1 + \dfrac{1}{k_r}\right)}\right]\right\} \tag{6-62}$$

上式即为金属熔体连续通过熔渣时，金属残余杂质浓度的关系式。

当 $k_r\to\infty$（即金属的流出速度很小，反应动力学条件足够好）时，将 $\bar{C}_{[A]}$ 简写为 $C_{[A]}$，则上式可变为

$$\frac{C_{[A]}}{C_{[A]0}} = 1 - \lambda L_A\left[1 - \exp\left(-\frac{1}{L_A\lambda}\right)\right] \tag{6-63}$$

当 k_r 为有限值，$L_A\lambda\to\infty$ 时，对式（6-62）右端求极限可得

$$\frac{C_{[A]}}{C_{[A]0}} = 1 - \frac{1}{1 + k_r} \tag{6-64}$$

6.2.3　半分批熔渣流通式操作

设熔渣的流出速度为 F_s，忽略熔渣中杂质的积累量，即假设从金属熔体中进入熔渣的杂质量等于熔渣流出时带走的杂质量，则由式（6-35）可得

$$- V_m \frac{dC_{[A]}}{dt} = k_{[A]} S \left(C_{[A]} - \frac{C_{(A)}}{L_A} \right) = F_s C_{(A)} \tag{6-65}$$

由上式可解得熔渣中的杂质浓度 $C_{(A)}$

$$C_{(A)} = \frac{k_{[A]} S}{F_s + k_{[A]} \dfrac{S}{L_A}} C_{[A]} \tag{6-66}$$

将上式代入到式（6-35）中，得

$$- \frac{dC_{[A]}}{dt} = k_{[A]} \left(\frac{S}{V_m} \right) \left(\frac{L_A F_s}{L_A F_s + k_{[A]} S} \right) C_{[A]} \tag{6-67}$$

根据初始条件，时间 $t = 0$ 时，$C_{[A]} = C_{[A]0}$，积分上式可得

$$\ln \frac{C_{[A]}}{C_{[A]0}} = - k_{[A]} \left(\frac{S}{V_m} \right) \left(\frac{L_A F_s}{L_A F_s + k_{[A]} S} \right) t$$

$$= - L_A \frac{F_s t}{V_m} \frac{1}{1 + L_A F_s / k_{[A]} S} \tag{6-68}$$

令

$$\begin{cases} \lambda = F_s t / V_m \\ k_t = k_{[A]} S / F_s \end{cases} \tag{6-69}$$

则式（6-68）可写为

$$\frac{C_{[A]}}{C_{[A]0}} = \exp \left(- \frac{L_A \lambda}{1 + L_A / k_t} \right) \tag{6-70}$$

当 $k_t \to \infty$（即熔渣的流出速度很小，反应动力学条件足够好）时，上式变为

$$\frac{C_{[A]}}{C_{[A]0}} = \exp(- L_A \lambda) \tag{6-71}$$

比较式（6-71）与式（6-44）可知，由于

$$\exp(- L_A \lambda) < \frac{1}{1 + L_A \lambda} \tag{6-72}$$

所以，半分批熔渣流通式操作的杂质脱除效果比分批式持续接触操作方式好。

6.2.4 渣金连续逆流接触操作

设金属和熔渣在长度为 L 的管状反应器内在某种作用力下做逆流流动，金属熔体和熔渣的流速分别为 F_m 和 F_s，熔渣和金属间反应的界面积为 S。在金属熔体流动方向上，取任意微元区段（在时间 dt 内，流过长为 dx 的距离），则在微元区段内熔渣与金属的接触面积为 $(S/L) dx$，金属熔体的体积为 $F_m dt$，根据式（6-35）可得

$$- \frac{dC_{[A]}}{dt} = k_{[A]} \frac{\left(\dfrac{S}{L} \right) dx}{F_m dt} \left(C_{[A]} - \frac{C_{(A)}}{L_A} \right) \tag{6-73}$$

即

$$- F_m \frac{dC_{[A]}}{dx} = k_{[A]} \left(\frac{S}{L} \right) \left(C_{[A]} - \frac{C_{(A)}}{L_A} \right) \tag{6-74}$$

因为金属中杂质的减少量与熔渣中杂质的增加量相等，且在金属熔体出口处（$x = L$），

$C_{[A]} = C_{[A]L}$，$C_{(A)} = 0$。故在区间 $[x, L]$ 内有

$$F_m(C_{[A]} - C_{[A]L}) = F_s(C_{(A)} - 0) \tag{6-75}$$

即

$$C_{(A)} = \frac{F_m}{F_s}(C_{[A]} - C_{[A]L}) \tag{6-76}$$

令

$$\begin{cases} \lambda = \dfrac{F_s}{F_m} \\ k_c = k_{[A]}S/F_m \end{cases} \tag{6-77}$$

将式 (6-76) 代入式 (6-74) 中，得

$$-\frac{\mathrm{d}C_{[A]}}{\mathrm{d}x} = \frac{k_c}{L}\left(C_{[A]} - \frac{C_{[A]} - C_{[A]L}}{L_A\lambda}\right)$$

$$= \frac{k_c}{L}\left(1 - \frac{1}{L_A\lambda}\right)\left[C_{[A]} + \left(\frac{1}{L_A\lambda - 1}\right)C_{[A]L}\right] \tag{6-78}$$

在金属熔体入口处 $x=0$、$C_{[A]} = C_{[A]0}$，故在区间 $[0, L]$ 内积分上式得

$$\ln\frac{C_{[A]L} + \left(\dfrac{1}{L_A\lambda - 1}\right)C_{[A]L}}{C_{[A]0} + \left(\dfrac{1}{L_A\lambda - 1}\right)C_{[A]L}} = k_c\left(\frac{1}{L_A\lambda} - 1\right) \tag{6-79}$$

或

$$\frac{C_{[A]L}}{C_{[A]0}} = \frac{1 - L_A\lambda}{1 - L_A\lambda\exp\left[-k_c\left(\dfrac{1}{L_A\lambda} - 1\right)\right]} \tag{6-80}$$

上式即为金属相出口（$x = L$）处杂质残余浓度与入口处初始浓度之间的比值关系（金属相出口杂质的无量纲浓度表达式）。

当 $k_c \to \infty$（反应动力学条件足够好）时，将 $C_{[A]L}$ 简写为 $C_{[A]}$，则上式可变为

$$\frac{C_{[A]}}{C_{[A]0}} = \begin{cases} 1 - L_A\lambda & (L_A\lambda < 1) \\ 0 & (L_A\lambda \geqslant 1) \end{cases} \tag{6-81}$$

当 k_c 为有限值，$L_A\lambda \to \infty$ 时，对式 (6-80) 右端求极限可得

$$\frac{C_{[A]}}{C_{[A]0}} = \exp(-k_c) \tag{6-82}$$

由上述四种渣金接触方式分析可以看出，金属中杂质 A 的脱除效果与 $L_A\lambda$（即熔渣吸收杂质的能力）有关。当动力学条件足够好（即 k_p、k_r、k_t、$k_c \to \infty$）时，采用四种渣金接触方式脱除杂质 A 的处理中，被精炼金属的杂质残余浓度极限与 $L_A\lambda$ 的关系如图 6-4 所示。

由图可知，渣金连续逆流接触精炼效率最高，连续炼钢工艺中的渣金接触属于这一类型，可以看出，随着 $L_A\lambda \to 1$，残余浓度急剧下降至零；渣滴连续通过金属相的半分批熔渣流通式接触操作的精炼效率次之，浸入式喷粉精炼正是这种操作的典型例子；半分批金属流通接触方式效果较差，冶金中的电渣重熔精炼就是属于这一类型；渣金分批持续接触方式的操作效果最差。

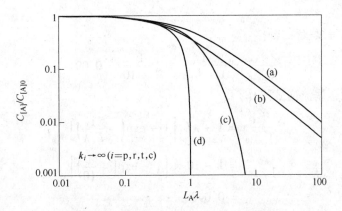

图6-4　不同接触方式的渣金反应效率

（a）分批式持续接触操作；（b）半分批金属流通式操作；
（c）半分批熔渣流通式操作；（d）渣金连续逆流接触操作

　　高温下的渣金系统与一般常温下的液液系统不同，渣金两相的密度差及界面张力都很大，单靠自然地增大界面积很难有效提高传质速度。出钢时钢液流的冲击、倒包以及喷射冶金技术都是增大渣金反应面积从而提高反应速度的有效方法。

例题6-4

　　在渣金四种接触方式的极限条件（$k_i \to \infty$（i=p，r，t，c））下，（1）试计算为使脱除杂质效率达到$\dfrac{C_{[A]}}{C_{[A]0}} = 0.01$所需的热力学条件$L_A\lambda$的值；（2）若$L_A\lambda = 10$，计算四种渣金接触方式中各自所能达到的脱除杂质效率。

解：

（1）

（a）分批式持续接触操作。由式（6-44）可得

$$L_A\lambda = \frac{C_{[A]0}}{C_{[A]}} - 1 = \frac{1}{0.01} - 1 = 99$$

（b）半分批金属流通式操作。由式（6-63）可得

$$0.01 = 1 - \lambda L_A\Big[1 - \exp\Big(-\frac{1}{L_A\lambda}\Big)\Big]$$

解得

$$L_A\lambda = 49.67$$

（c）半分批熔渣流通式操作。由式（6-71）可得

$$L_A\lambda = -\ln\frac{C_{[A]}}{C_{[A]0}} = -\ln 0.01 = 4.61$$

（d）渣金连续逆流接触操作。由式（6-81）可得

$$L_A\lambda = 1 - \frac{C_{[A]}}{C_{[A]0}} = 1 - 0.01 = 0.99$$

　　可见，四种渣金接触方式所需的热力学条件$L_A\lambda$值按（a）、（b）、（c）、（d）的顺序逐渐减小。

（2）

（a）分批式持续接触操作

$$\frac{C_{[A]}}{C_{[A]0}} = \frac{1}{1 + L_A\lambda} = \frac{1}{1 + 10} = 0.091$$

（b）半分批金属流通式操作

$$\frac{C_{[A]}}{C_{[A]0}} = 1 - \lambda L_A\Big[1 - \exp\Big(-\frac{1}{L_A\lambda}\Big)\Big]$$

$$= 1 - 10 \times \Big[1 - \exp\Big(-\frac{1}{10}\Big)\Big]$$

$$= 0.048$$

（c）半分批熔渣流通式操作

$$\frac{C_{[A]}}{C_{[A]0}} = \exp(-L_A\lambda) = \exp(-10) = 4.54 \times 10^{-5} \approx 0$$

（d）渣金连续逆流接触操作

$$\frac{C_{[A]}}{C_{[A]0}} = 0$$

6.3   液滴反应动力学

在转炉炼钢、铜精炼炉等冶金操作过程中，由于射流冲击、浸入式射流的作用或反应产生的气体所造成金属液沸腾等均能够形成大量的金属液滴并分散于渣中。在氧气顶吹转炉的脱碳高峰时，分散于渣中的钢液滴约占渣量的 30% ~ 50%。在铜和镍的冶炼过程中，由于机械夹杂造成的金属损失占渣中金属量的 50% ~ 70%。此外，在向钢液中浸入式喷吹粉剂或电渣重熔过程中，均是伴随液体分散相在连续相中的运动来完成精炼反应的。因此，研究液体分散相在连续相中的运动、传质以及反应行为具有重要意义。

6.3.1   液滴运动

6.3.1.1   终端速度

由于密度差异，分散相液滴在连续液相中上升或沉降，其运动规律与气泡在液体中的运动类似。当液滴在各种力的作用下而达到平衡时，将以恒定速度上升或下降，该速度称为终端速度。液滴运动时受到的阻力与液滴大小、形状及液体的黏度等因素有关。因此，必须根据实际体系的条件，选用不同的计算式来估算液滴上升或下降的终端速度。

（1）当液滴很小（液滴运动的雷诺数 $Re \ll 1$）且可看作刚性球时，遵循斯托克斯定律，即

$$u_t = \frac{2}{9}gr_m^2\frac{\rho_m - \rho_s}{\mu_s} \qquad\qquad (6-83)$$

式中，g 为重力加速度；r_m 为金属液滴半径；μ_s 为连续渣相的黏度；ρ_m、ρ_s 分别为金属液滴和渣相的密度。

（2）当液滴很小但不能看作刚性球时，则需考虑液滴本身黏度的影响。有人提出当满

足以下关系时，液滴行为将偏离刚性球

$$\frac{\rho_m - \rho_s}{\sigma_{ms}} g r_m^2 > 0.1 \qquad (6-84)$$

式中，σ_{ms} 为钢液与熔渣两个液相间的界面张力。这种情况下沉降终速可表示为

$$u_t = \frac{2}{3} g r_m^2 \frac{\rho_m - \rho_s}{\mu_s} \frac{\mu_s + \mu_m}{2\mu_s + 3\mu_m} \qquad (6-85)$$

式中，μ_m 为钢液的黏度。

（3）当液滴较大（$Re > 10$）时，液滴运动的阻力与其运动速度的平方成正比，由阻力与浮力平衡得到

$$u_t = \sqrt{\frac{8(\rho_m - \rho_s) g r_m}{3 C_D \rho_s}} \qquad (6-86)$$

式中，C_D（$C_D = 0.44$ 或 0.5）为阻力系数。

（4）当液滴更大且呈球冠形时，液滴运动速度受浮力和界面张力的平衡控制，而不再受其尺寸大小的影响，这时有

$$u_t = \left[\frac{4\sigma_{ms} g (\rho_m - \rho_s)}{C_D \rho_s^2} \right]^{1/4} \qquad (6-87)$$

6.3.1.2　临界半径

联立式（6-85）和式（6-86），可求出液滴运动由状态（2）向状态（3）变更的液滴临界半径

$$r_{m,2\to3} = \left[\frac{6\mu_s^2}{(\rho_m - \rho_s)\rho_s g C_D} \left(\frac{2\mu_s + 3\mu_m}{\mu_s + \mu_m} \right)^2 \right]^{1/3} \qquad (6-88)$$

联立式（6-86）和式（6-87），可求出液滴由状态（3）向状态（4）变更的液滴临界半径

$$r_{m,3\to4} = \left[\frac{9\sigma_{ms} C_D}{16(\rho_m - \rho_s) g} \right]^{1/2} \qquad (6-89)$$

应当指出，液滴的半径并不能无限增大，过大的液滴在运动中会破碎为小液滴。可能存在的液滴半径上限可由下式估算

$$r_{m,max} = 0.036 C_D^{1/2} \sigma_{ms}^{1/2} \rho_s^{2/3} \rho_m^{-1/3} (\rho_m - \rho_s)^{-5/6} \qquad (6-90)$$

对于钢液滴在熔渣中的沉降，计算所得结果为：$r_{m,2\to3} = 0.065$ cm、$r_{m,3\to4} = 0.21$ cm 和 $r_{m,max} = 0.33$ cm。根据上列各式可以计算相应条件下的液滴沉降（或上浮）速度，若已知连续相（例如，渣层）厚度，则可以计算液滴在连续相内的停留时间。

6.3.1.3　停留时间

无论铁滴分散于渣层中，还是渣滴分散于铁（钢）水中，由于渣铁两相的密度不同，都会发生分散相的沉降或上浮。对于铁滴在渣层中的沉降或渣滴在铁（钢）水中的上浮，液体分散相在连续相中的停留时间 t_h，均可用沉降或上浮终速 u_t 和连续相厚度 h 进行估算，即

$$t_h = \frac{h}{u_t} \qquad (6-91)$$

然而，在实际的炼钢过程中，渣层厚度很难测得。所以一般是根据氧气射流冲击熔池时所产生的金属液滴量和熔池沸腾时 CO 气泡破裂所产生的液滴量来计算液滴的平均停留

时间。设每吨钢液所产生的金属液滴量为 $W_m(kg/t)$，钢液的总质量为 $W_M(t)$，单位时间气流冲击熔池和 CO 气泡破裂所产生的金属液滴量分别为 $W_1(kg/s)$ 和 $W_2(kg/s)$，则金属液滴在渣层中的平均停留时间 t_h 为

$$t_h = \frac{W_m W_M}{W_1 + W_2} \tag{6-92}$$

上述这些公式的前提条件是液滴大小相同，液滴在连续相中均匀分布且不产生聚合作用。然而，在实际沉降过程中，这些条件很难全部满足，因此要获得液滴在熔渣中沉降速度和停留时间的准确计算结果比较困难。

6.3.1.4 比界面积

与渣、金两个连续相间的平面界面相比，分散相铁滴与连续渣相间的总界面积要大得多。其比界面积 $a_m(m^2/kg$ 铁滴）取决于分散相的尺寸和密度。若铁滴的直径为 d_m，则比界面积 a_m 为

$$a_m = \frac{\pi d_m^2}{\rho_m \pi d_m^3 / 6} = \frac{6}{\rho_m d_m} \tag{6-93}$$

式中，ρ_m 为钢水密度，kg/m^3。

通常分散于渣中的铁滴直径范围为 $1 \times 10^{-4} \sim 30 \times 10^{-4} m$，若钢液密度按 $7800 kg/m^3$ 计算，则分散相铁滴的比界面积范围约为 $0.3 \sim 8 m^2/kg$ 铁滴，而一般炼钢熔池的比界面积为 $2 \times 10^{-4} \sim 4 \times 10^{-4} m^2/kg$ 钢水。可见，前者约比后者高 $3 \sim 4$ 个数量级。在分析液滴与熔渣间的传质与反应时，二者的总接触界面积取决于分散相的总量及尺寸分布，由于冶炼条件不同，分散相的总量及尺寸分布也不同。因此，总反应界面积应根据实际体系的情况进行加和计算。

6.3.2 液滴传质

金属液滴和连续相之间的传质现象包括液滴内部的传质和连续相内（即连续相与液滴表面间）的传质两部分，其传质系数又可分别称为分散相系数和连续相系数。

6.3.2.1 液滴内部的传质

在液滴较小且内部不存在循环流动时，可视为刚体，液滴内传质靠分子扩散，传质系数可用下式估算

$$k_m = \frac{2D_m}{d_m} = \frac{D_m}{r_m} \tag{6-94}$$

式中，D_m、d_m、r_m 分别为液滴内的扩散系数、液滴直径及液滴半径。

当液滴尺寸增大，内部产生循环流动时，液滴内部的传质需同时考虑分子扩散和对流传质，传质系数可用下式估算

$$k_m = 17.9 \frac{D_m}{d_m} \tag{6-95}$$

当液滴尺寸继续增大，内部产生紊流旋涡流动，液滴直径大于 5mm 后往往出现摆动现象，这时传质系数可用下式估算

$$k_m = \frac{0.00375 u_t}{1 + \dfrac{\mu_m}{\mu_s}} \tag{6-96}$$

式中，μ_m 和 μ_s 分别为分散相（金属液滴）和连续相（渣相）的黏度。

6.3.2.2 连续相内的传质

金属液滴分散相和连续相间的传质系数受到液滴大小的影响。在液滴较小可视为刚体时，可用与流体 - 固体体系类似的准数方程计算，即

$$Sh = 2 + B \cdot Re^{1/2} Sc^{1/3} \qquad (6-97)$$

式中，B 变动于 0.63 ~ 0.70 之间，Sh、Re 和 Sc 分别为连续相的舍伍德数、雷诺数和施密特数，定义如下

$$\begin{cases} Sh = k_s d_m / D_s \\ Re = d_m u_t \rho_s / \mu_s \\ Sc = \mu_s / (\rho_s D_s) \end{cases} \qquad (6-98)$$

当液滴尺寸增大，在液滴内部产生内循环或液滴出现摆动时，都会影响连续相的传质系数。液滴内部产生内循环，可减少液滴外部的边界层厚度，增大连续相的传质系数。这种情况下的准数方程为

$$Sh = 1.13 Pe^{1/2} = 1.13 Re^{1/2} Sc^{1/2} \qquad (6-99)$$

式中，$Pe(Pe = Re \cdot Sc)$ 为连续相的贝克来（Peclet）数。

6.3.3 液滴反应

6.3.3.1 模型的建立

在转炉炼钢过程中，锰的氧化可能在氧气射流作用区、金属熔池与熔渣的界面及熔渣与分散于其中的铁滴的界面三个区域发生。其中，分散于渣中的铁滴是由于氧气射流冲击以及脱碳反应而造成的对熔池的强烈搅拌，使一部分铁液被击碎而弥散在熔渣中形成的。分散在熔渣中的铁滴与熔渣的比界面积和总界面积都远大于前两个区域。因此，可以认为锰的氧化主要在铁滴与熔渣的界面上发生。以下，以钢中锰的这种氧化方式为例，分析金属液滴与熔渣的反应动力学。

金属液滴与熔渣间锰的氧化反应为

$$[Mn] + (FeO) \Longrightarrow (MnO) + [Fe] \qquad (6-100)$$

铁滴内锰的氧化过程如图 6 - 5 所示，可把铁滴看作微小的球形金属熔池，它与熔渣的反应过程包括 5 个基元步骤，即：Mn 和 Fe 在金属液滴内的扩散、FeO 和 MnO 在熔渣中的扩散以及界面化学反应。其中，界面化学反应和 Fe 在金属液滴内的传质过程不会成为控制环节，在转炉操作过程中，渣中（FeO）含量很高，其传质过程也不会成为控制环节。因此，可以认为金属液滴内锰的氧化速度是由 Mn 在金属液滴内的传质和 MnO 在熔渣中的传质二者混合控制。

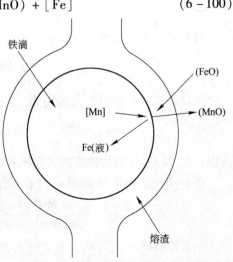

6.3.3.2 铁滴中锰的氧化速度及脱除效率

根据以上所建立的模型，在铁滴内锰的传质

图 6 - 5 铁滴内锰氧化过程示意图

速度 $m_{Mn}(kg/(m^2 \cdot s))$ 及在渣侧氧化锰的传质速度 $m_{MnO}(kg/(m^2 \cdot s))$ 可分别表示为

$$m_{Mn} = k_m(w[Mn] - w[Mn]_i) \frac{\rho_m}{100} \tag{6-101}$$

$$m_{MnO} = k_s(w(MnO)_i - w(MnO)) \frac{\rho_s}{100} \tag{6-102}$$

式中，$w[Mn]$ 和 $w[Mn]_i$ 分别为铁滴内部和铁滴界面上锰的质量分数，%；$w(MnO)$ 和 $w(MnO)_i$ 分别为渣相主体和界面上氧化锰的质量分数，%；下脚标 m、s 和 i 分别表示金属相、渣相和界面。在过程拟稳态进行假定下有

$$\frac{m_{Mn}}{M_{Mn}} = \frac{m_{MnO}}{M_{MnO}} \tag{6-103}$$

式中，M_{Mn}、M_{MnO} 分别为 Mn 和 MnO 的摩尔质量。

界面上反应处于平衡态，其反应平衡常数 K 为

$$K = \frac{a_{Fe,i} w(MnO)_i}{a_{FeO,i} w[Mn]_i} = \frac{w(MnO)_e}{a_{FeO} w[Mn]_e} \approx \frac{w(MnO)}{a_{FeO} w[Mn]_e} \tag{6-104}$$

式中，下脚标 e 表示平衡态。

由于渣相氧化铁和液滴中铁的传质不是控制步骤，故可认为平衡时它们的界面活度分别等于其主体活度，即 $a_{FeO,i} = a_{FeO,e} = a_{FeO}$ 和 $a_{Fe,i} = a_{Fe,e} = a_{Fe} = 1$。由式（6-101）~式（6-104），可以导出

$$m_{Mn} = \frac{w[Mn] - \dfrac{w(MnO)}{a_{FeO}K}}{\dfrac{1}{k_m} + \dfrac{1}{k_s}\dfrac{\rho_m}{\rho_s}\dfrac{M_{MnO}}{a_{FeO}KM_{Mn}}} \frac{\rho_m}{100} = \frac{w[Mn] - w[Mn]_e}{\dfrac{1}{k_m} + \dfrac{1}{k_s}\dfrac{\rho_m}{\rho_s}\dfrac{M_{MnO}}{a_{FeO}KM_{Mn}}} \frac{\rho_m}{100} \tag{6-105}$$

使用下式定义的综合速度常数 k_t

$$\frac{1}{k_t} = \frac{1}{k_m} + \frac{1}{k_s}\frac{\rho_m}{\rho_s}\frac{M_{MnO}}{a_{FeO}KM_{Mn}} \tag{6-106}$$

则式（6-105）可简化为

$$m_{Mn} = k_t(w[Mn] - w[Mn]_e) \frac{\rho_m}{100} \tag{6-107}$$

单位时间单位体积内锰的质量变化（或单位体积内锰的质量变化率）为

$$\frac{\rho_m}{100} \frac{dw[Mn]}{dt} = m_{Mn} \frac{A_m}{V_m} \tag{6-108}$$

所以，式（6-107）可改写为

$$\frac{dw[Mn]}{dt} = k_t \frac{A_m}{V_m}(w[Mn] - w[Mn]_e) \tag{6-109}$$

式中，A_m 和 V_m 分别为铁滴的表面积和体积。

在 $t=0$、$w[Mn] = w[Mn]_0$（初始熔池钢水浓度）的初始条件下积分上式得

$$\frac{w[Mn] - w[Mn]_e}{w[Mn]_0 - w[Mn]_e} = \exp\left(-k_t \frac{A_m}{V_m} t\right) \tag{6-110}$$

如果能够确定 A_m、V_m、包含在 k_t 中的各参数以及该铁滴的停留（即反应）时间，则应用式（6-110）可以计算该铁滴中反应后的 $w[Mn]$。

当 $w[Mn]_0 \gg w[Mn]_e$ 时，金属液滴中锰的脱除效率可定义为

$$\eta = \frac{w[Mn]_0 - w[Mn]}{w[Mn]_0} = 1 - \exp\left(-k_t \frac{A_m}{V_m} t\right) \quad (6-111)$$

6.3.3.3 钢液中锰的氧化速度及脱除效率

设铁滴在渣中经停留时间 t_h 后，其锰含量变为 $w[Mn]_h$。以熔池吨钢为基准，渣中铁滴总量为 $W_m(\text{kg/t})$，假定熔池钢水中锰的氧化速度等于分散于渣中的铁滴的氧化速度，则根据质量平衡原理，钢液中锰的浓度 $w[Mn]_b$ 随时间的变化为

$$-\frac{dw[Mn]_b}{dt} = \frac{W_m(w[Mn]_b - w[Mn]_h)}{1000 t_h} \quad (6-112)$$

将上式改写为

$$-\frac{dw[Mn]_b}{dt} = \frac{W_m}{1000 t_h}[(w[Mn]_b - w[Mn]_e) - (w[Mn]_h - w[Mn]_e)] \quad (6-113)$$

根据式（6-110），有

$$w[Mn]_h - w[Mn]_e = (w[Mn]_b - w[Mn]_e)\exp\left(-k_t \frac{A_m}{V_m} t_h\right)$$

因此，式（6-113）可改写为

$$-\frac{dw[Mn]_b}{dt} = \frac{W_m}{1000 t_h}(w[Mn]_b - w[Mn]_e)\left[1 - \exp\left(-k_t \frac{A_m}{V_m} t_h\right)\right] \quad (6-114)$$

在 $t=0$、$w[Mn]_b = w[Mn]_{b0}$ 的初始条件下积分式（6-114）得

$$\frac{w[Mn]_b - w[Mn]_e}{w[Mn]_{b0} - w[Mn]_e} = \exp\left\{-\frac{W_m}{1000 t_h}\left[1 - \exp\left(-k_t \frac{A_m}{V_m} t_h\right)\right]t\right\} \quad (6-115)$$

上式即为钢液熔池中锰的含量 $w[Mn]_b$ 随时间 t 的变化关系。

当 $w[Mn]_{b0} \gg w[Mn]_e$ 时，钢液熔池中锰的脱除效率可定义为

$$\eta = \frac{w[Mn]_{b0} - w[Mn]_b}{w[Mn]_{b0}} = 1 - \exp\left\{-\frac{W_m}{1000 t_h}\left[1 - \exp\left(-k_t \frac{A_m}{V_m} t_h\right)\right]t\right\} \quad (6-116)$$

6.3.3.4 钢液中锰的氧化解析示例

已知在 210t 顶吹转炉的吹炼过程中，渣中铁滴量为 100kg/t 钢水，由熔池回流和气泡破裂产生的铁滴速度分别为 250kg/s 和 200kg/s。在炼钢温度（1873K）下，金属液滴直径 $d_m = 2 \times 10^{-4}$ m，Mn 在液滴内的扩散系数为 $D_m = 1.0 \times 10^{-8}$ m²/s，Mn^{2+} 在渣中的扩散系数为 $D_s = 5.0 \times 10^{-10}$ m²/s，钢液密度为 $\rho_m = 7000$ kg/m³，熔渣密度为 $\rho_s = 3500$ kg/m³，渣相的黏度 $\mu_s = 0.1$ Pa·s，渣中 FeO 含量为 25% ~ 30%，$a_{FeO} = 0.3$ 且 $K_{1873} = 5.12$，试计算吹炼时间为 10min 时金属钢液中锰的氧化程度。假设锰的氧化主要在铁滴与熔渣的界面上发生。

（1）铁滴在熔渣中的平均停留时间 t_h。由式（6-92），有

$$t_h = \frac{W_m W_M}{W_1 + W_2}$$

$$= \frac{100 \times 210}{250 + 200} = 47(s)$$

（2）铁滴终端速度。用式（6-83）估算铁滴终端速度

$$u_t = \frac{2}{9} g r_m^2 \frac{(\rho_m - \rho_s)}{\mu_s}$$

$$= \frac{2 \times 9.81 \times (10^{-4})^2 \times (7000 - 3500)}{9 \times 0.1} = 7.63 \times 10^{-4} \, (\text{m/s})$$

（3）液滴内的传质系数 k_m。根据式（6-94），金属侧传质系数 k_m 为

$$k_m = \frac{2 D_m}{d_m} = \frac{2 \times 10^{-8}}{2 \times 10^{-4}} = 10^{-4} \, (\text{m/s})$$

（4）渣相传质系数 k_s。根据式（6-98），可得

$$Re = \frac{d_m u_t \rho_s}{\mu_s} = \frac{(10^{-4}) \times 7.63 \times 10^{-4} \times 3500}{0.1} = 0.005341$$

$$Sc = \frac{\mu_s}{\rho_s D_s} = \frac{0.1}{3500 \times 5 \times 10^{-10}} = 5.7143 \times 10^4$$

利用式（6-97），并取 $B = 0.6$ 估算渣相传质系数，则有

$$Sh = k_s d_m / D_s = 2 + 0.6 (Re)^{1/2} (Sc)^{1/3}$$

$$= 2 + 0.6 \times (0.005341)^{1/2} \times (5.7143 \times 10^4)^{1/3} = 3.689$$

因此，渣相传质系数 k_s 为

$$k_s = \frac{3.689 \times 5 \times 10^{-10}}{2 \times 10^{-4}} = 9.222 \times 10^{-6} \, (\text{m/s})$$

（5）综合速度常数。由式（6-106）可求综合速度常数

$$\frac{1}{k_t} = \frac{1}{k_m} + \frac{1}{k_s} \frac{\rho_m}{\rho_s} \frac{M_{MnO}}{a_{FeO} K M_{Mn}}$$

$$= \frac{1}{10^{-4}} + \frac{7000 \times 71}{9.222 \times 10^{-6} \times 3500 \times 0.3 \times 5.12 \times 55} = 1.92 \times 10^5$$

所以

$$k_t = 5.2 \times 10^{-6} \, (\text{m/s})$$

（6）铁滴的比反应界面积 A_m / V_m。由铁滴平均直径 $d_m = 2 \times 10^{-4}$ m，铁滴的比反应界面积为

$$\frac{A_m}{V_m} = \frac{6}{d_m} = \frac{6}{2 \times 10^{-4}} = 3 \times 10^4 \, (\text{m}^{-1})$$

（7）液滴中锰的氧化程度。使用以上估算的参数，根据式（6-110）可以计算离开渣层的铁滴中的锰含量

$$\frac{w[Mn]_h - w[Mn]_e}{w[Mn]_b - w[Mn]_e}$$

$$= \exp\left(- k_t \frac{A_m}{V_m} t_h\right)$$

$$= \exp(-5.2 \times 10^{-6} \times 3 \times 10^4 \times 47) = 6.54 \times 10^{-4}$$

式中，$w[Mn]_b$ 和 $w[Mn]_h$ 分别为进入和离开渣层的铁滴中的锰含量。可见，在金属液滴的平均停留时间内，液滴中的锰已经基本氧化完了。

（8）钢水中锰的总氧化速度。已知 $W_m = 100$ kg/t，将前已确定的参数代入式（6-

115），可以计算熔池钢水中锰浓度 $w[Mn]_b$ 随吹炼时间的变化规律，取秒为时间单位时有

$$\frac{w[Mn]_b - w[Mn]_e}{w[Mn]_{b0} - w[Mn]_e} = \exp\left\{-\frac{W_m}{1000t_h}\left[1 - \exp\left(-k_t\frac{A_m}{V_m}t_h\right)\right]t\right\}$$

$$= \exp(-0.00213t)$$

应用上式可以计算吹炼过程中钢水中锰的氧化损失，吹炼时间为 10min 时可得到

$$\frac{w[Mn]_b - w[Mn]_e}{w[Mn]_{b0} - w[Mn]_e} = \exp(-0.00213 \times 600) = 0.28$$

结果表明，锰的脱除效率为 $1 - 0.28 = 72\%$，即钢水中的锰约有 70% 氧化损失，这与实测结果相符。有关铁滴中及钢液中锰的氧化速度及脱除效率的详细解析举例见第 9 章。

本章符号列表

a_m：分散相与连续相间的比界面积（m^2/t）

A_m：铁滴的表面积（m^2）

$C_{(A)}$、$C_{(B)}$：分别为 A、B 在渣相本体中的浓度（mol/m^3）

$C_{[A]}$、$C_{[B]}$：分别为 A、B 在金属相本体中的浓度（mol/m^3）

$C_{(A)i}$、$C_{(B)i}$：分别为 A、B 在渣相界面处的浓度（mol/m^3）

$C_{[A]i}$、$C_{[B]i}$：分别为 A、B 在金属相界面处的浓度（mol/m^3）

$C_{[A]0}$、$C_{(A)0}$：分别为钢液本体中 A 和熔渣中 A^{2+} 的初始浓度（mol/m^3）

$C_{[A]}^*$：钢液中 A 的平衡浓度（mol/m^3）

d_m：铁滴的直径（m）

D_m：液滴内的扩散系数（m^2/s）

D_s：渣相中的扩散系数（m^2/s）

F_m：金属熔体的流出速度（m^3/s）

F_s：熔渣的流出速度（m^3/s）

g：重力加速度（m/s^2）

h：连续相厚度（m）

k：表观反应速度常数（s^{-1}）

$k_{(A)}$、$k_{(B)}$：分别为 A、B 在渣相中的传质系数（m/s）

$k_{[A]}$、$k_{[B]}$：分别为 A、B 在金属相中的传质系数（m/s）

k_m：液滴内的传质系数（m/s）

k_s：渣相传质系数（m/s）

k_p、k_r、k_t、k_c：反应操作系数，代表体系的动力学条件（下脚标 p、r、t、c 分别代表不同的渣金接触方式）

k_t：综合速度常数（m/s）

K：界面反应平衡常数

L_A：相界面上 A 在熔渣和钢液中的分配系数

M_{Mn}、M_{MnO}：Mn 和 MnO 的摩尔质量

m_{Mn}：铁滴内锰的传质速度（$kg/(m^2 \cdot s)$）

m_{MnO}：渣相中氧化锰的传质速度（kg/(m²·s)）

N_A、N_B：分别为 A、B 的传质通量（mol/(m²·s)）

$N_{A^{2+}}$、$N_{B^{2+}}$：分别为 A^{2+}、B^{2+} 的传质通量（mol/(m²·s)）

N：传质通量（mol/(m²·s)）

Q：由渣、金两相主体浓度决定的浓度商

r_m：液滴半径（m）

S：钢液与渣相的界面面积（m²）

t_h：金属液滴在渣层中的平均停留时间（s）

u_t：液滴沉降或上浮的终端速度（m/s）

V_m、V_s：分别为钢液（或钢液滴）及熔渣的体积（m³）

W_m：每吨钢液所产生的金属液滴量（kg/t）

W_M：钢液的总质量（t）

W_1、W_2：气流冲击熔池和 CO 气泡破裂所产生的金属液滴量（kg/s）

$w[Mn]$、$w[Mn]_i$：分别为铁滴内部和铁滴界面上锰的质量分数（%）

$w[Mn]_0$：铁滴中锰的初始质量百分浓度，即初始钢水中锰的质量分数（%）

$w(MnO)$、$w(MnO)_i$：分别为渣相主体和界面上氧化锰的质量分数（%）

$w(MnO)_e$、$w[Mn]_e$：分别为平衡时渣相主体氧化锰以及铁滴内锰的质量分数（%）

$w[Mn]_h$：铁滴在渣中经停留时间 t_h 后锰的质量分数（%）

$w[Mn]_b$：钢液本体中锰的质量分数（%）

$w[Mn]_{b0}$：钢液本体中锰的初始质量分数（%）

α：钢液中 A 的平衡浓度（mol/m³），$\alpha = C_{[A]}^*$

ρ_m、ρ_s：分别为钢液及熔渣的密度（kg/m³）

δ_m、δ_s：分别为钢液及熔渣两侧的边界层厚度（m）

μ_m、μ_s：分别为钢液及熔渣的黏度（Pa·s）

λ：熔渣与钢液体积之比，$\lambda = \dfrac{V_s}{V_m}$

σ_{ms}：钢液与熔渣间的界面张力（N/m）

η：金属液滴或钢液中锰的脱除效率

思考与练习题

6-1 试在两种条件下计算 100t 电弧炉的氧化期内，炉料中 [Mn] 氧化从 $w[Mn]_0 = 0.3\%$ 下降到 $w[Mn] = 0.15\%$ 所需时间，(1) 熔池中 [Mn] 的氧化同时受金属液中 [Mn] 和熔渣内 (MnO) 的扩散控制；(2) 熔池中 [Mn] 的氧化的限制环节为铁液中 [Mn] 的扩散。已知分配系数 $L_{Mn\%} = \dfrac{w(MnO)}{w[Mn]} = 156$，渣金比 $\dfrac{m_s}{m_m} = 0.054$，扩散系数 $k_{Mn} = 3.3 \times 10^{-4}$ m/s、$k_{MnO} = 8.3 \times 10^{-6}$ m/s，比表面积 $\dfrac{S}{V_m} = 2.1$ m⁻¹，熔渣及金属液密度分别为 $\rho_s = 3920$ kg/m³、$\rho_m = 7000$ kg/m³，温度为 1500℃，渣中初始 MnO 浓度 $w(MnO)_0 = 0$。

6-2 已知在 300t 纯氧顶吹转炉内兑入高磷铁水进行吹炼，脱磷过程受渣中 (P_2O_5) 扩散控制。(1) 试计算钢水磷含量为 $w[P] = 0.1\%$ 时脱磷的速度；(2) 求出 $w[P]$ 从 0.1% 下降到 0.05% 所需时

间。已知 $k_{P_2O_5} = 5 \times 10^{-6} \, \text{m/s}$, $L_{P\%} = w(P_2O_5)/w[P] = 50$, $S/V_m = 2 \, \text{m}^{-1}$, $\rho_s/\rho_m = 0.43$, 渣中初始 P_2O_5 浓度 $w(P_2O_5)_0 = 0$。

6-3 已知在电炉冶炼的还原期内，测得钢液的硫浓度 $w[S]$ 从 0.035% 下降到 0.030%，在 $1580\,℃$ 时需要 $60\,\text{min}$，在 $1600\,℃$ 时需要 $50\,\text{min}$，试计算脱硫反应的活化能以及 $1630\,℃$ 时减少同样硫量所需时间，设过程受硫在金属熔体中的扩散控制。

6-4 已知在临界碳量以下，钢液中 [C] 的扩散是脱碳速度的限制环节，碳的扩散系数为 $k_C = 4.0 \times 10^{-4} \, \text{m/s}$，比表面积 $S/V_m = 3.0 \, \text{m}^{-1}$，温度 $T = 1580\,℃$，试求钢液中碳质量分数为 0.05% 时的脱碳速度。为使 $w[C]$ 从 0.20% 下降到 0.06%，需要多少时间？

6-5 已知在分批式渣金持续接触脱除杂质的操作过程中，总渣量、渣金接触面积以及总接触时间 t 不变，但将渣等分为 n 批均等时间依次与金属熔体进行持续接触操作，设每次操作都能够达到平衡 $(k_p \to \infty)$，且 $n = 1$ 时，$C_{[A]}/C_{[A]0} = 0.2$，求 $n = 2$ 和 $n = 4$ 时，$C_{[A]}/C_{[A]0}$ 各为多少？

6-6 已知渣金两相连续式逆流接触时的金属相出口杂质的无量纲浓度表达式如下：

$$\frac{C_{[A]}}{C_{[A]0}} = \frac{1 - L_A\lambda}{1 - L_A\lambda \exp\left[-k_c\left(\frac{1}{L_A\lambda} - 1\right)\right]}$$

(1) 若改为渣金两相连续式顺流接触，其他条件不变，试推导金属相出口杂质的无量纲浓度表达式。

(2) 设 $k_c \to \infty$（反应动力学条件足够好），逆流情况下，$C_{[A]}/C_{[A]0} = 0.1$，试求顺流情况下的 $C_{[A]}/C_{[A]0}$；反之，若顺流情况下，$C_{[A]}/C_{[A]0} = 0.1$，试求逆流情况下的 $C_{[A]}/C_{[A]0}$ 值。

6-7 试推导下列公式，并说明式中各项的意义。

(1)

$$\left(\frac{1}{k_{(A)}k_{[B]}} - \frac{K}{k_{[A]}k_{(B)}}\right)N^2 + \left(\frac{C_{[B]}}{k_{(A)}} + \frac{C_{(A)}}{k_{[B]}} + \frac{C_{(B)}K}{k_{[A]}} + \frac{C_{[A]}K}{k_{(B)}}\right)N + \left(C_{(A)}C_{[B]} - C_{[A]}C_{(B)}K\right) = 0 \tag{6-8}$$

(2)

$$N = \frac{1}{2}\left(\zeta - \sqrt{\zeta^2 + 4\eta}\right) \tag{6-10}$$

(3)

$$m_{Mn} = \frac{w[Mn] - \dfrac{W(MnO)}{a_{FeO}K}}{\dfrac{1}{k_m} + \dfrac{1}{k_s}\dfrac{\rho_m}{\rho_s}\dfrac{M_{MnO}}{a_{FeO}KM_{Mn}}}\frac{\rho_m}{100} = \frac{w[Mn] - w[Mn]_e}{\dfrac{1}{k_m} + \dfrac{1}{k_s}\dfrac{\rho_m}{\rho_s}\dfrac{M_{MnO}}{a_{FeO}KM_{Mn}}}\frac{\rho_m}{100} \tag{6-105}$$

6-8 渣金反应与一般液-液相间反应比较有何特性？

6-9 为确定渣金反应的控制环节，可以采用哪些实验方法，其根据是什么？

6-10 举例说明液体分散相在连续相中的移动接触反应在冶金中的应用，其反应效果受哪些因素影响。

7 液-固反应

液体与固体间的反应（液-固反应）在冶金中应用十分广泛。例如，在火法冶金中，高炉铁水与焦炭间的渗碳，废钢、海绵铁或合金元素在钢水中的熔化溶解，石灰石或球团在熔渣中的熔化溶解，熔渣和耐火材料炉衬间的反应，含碳炉衬与金属液间的增碳反应，喷射冶金中浸入式喷入石灰粉剂脱硫，喷入 CaSi 合金粉的脱氧和脱硫，液态金属和合金的凝固，区域熔炼，熔析精炼等。在湿法冶金中，矿物中有用成分的浸出反应，溶液中的沉淀和净化等也是冶金中重要的液-固反应。

液-固反应与气-固反应同属流体与固体之间的反应，有许多相似之处。因此，气-固反应中讨论的某些数学模型及动力学规律对液-固反应同样适用。但是，液-固反应也有其固有特点。例如，凝固和熔化主要是伴随传热的物理相变过程，特别是凝固速度直接影响到晶粒大小、结构及杂质偏析等。因此，液-固反应的速度不仅影响生产率，还会显著地影响冶炼产品的质量，研究这类冶金液固反应具有重要意义。本章仅以固体在熔渣或熔融金属溶液中的熔解、金属凝固以及固体浸出过程为例讨论液-固反应过程的处理方法。

7.1 固体熔解

熔解是物质从固态转化为液态的过程。对于纯金属，当其在一定的压力下加热到一定的温度（熔点）时，便开始发生熔解。在熔解过程中虽然吸收热量，但温度保持不变，直到全部变为液体为止。纯金属的熔解速度取决于熔解过程的传热速度；而对于合金，由于它的熔点是成分的函数，因而只有当合金表面的温度和成分达到液相线以上的温度和成分时，合金才能够开始熔解。因此，合金的熔解速度同时受传热速度和元素的迁移速度所控制。本节针对冶金过程中常见的三种固体熔解，即废钢的熔解、渣料的熔解以及耐材的熔解（耐火材料的抗渣侵蚀）展开讨论。

7.1.1 废钢的熔解

7.1.1.1 废钢熔解的一般过程

在转炉炼钢过程中，常加入一定量的废钢作为原料来提高钢的产量。加入到转炉铁水中的废钢在铁水中的熔解过程可分为四个阶段：（1）熔体在废钢表面形成凝固壳层；（2）凝固壳层熔化；（3）加热废钢表面层至其液相线温度；（4）过热到废钢表面，达液相线温度的废钢强烈熔化。其中，前三个阶段构成了第一个加热期，这时加入的废钢内部吸入的热量超过了铁水供给的热量，因而在废钢表面形成了凝固壳层。第四个阶段则构成了第二个加热期，外部的热通量超过了内部的热通量，因而凝固层被熔化而进入铁水中。

7.1.1.2　影响废钢熔解的因素

废钢的液相线温度与废钢的含碳量有关（如图 7 - 1 所示）。因此，在钢液的含碳量一定的条件下，当固体废钢的含碳量和钢液的温度不同时，废钢的熔解过程可能会有三种不同的情况。

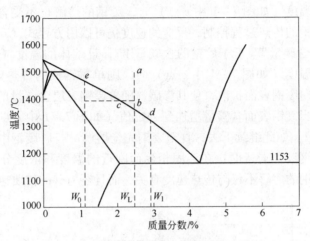

图 7 - 1　Fe - C 平衡相图

（1）当废钢的含碳量 W_1 大于熔钢的含碳量 W_L 时，废钢的液相线温度（如图 7 - 1 中 d 点）必然低于熔钢的温度（如图 7 - 1 中 a 点）。若以废钢中心为坐标原点，则当废钢含碳量大于钢液含碳量时，在液固相界面附近的温度和浓度分布如图 7 - 2 所示。

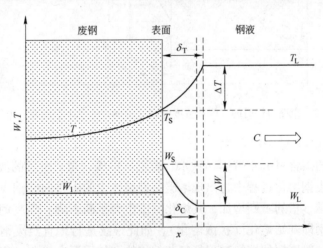

图 7 - 2　废钢熔解时的温度和浓度分布（废钢含碳量大于钢液含碳量）

在此情况下，废钢的熔解不受含碳量的限制，其熔解速度取决于熔池向废钢的传热速度。根据热平衡可以推导出废钢的熔解速度方程为

$$-\frac{\mathrm{d}x}{\mathrm{d}t} = \frac{h(T_L - T_S)}{[H_L + (T_L - T_S)c_p]\rho_S} \tag{7 - 1}$$

式中　h——传热系数；

T_L，T_S——分别为熔钢的温度和废钢的液相线温度；

H_L——废钢的熔化潜热；

c_p——熔钢的比热容；

ρ_S——废钢的密度。

（2）当废钢的含碳量 W_0 低于熔钢的含碳量 W_L，且熔体的温度（如图7-1中 a 点）高于废钢的液相线温度（如图7-1中 e 点）时，废钢的熔解也不受含碳量的限制，其熔解速度受熔池向废钢的传热过程控制，反应的速度仍可以用方程式（7-1）计算。

（3）当废钢的含碳量 W_0 低于熔钢的含碳量 W_L，且熔体的温度（如图7-1中 b 点）低于废钢的液相线温度（如图7-1中 e 点）时，则单靠钢液的传热已无法使废钢熔解。这时钢液中的碳将向废钢表面扩散，使其渗碳。随着废钢表层含碳量的不断增加，其熔化温度也不断降低。当废钢表面含碳量增加到一定值（如图7-1中 c 点）时，废钢开始熔解（称为扩散熔解）。如此继续下去，直至废钢完全熔解。若以废钢中心为坐标原点，则当废钢含碳量小于钢液含碳量时，在液固相界面附近的温度和浓度分布如图7-3所示。在这种情况下，废钢的熔解不仅与传热速度有关，而且还与碳的传质速度有关。

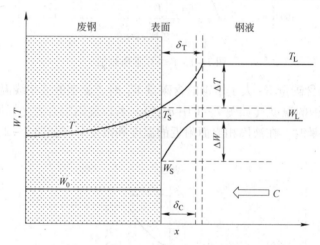

图7-3　废钢熔解时的温度和浓度分布（废钢含碳量小于钢液含碳量）

7.1.1.3　废钢熔解的混合控制

由于一般废钢的碳含量低于熔体（铁水、熔钢）的碳含量，废钢的液相线温度比熔体的温度高，因而在废钢熔化过程中将出现增碳，即熔体中的碳将向废钢表面扩散而使其增碳。随着废钢表面碳含量的不断增加，其熔化温度也会不断下降。当废钢表面层的碳含量达到一定值时，废钢即开始熔化（扩散熔化），如此继续进行，直至废钢完全熔化并熔解于熔体中。因此，一般废钢的熔解过程是复杂的传热和传质混合控制过程，其熔解速度同时受此两者速度控制。

根据热平衡和质量平衡，可导出熔体与废钢界面边界层内废钢的扩散熔解动力学方程。传热速度可以用方程（7-1）计算，而根据碳的质量平衡，有：

单位时间内熔钢中碳的增量＝单位时间内通过边界层的碳量

即

$$-\frac{\mathrm{d}x}{\mathrm{d}t}\rho_S(W_L-W_0)=k_L\rho_L(W_L-W_S) \qquad (7-2)$$

或

$$-\frac{\mathrm{d}x}{\mathrm{d}t} = k_{\mathrm{L}} \frac{\rho_{\mathrm{L}}(W_{\mathrm{L}} - W_{\mathrm{S}})}{\rho_{\mathrm{S}}(W_{\mathrm{L}} - W_0)} \tag{7-3}$$

式中　　　k_{L}——碳在钢液中的传质系数；

W_{L}，W_{S}，W_0——分别为钢液、钢液与废钢界面、废钢的含碳量（用质量分数表示）；

ρ_{L}，ρ_{S}——分别为钢液和废钢的密度。

由式（7-1）和式（7-3）可以看出，若要计算废钢的熔解速度，需要知道废钢表面的熔解温度 T_{S} 和含碳量 W_{S}（即图 7-1 中 c 点的状态）。T_{S} 与 W_{S} 的关系可利用以下 Fe-C 系液相线方程求得

$$T_{\mathrm{S}} = 1809 - 54W_{\mathrm{S}} - 8.13W_{\mathrm{S}}^2 \tag{7-4}$$

联立式（7-1）、式（7-3）以及式（7-4），即可解出 T_{S}、W_{S}，并计算出废钢的熔解速度，相关详细解析举例见第 9 章。

7.1.1.4　废钢熔解的传质控制

当钢液被充分搅拌且供热速度很快时，可以忽略传热过程对废钢熔解速度的影响，此时熔解速度完全由钢液边界层碳的扩散所控制。如果选择液固相界面为坐标原点，液固相界面的移动速度为 f，则当熔解过程达到稳态时，根据菲克第二定律有

$$D_{\mathrm{L}} \frac{\partial^2 W}{\partial x^2} = f \frac{\partial W}{\partial x} \tag{7-5}$$

式中，D_{L} 为碳在钢液中的扩散系数。

式（7-5）的边界条件为

$$\begin{cases} x = \delta_{\mathrm{c}}, & W = W_{\mathrm{L}} \\ x = 0, & W = W_{\mathrm{S}} \end{cases} \tag{7-6}$$

因此，方程（7-5）可求解得

$$W = W_{\mathrm{S}} + (W_{\mathrm{L}} - W_{\mathrm{S}}) \frac{1 - \exp(fx/D_{\mathrm{L}})}{1 - \exp(f\delta_{\mathrm{c}}/D_{\mathrm{L}})} \tag{7-7}$$

式中，δ_{c} 为碳的扩散边界层厚度。液固相界面上钢液一侧的碳浓度 W_{S} 可由边界层内的物料平衡算出。

当厚度为 $\mathrm{d}x$ 的一层固体熔化后，在此层内碳的浓度从 W_0 增加到 W_{S}，单位时间单位面积上碳的增量应等于表面处碳的扩散通量，即

$$f(W_0 - W_{\mathrm{S}}) = D_{\mathrm{L}} \frac{\mathrm{d}W}{\mathrm{d}x} \Big|_{x=0} \tag{7-8}$$

对式（7-7）求导，并把结果代入式（7-8）中，即可解出 W_{S}。即

$$W_{\mathrm{S}} = W_0 + (W_{\mathrm{L}} - W_0)\exp(-f\delta_{\mathrm{c}}/D_{\mathrm{L}}) \tag{7-9}$$

所以

$$f = \frac{D_{\mathrm{L}}}{\delta_{\mathrm{c}}} \ln \frac{W_{\mathrm{L}} - W_0}{W_{\mathrm{S}} - W_0} = k_{\mathrm{L}} \ln \frac{W_{\mathrm{L}} - W_0}{W_{\mathrm{S}} - W_0} \tag{7-10}$$

上式即为当熔解过程受扩散控制时废钢的熔解速度方程。

由以上分析可见，为加快废钢的熔解速度，除了应尽量提高熔池的沸腾强度、减小废钢的块度外，还应采取提高传热系数、传质系数、熔池温度以及增加钢液含碳量 W_{L} 等

措施。

在实际生产条件下，废钢的形状各异、大小不一，成分也千差万别，上述各方程式的推导中这些因素难以考虑。因此，废钢的熔解过程是相当复杂的，要准确计算废钢的熔解速度是非常困难的。在这种情况下，一般可用以下经验公式来确定

$$-\frac{\mathrm{d}m}{\mathrm{d}t} = B \cdot m^{2/3} \qquad (7-11)$$

式中，m 为废钢的质量；B 为与废钢几何形状和密度有关的经验系数。

7.1.2　渣料的熔解

由石灰石煅烧成的石灰具有多孔结构。在转炉内，当初期渣（$FeO-SiO_2$ 系）形成后，它能通过石灰表面向其内部空隙扩散使石灰解体，解体后分离形成的多个石灰单晶粒分布在熔渣中并迅速完全熔解，使熔渣的碱性提高。

纯石灰的熔点约为 2600℃，比渣液的温度高。因此，要使石灰在渣中熔解，需要在渣与石灰的界面上生成低熔点的中间相。为实现此目的，需要使渣中 FeO、MnO 等向石灰表面扩散，在石灰表面层生成 $mCaO \cdot nFeO$、$mCaO \cdot nFe_2O_3$、$CaO \cdot Mn_3O_4$ 等易熔中间相。因此，石灰的熔解速度与渣液中氧化铁的含量、渣液的流动性以及石灰的结晶结构等因素有关。特别是，当渣液中 $FeO < 20\%$ 时，在石灰表面上易生成高熔点难熔相 $2CaO \cdot SiO_2$（C_2S），它会使石灰的熔解速度减慢。

渣中（FeO）的扩散比（SiO_2）的扩散快得多，因而前者能迅速溶解到石灰内，形成铁酸钙低熔点化合物，从而使石灰熔解。此外，渣中的（SiO_2）能与石灰外层的 CaO 作用，形成高熔点的 C_2S 致密壳层，能阻碍（FeO）向石灰内扩散，使石灰的熔解速度下降。因此，在石灰熔解过程中，应设法阻止或减慢硅酸钙壳层的形成或设法增大它们在渣中的溶解度。能够形成低熔点化合物的（FeO）的存在能够破坏硅酸钙的结构，因此应尽量促使其快速形成并提高其含量。熔解完毕的 CaO 经过石灰外的边界层向熔渣中扩散，它是石灰在渣中熔解速度的限制环节，所以加强熔池搅拌能够加速其熔解过程。

石灰的熔解速度可由石灰的熔解平衡求得，即

单位时间内熔解的石灰中的 CaO 量 = 单位时间内通过边界层向熔渣中扩散的 CaO 量

即

$$\frac{\mathrm{d}r}{\mathrm{d}t}\rho_S(W_0 - W_L) = k_L\rho_L(W_S - W_L) \qquad (7-12)$$

或

$$\frac{\mathrm{d}r}{\mathrm{d}t} = k_L \frac{\rho_L(W_S - W_L)}{\rho_S(W_0 - W_L)} \qquad (7-13)$$

式中　　　r——石灰的线性尺寸，对于球形是半径，对于圆柱体是其底圆半径，m；

　　　　　k_L——石灰在熔渣中的传质系数，m/s；

W_L，W_S，W_0——分别为渣液、石灰界面以及石灰中 CaO 的含量（用质量分数表示）；W_S 可看作渣中 CaO 含量的饱和值；

　　　　　ρ_L，ρ_S——分别为渣液和石灰的密度，kg/m³。

在 $t = 0 \sim t$ 及 $x = r_0 \sim r$ 范围内积分式（7-13），可得固体石灰熔解的时间为

$$t = \frac{(r_0 - r)(W_0 - W_L)\rho_S}{k_L(W_S - W_L)\rho_L} \tag{7-14}$$

可见,提高石灰的传质系数(k_L)及减小石灰的尺寸(r_0)可增大其在熔渣中的熔解速度或减少其熔解时间。

例题 7-1

求半径为 5×10^{-5} m 的石灰粒在渣中完全熔解的时间。已知数据如下:石灰密度 $\rho_S = 2.5 \times 10^3 \text{kg/m}^3$,熔渣密度 $\rho_L = 3.5 \times 10^3 \text{kg/m}^3$,CaO 在熔渣中的传质系数 $k_{CaO} = 3 \times 10^{-5}$ m/s,石灰中 CaO 含量 $W_0 = 90\%$,石灰块表面渣中 CaO 含量 $W_S = 55\%$,熔渣中 CaO 含量 $W_L = 35\%$。

解:

将题中给出的相应数据代入到式(7-14)中,可计算出石灰完全熔解所需时间

$$t = \frac{(r_0 - r)(W_0 - W_L)\rho_S}{k_L(W_S - W_L)\rho_L}$$

$$= \frac{(5 \times 10^{-5} - 0) \times (90 - 35) \times 2.5 \times 10^3}{3 \times 10^{-5} \times (55 - 35) \times 3.5 \times 10^3} = 3.27(\text{s})$$

7.1.3 耐材的熔解

耐火材料在熔渣中的熔解是炉衬侵蚀及炉龄降低的重要原因,其熔解机理及动力学的研究不但对于提高炉衬寿命、降低冶炼成本具有重要意义,而且也是研制新型耐火材料的重要内容。耐火材料和熔渣的相互作用属于典型的液固反应,与其他多相反应一样也包括化学反应及传质步骤。

耐火材料中都含有一定数量的微孔且易被熔渣润湿,因而耐火材料被熔渣侵蚀的速度取决于熔渣在其孔隙内的扩散。在多孔耐火材料熔解时,熔渣扩散进入多孔物质内部并从内部开始耐材的熔解,这可导致耐火材料解离为很多小晶粒,这些单个小晶粒分布在熔渣中,进一步加速熔解过程。

当熔渣扩散进入多孔耐火材料物质孔隙内部时,孔隙内部熔渣主要受到附加压力 F_σ、摩擦阻力 F_η 以及重力 F_g 三种力的控制,即此三种力的平衡决定了熔渣侵入耐火材料内的深度 x,如图 7-4 所示。

(1)表面张力产生的附加压力 F_σ。由表面张力引起的流动的附加压力 F_σ 为

$$F_\sigma = \pi r_0^2 \frac{2\sigma}{r_0} \cos\theta = 2\pi r_0 \sigma \cos\theta \tag{7-15}$$

式中　r_0——孔隙半径,m;

　　　σ——熔渣的表面张力,N/m;

　　　θ——熔渣对耐火材料的润湿角(小于90°)。

(2)熔渣在耐火材料孔隙中流动的摩擦阻力 F_η。熔渣侵入耐火材料孔隙内的路径是曲折的,运动的距离不是直线,所以实际路径可由迷宫系数 ξ 及侵入深度 x 算得(x/ξ)。根据牛顿黏性定律,可得平均摩擦阻力 F_η 为

$$F_\eta = \eta \cdot 2\pi r_0 \cdot \frac{x}{\xi} \cdot \frac{\bar{v}}{r_0} = \frac{2\pi\eta x}{\xi}\bar{v} = \frac{2\pi\eta x}{\xi}\frac{dx}{dt} \tag{7-16}$$

式中　η——熔渣的动力黏度，$Pa \cdot s$；

　　　$\bar{v}$——熔渣在孔隙中黏滞流动的平均速度（dx/dt），m/s。

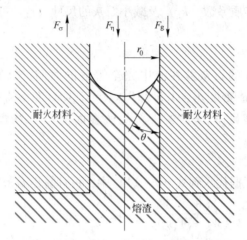

图7-4　熔渣扩散进入多孔耐火材料时所受的各种力

（3）重力 F_g。

$$F_g = \pi r_0^2 g \rho_L x \tag{7-17}$$

式中　g——重力加速度，m/s^2；

　　　ρ_L——熔渣密度，kg/m^3。

由于抽引熔渣液体进入孔内的附加压力（毛细管压力）与摩擦阻力和重力的作用方向相反，所以根据力的平衡有

$$F_\sigma = F_\eta + F_g \tag{7-18}$$

当渣液在耐材孔中达到一定高度 H、处于力平衡态时，摩擦阻力为零，附加压力等于重力。由式（7-15）和式（7-17）得

$$2\pi r_0 \sigma \cos\theta = \pi r_0^2 g \rho_L H \tag{7-19}$$

渣液在孔隙内的最大上升高度为

$$H = \frac{2\sigma \cos\theta}{r_0 g \rho_L} \tag{7-20}$$

为求解熔渣在孔隙中上升侵入高度与时间的关系，将式（7-15）~式（7-17）代入式（7-18）可得

$$2r_0 \sigma \cos\theta - \frac{2\eta x \, dx}{\xi \, dt} - r_0^2 g \rho_L x = 0 \tag{7-21}$$

在 $t=0$，$x=0$ 初始条件下，积分上式并将式（7-20）代入得到

$$\int_0^x \frac{x}{(H-x)} dx = \int_0^t \frac{r_0^2 g \rho_L \xi}{2\eta} dt \tag{7-22}$$

即

$$\int_0^x \frac{x}{(H-x)} dx = \frac{r_0^2 g \rho_L \xi}{2\eta h} t \tag{7-23}$$

整理得

$$\ln\left(1 - \frac{x}{H}\right) + \frac{x}{H} = \frac{r_0^2 g \rho_L \xi}{2 \eta H} t \qquad (7-24)$$

如果熔渣沿水平方向侵入耐火材料的孔隙中，则式（7-21）中重力项可以忽略。这时没有最大上升高度，熔渣液体不断侵入毛细孔中，忽略重力项，积分式（7-21）得到

$$x = \left(\frac{2 r_0 \sigma \xi \cos\theta}{\eta} t\right)^{1/2} \qquad (7-25)$$

应用式（7-24）和式（7-25）可计算渗透深度与时间的关系。但是，对于精确的研究还需要考虑熔渣开始进入毛细管孔隙时的加速度和由于熔解造成的毛细管孔隙扩大。

由以上分析可知，耐火材料的孔隙度高、孔隙过大或晶粒间有易熔体侵蚀的胶结相，都利于熔渣的侵入。因此，为提高耐火材料的抗侵蚀能力，应要求钢液与耐火材料的接触角大、熔渣对耐火材料的润湿性差、体积密度大、纯度高、化学成分稳定。因为熔渣对碳的润湿性很差，所以由氧化物及石墨组成的耐火材料，如 $MgO-C$、Al_2O_3-C 能有效地抑制熔渣对耐火材料的渗入。一般液体金属对耐火氧化物的润湿性也差，所以熔体不能自动侵入耐火材料内。

7.2　金属凝固

7.2.1　凝固速度

凝固是物质从液态转变为固态的过程。在一定的压力下晶体物质冷却到凝固点温度时开始凝固，同时放出凝固热量。假定模样为平板状，液态金属没有过热，则液态金属的温度 T_M 即为金属的熔点，从金属向锭模传递的热量等于金属的凝固热。由于金属的导热性好而锭模的导热性差且模壁又比较厚，故忽略金属中的温度梯度，认为温度梯度只存在于锭模中，且呈一维分布，如图 7-5 所示。

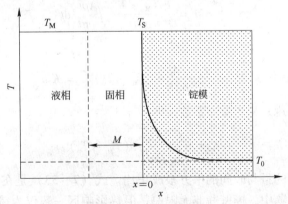

图 7-5　凝固模型示意图

图中，T_0 是锭模的外表面温度，可以看作为常数，T_S 是锭模与金属界面的温度，近似等于金属的熔点。在这些假定条件下，锭模内的传热问题就相当于一个半无限体的一维热传导问题（忽略金属在锭模中凝固时的对流传热和辐射传热），则任意时刻锭模中的温度分布为

$$\frac{\partial T}{\partial t} = \frac{\lambda}{\rho c_p} \times \frac{\partial^2 T}{\partial x^2} = \alpha \frac{\partial^2 T}{\partial x^2} \tag{7-26}$$

式中，ρ 为锭模的密度；c_p 为锭模的比定压热容；λ 为锭模的热传导系数；T 为锭模的温度；$\alpha = \lambda/(\rho c_p)$，称为热扩散系数，单位为 m^2/s，与气体的扩散系数单位相同。

式（7-26）的边界条件为

$$\begin{cases} 当\ x = 0\ 时, & T(x,\ t) = T_M \\ 当\ x = \infty\ 时, & T(x,\ t) = T_0 \end{cases} \tag{7-27}$$

式（7-26）的解为

$$\frac{T - T_M}{T_0 - T_M} = \text{erf}\,\frac{x}{2\sqrt{\alpha t}} = \frac{1}{\sqrt{\alpha \pi t}} \int_0^{\frac{x}{2\sqrt{\alpha t}}} \exp(-\delta^2)\,\mathrm{d}\delta \tag{7-28}$$

式中，右端为一误差函数。由此可求出流入锭模的热流量为

$$q_{(x=0)} = -\lambda \left[\frac{\partial T}{\partial x} \right]_{x=0} = \lambda\,\frac{1}{\sqrt{\alpha \pi t}}(T_M - T_0)$$

$$= \lambda\,\frac{1}{\sqrt{[\lambda/(\rho c_p)]\pi t}}(T_M - T_0) = \sqrt{\frac{\lambda \rho c_p}{\pi t}}(T_M - T_0) \tag{7-29}$$

式中，$\lambda \rho c_p$ 代表在一定传热速度下模子的吸热能力。由热平衡可知，式（7-29）右端应等于液态金属凝固时单位时间、单位面积上放出的凝固潜热，即

$$\sqrt{\frac{\lambda \rho c_p}{\pi t}}(T_M - T_0) = \rho_M H_L \frac{\mathrm{d}M}{\mathrm{d}t} \tag{7-30}$$

即

$$\frac{\mathrm{d}M}{\mathrm{d}t} = \frac{T_M - T_0}{\rho_M H_L}\sqrt{\frac{\lambda \rho c_p}{\pi t}} \tag{7-31}$$

对上式做定积分得

$$\int_0^M \mathrm{d}M = \int_0^t \frac{T_M - T_0}{\rho_M H_L}\sqrt{\frac{\lambda \rho c_p}{\pi t}}\mathrm{d}t \tag{7-32}$$

即

$$M = \frac{2}{\sqrt{\pi}}\frac{\sqrt{\lambda \rho c_p}}{\rho_M H_L}(T_M - T_0)\sqrt{t} = K\sqrt{t} \tag{7-33}$$

式中，M 为凝固层厚度；K 为凝固系数，即

$$K = \frac{2}{\sqrt{\pi}}\frac{\sqrt{\lambda \rho c_p}}{\rho_M H_L}(T_M - T_0) \tag{7-34}$$

可见，凝固金属的量与时间的平方根成正比。式（7-33）是在假设锭模壁无限厚条件下得到的，实际问题中，模壁并非无限厚，但热影响区一般仅为铸件厚度的1/4，因此可近似满足实际应用，尤其在凝固初期误差较小。

如果锭模中的液态金属有一定的过热，则金属在凝固时除了放出相变潜热外，还要放出降温过程的物理热，因而凝固速度的表达式将发生相应的变化。为此，引入过热度校正常数 C，将式（7-33）改写为

$$M = K\sqrt{t} + C \tag{7-35}$$

例题 7 - 2

将非过热的铁水注入砂模，求得到厚度为 0.1016m 的铸板所需的时间。已知的砂模相关数据：原始温度为 28℃，热传导系数为 $8.648 \times 10^{-4} kJ/(m \cdot s \cdot K)$，密度为 $1601.8 kg/m^3$，比定压热容为 $1.175 kJ/(kg \cdot K)$；已知金属铁的相关数据：固体铁的密度为 $7848.8 kg/m^3$，凝固温度为 1539℃，熔化热为 271.9 kJ/kg。

解：

将已知数据代入公式（7 - 33）中，凝固系数 K 为

$$K = \frac{2}{\sqrt{\pi}} \frac{\sqrt{\lambda \rho c_p}}{\rho_M H_L} (T_M - T_0)$$

$$= \frac{2}{\sqrt{\pi}} \times \frac{\sqrt{8.648 \times 10^{-4} \times 1601.8 \times 1.175}}{7848.8 \times 271.9} \times (1539 - 28) = 0.001$$

由于平板铸件是两面冷却的，$M = 0.1016/2 = 0.0508 (m)$，所以

$$t = \left(\frac{M}{K}\right)^2 = \left(\frac{0.1016/2}{0.001}\right)^2 = 2482.107 (s) = 41.36 (min)$$

7.2.2 凝固偏析

凡是能形成固溶体的合金，其凝固过程是在一定的温度范围内进行并完成的。凝固过程所形成的固体与液体的化学成分不一样，而且无论是固体或液体的成分，都随着温度的下降而不断地变化。由于固态物质的扩散很慢，结果造成了溶质在凝固过程中的重新分配，这种现象称为偏析。偏析的大小与溶质在液固两相中的分配有关，而溶质的有效分配系数又与合金的凝固速度有关，因而偏析问题也可以看成是一个动力学问题。

7.2.2.1 平衡凝固

设溶质成分为 W_0（质量分数）的某二元合金从液态开始凝固。从图 7 - 6(a) 可以看出，合金从温度 T_1 开始凝固，在温度 T_3 时凝固过程结束。在 $T_1 \sim T_3$ 的温度范围内为液、固两相共存区。根据热力学原理，当两相平衡共存时，溶质在两相中的成分之比在一定的温度下为一常数，该常数称为平衡分配系数。若溶质在固相和液相中的质量分数分别为 W_S 和 W_L，则平衡分配系数 K_0 可以表示为

$$K_0 = \frac{W_S}{W_L} \tag{7-36}$$

当忽略凝固过程中密度的变化时，式（7 - 36）可改写为

$$K_0 = \frac{W_S}{W_L} = \frac{C_S/\rho_S}{C_L/\rho_L} = \frac{C_S}{C_L} \tag{7-37}$$

式中，C_S、C_L 分别为固、液两相中溶质的体积浓度，kg/m^3；ρ_S、ρ_L 分别为固、液两相的密度，kg/m^3。

随合金组元的不同，K_0 可大于1，也可小于1，图 7 - 6(a) 和图 7 - 6(b) 分别表示 $K_0 < 1$ 和 $K_0 > 1$ 的两类二元相图（三元相图与此类似）。对于 $K_0 < 1$ 的合金来说，K_0 越小，则固相线与液相线之间的展开程度越大，即溶质偏析程度越大；反之，对于 $K_0 > 1$ 的合金来说，K_0 越大，固相线与液相线之间的展开程度越大，溶质偏析程度也越大。

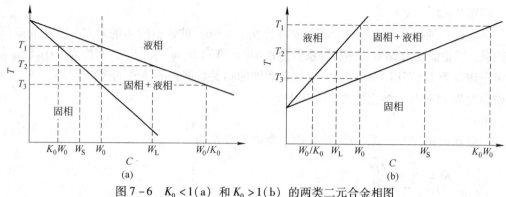

图7-6　$K_0 < 1$(a)　和 $K_0 > 1$(b)　的两类二元合金相图

对于给定的合金体系来说，若固相线与液相线皆为直线，则 K_0 与温度无关。否则，K_0 将随温度的升降而变化。当这种变化不大时，一般可将 K_0 作为常数来看待。K_0 的引入有利于计算凝固过程中液相和固相的平衡成分，也有利于衡量实际凝固过程与平衡凝固过程的偏离程度。

当合金进行平衡凝固时，由于有足够的时间让固体进行充分的扩散，因而在任何时刻液固两相的成分都是均匀的平衡成分，此时液固两相的数量可按杠杆定律来确定。

7.2.2.2　标准凝固

对于非平衡凝固过程来说，由于没有足够长的凝固时间，固相不能进行充分的扩散，体系在任一时刻都没有达到平衡，液固两相仅在相界面处符合热力学分配定律，因而在非平衡凝固过程中，杠杆定律不再适用，固相成分不再均匀，有明显的偏析存在。

设有一棒状合金自左向右逐渐凝固。在凝固过程中，如果液相能够随时借助扩散、对流或搅动等作用使其成分完全均匀化，而固相中的扩散十分缓慢，则在凝固过程中溶质的浓度分布曲线如图7-7所示。图中 W_0 表示凝固前液态合金的成分，$K_0 W_0$ 表示液态合金开始凝固时对应的固态合金成分。随着凝固过程的进行，液相溶质的浓度越来越高，析出的固相溶质含量也从 $K_0 W_0$ 开始逐渐增加。当凝固过程完全结束后，固态合金的溶质浓度分布将如图7-8所示。由图可知，凝固后合金的浓度是不均匀的，最先凝固的合金溶质浓度最低，然后溶质浓度逐渐增加，最后凝固合金的溶质浓度最高。成分的这种偏析是长距离的，与棒长在同一数量级，这种偏析称为宏观偏析，这种凝固称为标准凝固。

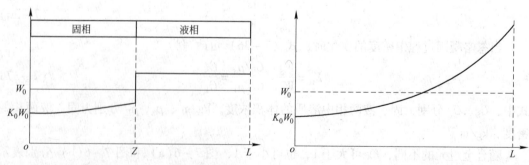

图7-7　棒状合金凝固时的浓度分布曲线　　　图7-8　棒状合金从左至右凝固后的浓度分布曲线

现在从理论上来推导标准凝固过程中固态合金的溶质浓度分布规律。首先作如下5点假设：(1) 液态合金成分在凝固过程中始终保持均匀；(2) 液-固相界面为平面；(3) 固态扩散可以忽略不计；（4）分配系数 K_0 为一常数；（5）凝固过程中密度不变。

根据溶质的平衡关系，即可推导出标准凝固方程。设棒状合金的长度为 L，截面积为 A，在某一时刻，已凝固的固态合金长度为 Z。如果这时接着又有 dZ 一小段液态合金凝固成固体，则凝固部分中溶质的减少量等于液相中溶质的增加量，即

$$(C_L - C_S)A dZ = A(L - Z - dZ)dC_L \qquad (7-38)$$

将 $K_0 = C_S / C_L$ 代入上式并忽略（$dZ \cdot dC_L$）项，做定积分整理得

$$\int_0^Z \frac{1 - K_0}{L - Z} dZ = \int_{C_0}^{C_L} \frac{1}{C_L} dC_L \qquad (7-39)$$

即

$$C_L = C_0 \left(1 - \frac{Z}{L}\right)^{K_0 - 1} \qquad (7-40)$$

式中，C_0 为熔体中溶质的初始体积浓度。

所以

$$C_S = K_0 C_L = K_0 C_0 \left(1 - \frac{Z}{L}\right)^{K_0 - 1} \qquad (7-41)$$

上式即为标准凝固方程，亦称夏尔（Scheil）方程。该式描述了凝固后的固态合金的溶质浓度分布关系。可以看出，分配系数 K_0 的大小对凝固后杂质的分布有显著的影响，K_0 越小则偏析越大（即凝固相中杂质的浓度曲线越陡峭，如图 7-9 所示）。虽然以上推导是以二元合金这一简单情况为例得到的，但对多元系统结果也是类似的，只是数学处理上更加复杂而已。此外，由于凝固速度对分配系数有较大影响，所以偏析还与凝固速度有关。

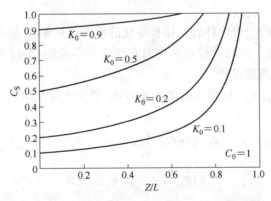

图 7-9 平衡分配系数 K_0 对凝固相中杂质浓度分布的影响（$C_0 = 1$）

7.2.2.3 区域熔炼

从标准凝固后杂质浓度分布的曲线图 7-8 中可见，原来是凝固的合金，经过一次这样的凝固操作后，杂质就会从一端被驱赶向另一端。反复重复此操作，金属在起始端可达很高的纯度。这种提纯金属的新工艺，称为区域熔炼。目前，很多在国民经济和高科技领域中具有重要意义的高纯或超纯金属（包括半导体，如：铟、锗及硅等）都可以用区域熔炼方法生产。

设一个均匀的固态合金棒中有一小段金属被熔化为液体如图 7-10 所示，若这一小段

液态区域自左向右缓慢移动，每移动一次杂质就会重新分布一次，其效果相当于把杂质驱赶到右端，一次区熔后合金的杂质浓度分布如图 7－11 所示。经过多次驱赶，左端金属可达很高的纯度。

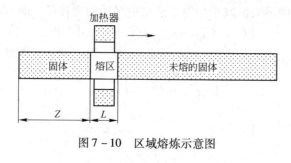

图 7－10　区域熔炼示意图

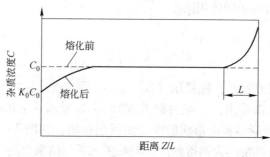

图 7－11　具有均匀杂质浓度 C_0 的合金经过单熔区一次通过后杂质浓度分布示意图

下面假设凝固过程中密度保持不变，推导经过一次区域熔炼后固态合金中杂质的浓度分布曲线。

设杂质浓度为 C_0 的一根固体合金棒被熔化的液态熔区的长为 L，液态区移动到 Z 时，$Z \rightarrow Z + L$ 这一段为液态。此时若液态区再向右移动一小段距离 $\mathrm{d}Z$ 后，熔区内浓度变化为 $\mathrm{d}C_L$，则根据溶质守恒原理可得

　　　　　熔区杂质的增量 = 两个长度为 $\mathrm{d}Z$ 的相变区杂质的减少量

即

$$L\mathrm{d}C_L = (C_L - C_S)\mathrm{d}Z + (C_0 - C_L)\mathrm{d}Z = (C_0 - C_S)\mathrm{d}Z \qquad (7-42)$$

即

$$L\mathrm{d}C_L = (C_0 - K_0 C_L)\mathrm{d}Z \qquad (7-43)$$

分离变量积分得

$$\int_{C_0}^{C_L} \frac{1}{C_0 - K_0 C_L}\mathrm{d}C_L = \int_0^Z \frac{1}{L}\mathrm{d}Z \qquad (7-44)$$

即

$$C_S = K_0 C_L = C_0\left[1 - (1 - K_0)\exp(-K_0 Z/L)\right] \qquad (7-45)$$

上式适用于除最后一个熔区长度以外的所有合金长度范围。根据式 (7－45)，不同分配系数的杂质经过一次区熔后合金料的各部分杂质分布情况示例如图 7－12 所示。由图可知，K_0 越小则区域熔炼的效果就越好（即凝固相中杂质的浓度分布曲线越陡峭），就能够以较少的次数获得高纯度的金属。当 $K_0 = 0.1$ 时，经过 4 次区熔后固相中杂质的分布情况

如图 7-13 所示。由图可知，随着驱赶次数的增加，左端金属的纯度随之提高。

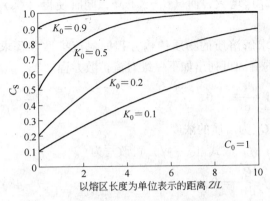

图 7-12 单熔区区熔一次后不同分配系数的
杂质分布曲线（$C_0=1$）

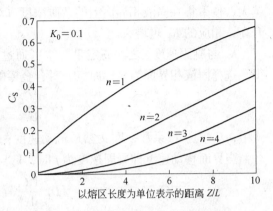

图 7-13 区熔次数 n 对凝固相中杂质
浓度分布的影响

7.2.2.4 实际凝固

由前述的宏观偏析及区域熔炼的讨论中可以看出，分配系数 K_0 是一个重要的物理量，它代表固相界面上溶质浓度 $(C_S)_i$ 和液态体相中溶质浓度 $(C_L)_b$ 之比。只有当凝固速度十分缓慢，液相部分又充分均匀，且在界面上反应十分迅速的条件下，这个比值才等于热力学上计算出的平衡分配常数。式（7-41）及式（7-45）中所指的 K_0 即是指此平衡常数。

在实际凝固过程中，即存在固相内的溶质扩散，又存在液相内的溶质扩散，在固液相界面的液相一侧存在一个构成传质阻力的边界层。当凝固达稳态时，与标准凝固相比（如图 7-14 中的实线），在相界面上液体中的溶质浓度 $(C_L)_i$ 有所提高，而本体浓度 $(C_L)_b$ 有所下降。同时，$(C_L)_i$ 的升高使之平衡的固液界面固相一侧的浓度 $(C_S)_i$ 也有所提高（如图 7-14 中的虚线）。此时，$(C_S)_i$ 与 $(C_L)_b$ 的比值不再等于原来的平衡分配系数 K_0，故定义有效分配系数 K_E 如下

$$K_E = \frac{(C_S)_i}{(C_L)_b} \tag{7-46}$$

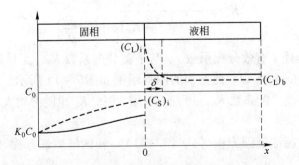

图 7-14 单向凝固杂质浓度分布示意图

当合金以一定的速度凝固时，标准凝固方程（式（7-41））与区域熔炼方程（式（7-45））中的 K_0 应换成有效分配系数 K_E 才能得到正确结果。

有效分配系数 K_E 与凝固速度有关。凝固速度越大则杂质在凝固过程中析出的速度也越大，使聚集在固液相界面上的杂质浓度 $(C_L)_i$ 增大，而 $(C_L)_b$ 下降，同时使得 $(C_S)_i$ 升高，相应的 K_E 也增大。

K_E 与凝固速度 f 之间的定量关系可通过求解溶质的物质传输方程即对流扩散方程求得。选择固液相界面为坐标原点，对合金棒的凝固可列出如下一维对流扩散方程

$$D_L \frac{\mathrm{d}^2 C_L}{\mathrm{d}x^2} - V_x \frac{\mathrm{d}C_L}{\mathrm{d}x} = 0 \tag{7-47}$$

式中，D_L 为扩散系数；V_x 为溶质流动速度；C_L 为溶质的浓度。

当界面移动速度即凝固速度为 f 时，$V_x = -f$，故式（7-47）可改写为

$$D_L \frac{\mathrm{d}^2 C_L}{\mathrm{d}x^2} + f \frac{\mathrm{d}C_L}{\mathrm{d}x} = 0 \tag{7-48}$$

对应上式有两个边界条件：

（1）当 $x = 0$ 时，

$$\begin{cases} C_L = (C_L)_i \\ [(C_L)_i - (C_S)_i]f = -D_L \frac{\mathrm{d}C_L}{\mathrm{d}x} \end{cases} \tag{7-49}$$

上面一组公式中的第二个式子意味着单位时间内由于凝固相变造成的固相中溶质的减少量等于扩散进入液相中的溶质量。

（2）当 $x \geqslant \delta$ 时（δ 为边界层厚度），

$$C_L = (C_L)_b \tag{7-50}$$

在上述条件下积分式（7-48），得

$$\frac{(C_S)_i - (C_L)_b}{(C_S)_i - (C_L)_i} = \exp\left(-\frac{f\delta}{D_L}\right) \tag{7-51}$$

因为

$$\begin{cases} K_0 = (C_S)_i / (C_L)_i \\ K_E = (C_S)_i / (C_L)_b \end{cases} \tag{7-52}$$

所以，式（7-51）可改写为

$$K_E = \frac{K_0}{K_0 + (1 - K_0)\exp\left(-\dfrac{f\delta}{D_L}\right)} \tag{7-53}$$

式（7-53）描述了有效分配系数 K_E 与平衡分配系数 K_0、无量纲数 $f\delta/D_L$ 之间的关系，称为伯顿（Burton）方程，此方程的图形示例如图 7-15 所示。由图可知，$f\delta/D_L$ 越小，则 K_E 越接近平衡分配系数 K_0，当 $f\delta/D_L$ 增大时，K_E 也随之增大，并以 1 为极限，即 $K_0 \leqslant K_E \leqslant 1$。

当 $K_E \neq K_0$ 时，标准凝固方程（式（7-41））和区域熔炼方程（式（7-45））中的 K_0 应换为 K_E，即

$$C_S = K_E C_0 \left(1 - \frac{Z}{L}\right)^{K_E - 1} \tag{7-54}$$

$$C_S = C_0 [1 - (1 - K_E)\exp(-K_E Z / L)] \tag{7-55}$$

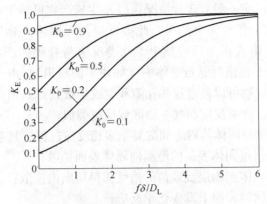

图 7-15　伯顿方程曲线

当熔体以一定的速度凝固时，由于 $K_E > K_0$，故凝固后的成分较按照 K_0 算的均匀（即凝固相中杂质的浓度分布曲线变得平坦）。因此，若希望凝固的合金成分均匀，则 $f\delta/D_L$ 的值越大越好。相反，在区域熔炼的情况下，$f\delta/D_L$ 的值越小则去除杂质的效果越好。

在 K_0 一定的情况下，为了获得最佳的提纯效果，可在凝固过程中使液相获得充分的搅拌并控制凝固速度尽可能的小，即使 K_E 尽可能的趋近 K_0 值。反之，为了获得成分均匀的固相成分，可以不必搅拌液相，并以较高的速度进行凝固，以使 K_E 的值尽可能接近 1 以降低偏析。可见，在实际生产过程中凝固速度的控制以及液相的搅拌操作十分重要。

7.3　固体浸出

采用适当的溶剂，把金属成分从精矿粉或矿石中以某种可溶性化合物形式提取出来的过程称为浸出（或浸取）。浸出过程反应的一般表达式为

$$A(l) + bB(s) = cC(l) + dD(s) \tag{7-56}$$

7.3.1　浸出反应过程

浸出过程是伴随某种反应把精矿粉或矿石中的有价金属转化到溶液中。例如，用碳酸钠溶液对重钨酸钙的浸出伴随复分解反应

$$CaWO_4(s) + Na_2CO_3(l) = Na_2WO_4(l) + CaCO_3(s) \tag{7-57}$$

通氧压煮器中用硫酸溶液或硫酸高铁溶液浸出黄铜矿，则伴随氧化反应

$$CuFeS_2(s) + \frac{17}{4}O_2 + H^+ = Cu^{2+} + Fe^{3+} + 2SO_4^{2-} + \frac{1}{2}H_2O \tag{7-58}$$

$$CuFeS_2(s) + 2Fe_2(SO_4)_3(l) = CuSO_4(l) + 5FeSO_4(l) + 2S(s) \tag{7-59}$$

对于反应（7-59），由于浸出产物硫黏附在矿物表面，形成了牢固的高扩散阻力层，其浸出速度与反应（7-58）所示的硫酸浸出黄铜矿比较要小得多。此外，反应（7-58）是同时包括了气、液、固三相的多相反应。在实际反应过程中，由于气体首先溶解于溶液中（这个过程很快），然后再与固体发生反应，因而这些反应实质上仍然可看作是液-固反应。

浸出过程的液－固反应一般有 3 种情况：（1）生成产物可溶于水，固体颗粒的外形尺寸随反应的进行逐渐减小直至完全消失，此类反应与无固体产物层的气－固反应类似；（2）生成产物为固态并附着在未反应核上，此类反应与有固体产物层的气固反应类似；（3）固态反应物分散嵌布在惰性脉石基体中（如块矿的浸出），由于脉石基体一般都有孔隙和裂纹，因而液相反应物可以通过这些孔隙和裂纹扩散到矿石内部，致使浸出反应在矿石表面和内部同时发生，此类反应与气－固区域反应类似。

浸出是浸出溶剂与被浸固体物料之间的复杂多相反应过程，其基元步骤一般包括：

（1）液相中反应物通过固体表面的液膜向固体表面扩散；

（2）该反应物通过固体产物层或残留的惰性固料层向内扩散；

（3）在未被浸出的物料表面上发生化学反应；

（4）被溶解物从反应表面经产物层或惰性固料层向外扩散；

（5）被溶解物通过液膜向溶液主体扩散。

没有固体产物层和惰性固料层时，不存在步骤（2）和（4）。在有气体参加反应时，通常反应气体以气泡形式穿过矿浆，则过程还应包括气液间的传质、气体成分的溶解和溶解后成分的扩散迁移等基元步骤。

由于浸出过程与气固反应过程类似，故前面在气固反应中讨论的许多公式及其推导方法，原则上仍然适用。但哪个步骤为控制环节则取决于反应体系及温度、搅拌、被浸出固体粒度等浸出条件。下面仅以球形试样的化学反应控制以及产物层中扩散控制的浸出过程为例来展开讨论，其他情况可参照气固反应做出类似的推导并可得到相似的结果。

7.3.2　浸出过程解析

7.3.2.1　化学反应控制

以一级不可逆浸出反应（7-56）为例，如果化学反应为控制环节，则半径为 r 的未反应核球面上的反应速度为

$$\frac{dn_B}{dt} = -4\pi r^2 b k_r C_A \tag{7-60}$$

式中，b 为化学反应计量系数；n_B 为固体试样 B 未反应核中被浸取物质的物质的量；C_A 为溶液中反应物 A 的浓度，mol/m^3；k_r 为浸出反应速度常数，m/s。若用 ρ_B 表示固体试样 B 中被浸出物的摩尔密度（mol/m^3），则有

$$n_B = \frac{4}{3}\pi r^3 \rho_B \tag{7-61}$$

将式（7-61）代入到式（7-60）中，得

$$\frac{dr}{dt} = \frac{b k_r}{\rho_B} C_A = -k_r' C_A = R_L \tag{7-62}$$

式中，R_L 为浸出的线性速度，m/s；$k_r'(k_r' = b k_r/\rho_B)$ 为浸出线性速度常数，$m^4/(mol \cdot s)$。

式（7-62）表明，若 C_A 为常数，则反应界面以 R_L 恒速移动，这是线性动力学的基本定义。若以 r_0 表示初始浸出球粒的半径，X 表示浸出反应率，则

$$X = 1 - (r/r_0)^3 \tag{7-63}$$

联立式（7-62）和式（7-63），得

$$\frac{\mathrm{d}X}{\mathrm{d}t} = -3\frac{r^2}{r_0^3}\frac{\mathrm{d}r}{\mathrm{d}t} = 3\frac{1}{r_0}\left(\frac{r}{r_0}\right)^2 k_r' C_A = \frac{3bk_r C_A}{\rho_B r_0}(1-X)^{2/3} \tag{7-64}$$

设 C_A 为常数，积分上式，得

$$1-(1-X)^{1/3} = \frac{bk_r C_A}{\rho_B r_0}t = kt \tag{7-65}$$

式中，$k = bk_r C_A/(\rho_B r_0)$，为表观浸出反应速度常数。式（7-65）与气-固界面反应中界面化学反应为控制环节的未反应核模型的结果类似。

在将式（7-65）应用于具有一定粒度分布的矿浆时，平均转化率为

$$X = \sum_i w_i X_i \tag{7-66}$$

其中

$$1-(1-X_i)^{1/3} = k_i t \tag{7-67}$$

式中，w_i、X_i、k_i 分别为粒子 i 的质量分数、转化率以及表观浸出反应速度常数。

应该指出，通常在充分搅拌且没有固体产物层时，浸出过程才可能受化学反应控制。此外，式（7-65）是在 C_A 为常数的条件下积分得到的，其中的 k 包含浓度单位，一般要通过实验确定，只有在溶液反应物浓度 C_A 恒定时 k 才是常数。

7.3.2.2 产物层扩散控制

通过产物层的扩散成为控制步骤时，对球形颗粒的速度方程为

$$\frac{\mathrm{d}n_B}{\mathrm{d}t} = -4\pi r^2 bD\frac{\mathrm{d}C_A}{\mathrm{d}r} \tag{7-68}$$

式中，D 为浸出液中反应物扩散系数。

假定过程按拟稳定态进行且界面上反应物浓度远小于溶液主体浓度，积分上式得

$$\frac{\mathrm{d}n_B}{\mathrm{d}t} = -4\pi r^2 bD\frac{\mathrm{d}C_A}{\mathrm{d}r} = 4\pi bD\frac{\mathrm{d}C_A}{\mathrm{d}(1/r)} = 4\pi bD\frac{(C_A-0)}{(1/r_0-1/r)} = \frac{4\pi bD C_A r r_0}{(r-r_0)} \tag{7-69}$$

再应用式（7-61）和式（7-63）可导出

$$\frac{\mathrm{d}r}{\mathrm{d}t} = \frac{bD C_A r_0}{r(r-r_0)\rho_B} \tag{7-70}$$

$$\frac{\mathrm{d}X}{\mathrm{d}t} = -3\frac{r^2}{r_0^3}\frac{\mathrm{d}r}{\mathrm{d}t} = \frac{3bD C_A}{\rho_B r_0^2}\frac{r/r_0}{1-r/r_0} = \frac{3bD C_A}{\rho_B r_0^2}\frac{(1-X)^{1/3}}{1-(1-X)^{1/3}} \tag{7-71}$$

在 $t=0$，$X=0$ 初始条件下，积分式（7-71）得

$$1-\frac{2}{3}X-(1-X)^{2/3} = \frac{2bD C_A}{\rho_B r_0^2}t \tag{7-72}$$

或写成

$$t = \frac{\rho_B r_0^2}{6bD C_A}\left[1-3(1-X)^{\frac{2}{3}}+2(1-x)\right] \tag{7-73}$$

式（7-73）即为通过产物层的内扩散成为控制步骤时，球形颗粒速度方程的积分式。在内扩散控制的条件下，浸出速度与反应物浓度成正比，而搅拌强度及温度对浸出速度的影响则较小。

本章符号列表

A：棒状合金的截面积（m^2）

B：经验系数

b：化学反应计量系数

c_p：熔钢的比热容（或锭模的比热容）（$J/(kg \cdot K)$）

C_S：凝固合金中溶质浓度（kg/m^3）

C_L：熔体中溶质浓度（kg/m^3）

C_0：熔体中溶质的初始浓度（kg/m^3）

C：溶质浓度（kg/m^3）

C_A：浸出溶液中反应物的浓度（mol/m^3）

$(C_S)_i$：固相界面上溶质浓度（kg/m^3）

$(C_L)_i$：相界面上液体中的溶质浓度（kg/m^3）

$(C_L)_b$：液态体相中溶质浓度（kg/m^3）

D_L：碳在钢液中的扩散系数（m^2/s）

D：浸出液中反应物扩散系数（m^2/s）

F_σ：耐材孔隙内部熔渣受到的附加压力（N）

F_η：耐材孔隙内部熔渣受到的摩擦阻力（N）

F_g：耐材孔隙内部熔渣受到的重力（N）

f：废钢熔解速度（m/s）

g：重力加速度（m/s^2）

h：传热系数（$W/(m^2 \cdot K)$）

H_L：废钢的熔化潜热（J/kg）

H：渣液在耐材孔中侵入的最大高度（m）

k：表观浸出反应速度常数（s^{-1}）

k_L：碳在钢液中的传质系数（或石灰在熔渣中的传质系数）（m/s）

k_i：粒子 i 的表观浸出反应速度常数（s^{-1}）

k_r：浸出反应速度常数（m/s）

k'_r：浸出线性速度常数（$m^4/(mol \cdot s)$）

K：凝固系数

K_0：平衡分配系数

K_E：有效分配系数

L：待凝固的棒状合金的长度或熔区长度（m）

m：废钢的质量（kg）

M：凝固层厚度（m）

n_B：未反应核中被浸取物质的物质的量（mol）

r：石灰的半径或未反应核半径（m）

r_0：半径的初始值（石灰的尺寸、耐材的孔隙、浸出物颗粒等）（m）

R_L：浸出的线性速度（m/s）

t：时间（s）

T：温度（℃）

T_0：锭模的外表面温度（℃）

T_1：合金开始凝固温度（℃）

T_2：合金凝固过程中某固液共存温度（℃）

T_3：合金结束凝固温度（℃）

T_L：熔钢的温度（℃）

T_S：废钢表面的液相线温度（或锭模与金属界面的温度）（℃）

ΔT：熔钢的温度与废钢的液相线温度之差（℃）

T_M：金属的熔点（℃）

$\bar{v}$：熔渣在孔隙中黏滞流动的平均速度（m/s）

V_x：溶质流动速度（m/s）

w_i：粒子 i 的质量分数

W：废钢的含碳量（%）

W_0：废钢的含碳量（或凝固合金中溶质成分）（%）

W_1：废钢的含碳量、石灰中 CaO 含量（%）

W_L：熔体中溶质的成分（或熔钢的含碳量、或渣液中 CaO 含量）（%）

W_S：凝固合金中溶质的成分（或废钢表面的液相线含碳量、或石灰界面中 CaO 含量）（%）

ΔW：熔钢的含碳量与废钢表面的液相线含碳量之差（%）

x：熔解或凝固的位置坐标（m）

X：浸出反应率

X_i：粒子 i 的转化率

Z：已凝固的固态合金长度（m）

δ：边界层厚度（m）

δ_T：温度边界层厚度（m）

δ_C：碳浓度边界层厚度（m）

ρ：锭模的密度（kg/m³）

ρ_S：固相密度（或废钢密度，或石灰密度）（kg/m³）

ρ_L：液相密度（或钢液密度，或渣液密度）（kg/m³）

ρ_B：固体试样中被浸出物的摩尔密度（mol/m³）

θ：熔渣对耐火材料的润湿角（°）

σ：熔渣的表面张力（N/m）

ξ：迷宫系数

η：熔渣的动力黏度（Pa·s）

α：热扩散系数（m²/s）

λ：导热系数（W/(m·K)）

思考与练习题

7–1　试述废钢在高温铁水中熔解的机理。如何才能加速其熔解？

7–2　试述石灰粒在熔渣中熔解的机理。如何才能加快石灰的造渣过程？

7–3　试述耐火材料炉衬受熔渣侵蚀的机理。如何才能降低冶炼过程中耐火材料炉衬被侵蚀的速度？

7–4　试求砂模及莫来石模中铝液的凝固层厚度与凝固时间平方根的关系并计算当厚度为 0.1m 的纯铝板在两种模子中凝固时所需时间。已知液态金属无过热，环境温度为 28℃，模子为平壁模，相关物性数据如下表所示。

铸模材料	导热系数/kJ·(m·s·K)$^{-1}$	密度/kg·m^{-3}	比定压热容/kJ·(kg·K)$^{-1}$
生砂	0.691×10^{-3}	1602	1.17
莫来石	0.381×10^{-3}	1602	7.53

铸件材料	熔点/℃	熔化热/kJ·kg^{-1}	密度/kg·m^{-3}
铝	1220	395	2580

7–5　试以砂模中铸件的凝固为例，分析说明金属凝固速度主要受哪些因素影响。

7–6　试分析二元合金凝固时产生偏析的原因及影响偏析程度的因素。

7–7　试分析区域熔炼提纯金属的原理。

7–8　哪些因素影响浸出过程速度？试分析液–固反应模型与气–固反应模型之间的相似性和区别。

8 固-固反应

冶金中的烧结、固相间的转变、碳直接还原金属氧化物、耐火材料中的硅酸盐和铝酸盐的形成以及金属陶瓷制造中的氧化物间的反应等都是重要的固体与固体之间的反应（固-固反应）。表8-1中列出了冶金生产过程中常见的固-固反应。

表8-1 冶金生产中常见的固-固相间反应举例

反应类型	反应示例	备 注
碳化物生成	$3Fe + C = Fe_3C$	碳化铁制备
固体碳直接还原金属氧化物或氧化物盐类	$Fe_2O_3 + 3C = 2Fe + 3CO$	铁矿的直接还原
	$FeCr_2O_4 + C = Fe + Cr_2O_3 + CO$	铬铁矿的预还原
	$Cr_2O_3 + (13/3)C = (2/3)Cr_3C_2 + 3CO$	铬铁矿的预还原
	$MgCr_2O_4 + 3C = 2Cr + MgO + CO$	铬铁矿的预还原
氧化物盐类的形成	$MgO + Al_2O_3 = MgAl_2O_4$	陶瓷材料
	$FeO + Cr_2O_3 = FeCr_2O_4$	陶瓷材料
	$SiO_2 + CaO = CaSiO_3$	
	$WO_3 + Na_2CO_3 = Na_2WO_4 + CO_2$	钨矿转化处理
氧化物和硫化物交互反应	$Cu_2S + 2Cu_2O = 6Cu + SO_2$	
	$PbS + PbO = 2Pb + SO_2$	
氧化物和碳化物交互反应	$5NbC + Nb_2O_5 = 7Nb + 5CO$	
交换反应	$Me_I O + Me_{II} Cl = Me_I Cl + Me_{II} O$	

由表8-1可见，固-固反应可分为固态反应物生成固态产物的固-固反应（加成反应）、有气体产物生成的固-固反应以及固体反应物间仅发生阴离子和阳离子互相交换的固-固反应三大类。本章将分别讨论前两类反应的宏观动力学模型及处理问题的方法。

8.1 固-固加成反应

在任何混合固体粉末间的反应中，反应的固体颗粒必须接触，并至少有一个反应物在反应开始后形成产物层，另一反应物必须经过该产物层的扩散才能使反应持续进行。因此，这种类型反应与其他多相反应一样，反应过程的总速度可由一个单独步骤控制（反应控制或扩散控制）或几个串联的步骤混合控制。

8.1.1 反应控制模型

界面化学反应成为固-固反应的控制环节时，界面化学反应的速度远小于反应组分通过产物层的扩散速度。在推导界面化学反应速度方程时，必须考虑固、固两相间的接触面积。固、固两相间的接触面积是随反应的进程而变化的，并不是一个常数。此外，它还与反应物的颗粒形状、分散程度及相对数量有关。若取单位质量反应物的接触面积 S 作为参数，则对于二元反应体系，速度方程为

$$-\frac{dG_s}{dt} = kSC^n \tag{8-1}$$

式中，G_s 为单位质量反应物体系中尚未反应的固体反应物的质量；C 为反应物浓度；k 为速度常数；n 为反应级数。

设反应物是半径相同的球粒，单位质量反应物中的颗粒数为 N。则有

$$-\frac{dG_s}{dt} = -\frac{d}{dt}\left(N\frac{4}{3}\pi r^3\rho\right) = 4\pi r^2 N\rho\left(-\frac{dr}{dt}\right) \tag{8-2}$$

$$N = \frac{3}{4\pi r_0^3\rho} \tag{8-3}$$

式中，r_0 和 r 分别为反应物颗粒的初始半径和在反应过程中未反应部分的半径；ρ 为反应物的质量密度。

若定义反应物颗粒的转化率为

$$X = 1 - \left(\frac{r}{r_0}\right)^3 \tag{8-4}$$

则有

$$\frac{dr}{dt} = -\frac{r_0^3}{3r^2}\frac{dX}{dt} \tag{8-5}$$

将式（8-3）和式（8-5）代入式（8-2）得到

$$-\frac{dG_s}{dt} = \frac{dX}{dt} \tag{8-6}$$

此外，单位质量反应接触面积可由下式计算

$$S = N \times 4\pi r^2 = \frac{3}{4\pi r_0^3\rho}\cdot 4\pi[r_0(1-X)^{1/3}]^2 = \frac{3}{r_0\rho}(1-X)^{2/3} = S_0(1-X)^{2/3} \tag{8-7}$$

可见，S 是转化率的函数。将式（3-64）和式（8-7）代入式（8-1）得到

$$\frac{dX}{dt} = k\frac{3}{r_0\rho}(1-X)^{2/3}C^n = kS_0(1-X)^{2/3}C^n \tag{8-8}$$

式中，S_0 为初始时单位质量反应物的接触面积，$S_0 = 3/(r_0\rho)$；n 为反应级数。不同 n 值时，积分式（8-8）即可获得转化率与反应时间的关系。但当 n 的取值不同时，积分结果会有所不同。

（1）当 $n=0$ 时（零级反应），式（8-8）变为

$$\frac{dX}{dt} = kS_0(1-X)^{2/3} \tag{8-9}$$

积分得

$$1 - (1-X)^{1/3} = \frac{k}{r_0\rho}t = K_0t \tag{8-10}$$

式中，$K_0 = k/(r_0\rho)$，称为零级反应的表观速度常数。

对于形状系数为 F_p 的固体颗粒，式（8－10）可写为

$$1 - (1 - X)^{1/F_p} = K_0 t \tag{8－11}$$

（2）当 $n = 1$ 时（一级反应），式（8－8）变为

$$\frac{\mathrm{d}X}{\mathrm{d}t} = k \frac{3}{r_0 \rho} (1 - X)^{2/3} C^n = k S_0 (1 - X)^{2/3} C_0 (1 - X) \tag{8－12}$$

式中，C_0 为反应物的初始浓度。

若反应界面积的变化可以忽略，则上式可写为

$$\frac{\mathrm{d}X}{\mathrm{d}t} = k S_0 C_0 (1 - X) \tag{8－13}$$

积分上式得

$$- \ln(1 - X) = k S_0 C_0 t = K_1 t \tag{8－14}$$

式中，$K_1 = k S_0 C_0$，为一级反应的表观速度常数。

若反应界面积不可忽略，则积分式（8－12）得

$$\int_0^X (1 - X)^{-5/3} \mathrm{d}X = \int_0^t k S_0 C_0 \mathrm{d}t \tag{8－15}$$

即

$$(1 - X)^{-2/3} - 1 = \frac{2k C_0}{r_0 \rho} t = K_1' t \tag{8－16}$$

式中，$K_1' = 2k C_0 / (r_0 \rho)$，也称为一级反应的表观速度常数。

可见，式（8－11）及式（8－16）的等式左端与等式右端的反应时间成线性关系。利用上述直线关系，可以通过化学反应控制条件下的实验确定反应级数和化学反应速度常数。

当反应级数 n 为其他数值时，可采用类似方法推导出相应的转化率与反应时间的关系。固－固反应的速度受界面化学反应控制的情况一般多出现在反应的初期。

8.1.2　扩散控制模型

反应组分的扩散成为控制环节时，反应组分通过产物层的扩散速度远小于界面化学反应速度。固体反应组分在固态产物层中的扩散现象十分复杂，它受到晶体缺陷、界面性质和颗粒分布等多种因素影响。因此，根据不同条件提出了相应模型并得到了不同形式的速度方程。

8.1.2.1　一维扩散的抛物线方程

图 8－1 所示为单位质量平板状固体颗粒 A 和 B 之间的反应过程。其中，AB 为产物层，厚度为 y。A 需扩散穿过 AB 层扩散到 AB 和 B 的界面处才能使反应继续进行。根据菲克扩散定律，A 的扩散量为

$$\frac{\mathrm{d}G_s}{\mathrm{d}t} = - DS \frac{\mathrm{d}C}{\mathrm{d}y} \tag{8－17}$$

式中，S 为接触面积；D 为产物层内 A 的扩散系数；G_s、C 分别为反应物 A 的质量及浓度。

在扩散控制条件下反应物 A 在 AB 产物层两端（a、b 平面）的浓度为常数，所以

$$-\frac{dC}{dy} = \frac{\Delta C}{y} \tag{8-18}$$

式中，ΔC 为反应物 A 在 AB 产物层两端之间的浓度差，在反应过程中可视为常数。

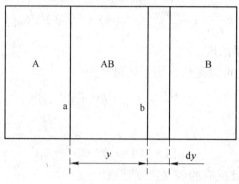

图 8－1　平板扩散模型

设反应物 A 的密度为 ρ，在 dt 时间间隔内产物层厚度增加 dy，则 A 组分的迁移量 dG_s 为

$$dG_s = \rho S dy \tag{8-19}$$

将式（8-18）及式（8-19）代入到式（8-17）中，得

$$\frac{dy}{dt} = \frac{D\Delta C}{\rho y} \tag{8-20}$$

积分得

$$y^2 = \frac{2D\Delta C}{\rho}t = K_2 t \tag{8-21}$$

式中　　　　　　　　　　　　$K_2 = 2D\Delta C/\rho$

式（8-21）表明产物层厚度 y 与反应时间 t 的平方根成正比，此即为一维扩散的抛物线速度方程。由于反应物的转化率 X 与产物层的厚度成正比

$$X = yS\rho \tag{8-22}$$

所以式（8-21）可改写为

$$X^2 = K_2' t \tag{8-23}$$

8.1.2.2　三维扩散的杨德方程

对于球形颗粒的三维扩散固－固反应，杨德（Jander）提出了如图 8－2 所示的模型。在推导速度方程中假定：

（1）反应物 A 为初始半径相同（r_0）的球粒，并被作为扩散相的固体反应物 B 所包围；

（2）反应从球表面向中心发展，反应开始后，A 和 B 之间被厚度为 y 的连续产物层 C 隔开，A 和 B 同产物层 C 均是完全接触；

（3）B 在产物层中具有线性浓度梯度，扩散截面积一定；

（4）反应过程中颗粒的体积和密度不变。

根据以上假定，产物层 C 的体积为

$$V = \frac{4}{3}\pi[r_0^3 - (r_0 - y)^3] \tag{8-24}$$

以 A 物质为基准的转化率为

$$X = \frac{3V}{4\pi r_0^3} = 1 - \left(1 - \frac{y}{r_0}\right)^3 \qquad (8-25)$$

即有

$$y = r_0\left[1 - (1-X)^{1/3}\right] \qquad (8-26)$$

若颗粒的初始半径足够大，则接触面积的形状可近似看作平板。根据抛物线速度方程（8-21）可得

$$y^2 = r_0^2\left[1 - (1-X)^{1/3}\right]^2 = K_2 t \qquad (8-27)$$

或

$$\left[1 - (1-X)^{1/3}\right]^2 = \frac{K_2}{r_0^2} t = K_3 t \qquad (8-28)$$

式（8-28）称为三维扩散的杨德（Jander）方程。式中，$K_3 = K_2/r_0^2$，称为杨德常数。应该指出，杨德模型只适用于满足反应过程中颗粒体积基本不变，以及球体半径远大于产物层厚度，从而可以把产物层近似看作为一维扩散的平板体系，即转化率较小的反应初期。此外，随着反应的进行，模型中扩散截面积一定的假定也很难维持。因此，对于许多反应体系，杨德模型的偏差程度是随着转化率的提高而增大的。为改进此模型的缺陷，出现过多种修正方案。例如，考虑反应过程中反应界面积变化的改进模型有

$$1 - \frac{2}{3}X - (1-X)^{2/3} = K_4 t \qquad (8-29)$$

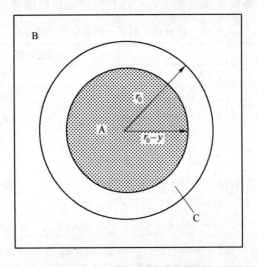

图 8-2 球形颗粒的杨德模型

8.1.3 单独控制模型通式

以上针对平板形和球形颗粒的非混合控制固-固反应导出了一些动力学方程，其通式可表达为

$$F(X) = Kt \qquad (8-30)$$

式（8-30）表明，由上述各种固-固反应模型均可推导出与反应时间成正比的某种

形式的固体转化率的函数，比例系数即为该模型的宏观动力学常数。其实，当反应物为圆柱状颗粒时（二维扩散），也可导出扩散控制时形式类似的固－固反应动力学方程，即

$$F(X) = (1 - X)\ln(1 - X) + X = Kt \tag{8-31}$$

此外，式（8－30）也可以写成如下形式

$$F(X) = A(t/t_{0.5}) \tag{8-32}$$

式中，$t_{0.5}$ 为固体转化率 X 达到 0.5 时的反应时间，A 为一个与 $F(X)$ 函数形式有关的常数。

例如，对于式（8－29）有

$$F(X) = 1 - \frac{2}{3}X - (1 - X)^{2/3} = Kt \tag{8-33}$$

$$K = \frac{F(0.5)}{t_{0.5}} = \frac{0.0367}{t_{0.5}} \tag{8-34}$$

所以，式（8－29）可改写为

$$F(X) = 1 - \frac{2}{3}X - (1 - X)^{2/3} = 0.0367(t/t_{0.5}) \tag{8-35}$$

表 8－2 中列出了上述主要的固－固反应动力学方程。由表可见，对各个不同的动力学方程可求得相应的 A 值。几个典型的转化率 X 对 $t/t_{0.5}$ 的关系曲线如图 8－3 所示，其中的曲线编号见表 8－2。只要根据实际实验结果做出 $X \sim t/t_{0.5}$ 曲线，并将其与标准的曲线相比较即可为确定反应类型和控制机理提供参考依据。若实验结果与几种模型的预测结果都很相近，则必须通过更多实验或其他手段对过程机理加以仔细鉴别。

表 8－2   部分重要的固－固反应动力学方程

控制环节	编 号	动力学方程	
零级反应	R0－1	$X = 0.5 \ (t/t_{0.5})$	$(F_p = 1)$
	R0－2	$1 - (1 - X)^{1/2} = 0.2929 \ (t/t_{0.5})$	$(F_p = 2)$
	R0－3	$1 - (1 - X)^{1/3} = 0.2063 \ (t/t_{0.5})$	$(F_p = 3)$
一级反应	R1－1	$-\ln(1 - X) = 0.6931 \ (t/t_{0.5})$	忽略反应界面积变化
	R1－2	$(1 - X)^{-2/3} - 1 = 0.5874 \ (t/t_{0.5})$	考虑反应界面积变化
一维扩散	D1	$X^2 = 0.25 \ (t/t_{0.5})$	抛物线方程
二维扩散	D2	$(1 - X) \ln(1 - X) + X = 0.1534 \ (t/t_{0.5})$	
三维扩散	D3－1	$[1 - (1 - X)^{1/3}]^2 = 0.0426 \ (t/t_{0.5})$	杨德方程
	D3－2	$1 - \frac{2}{3}X - (1 - X)^{2/3} = 0.0367 \ (t/t_{0.5})$	改进模型

8.1.4   混合控制模型

当界面化学反应速度与反应物通过产物层的扩散速度比较接近时，固－固反应便处于混合控制区。此时，固－固反应的情况比较复杂。假设在两个固体反应物之间不仅存在产物层，而且还存在反应层，如图 8－4 所示。在反应开始前，两个固体反应物 AO 和 B_2O_3 保持紧密接触，当反应物被加热到一定的温度时，它们便在相界面处开始发生反应，同时反应物 AO 不断向 B_2O_3 内部扩散，形成具有一定厚度的反应层，随着反应的进行，反应

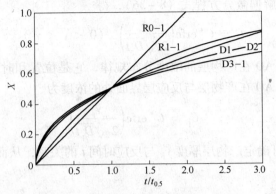

图 8-3 转化率 X 对 $t/t_{0.5}$ 的关系曲线

层向前发生移动，并在其后形成产物层。反应的速度不仅与反应物通过产物层和反应层的扩散速度有关，同时还与反应物在反应层中的化学反应速度有关。因此，这是一个伴有化学反应的非稳态扩散问题，需分别对产物层和反应层进行分析讨论。

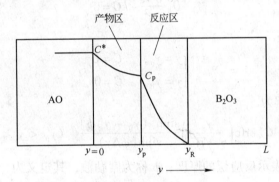

图 8-4 产物区和反应区的浓度分布

8.1.4.1 产物层

设反应物 AO 在产物层中的有效扩散系数 D_p 与组成无关，则扩散过程的菲克第二定律可表示为

$$\frac{\partial C}{\partial t} = D_p \frac{\partial^2 C}{\partial y^2} \tag{8-36}$$

相应的初始条件（$t=0$）为

$$\begin{cases} y < 0, & C = C_0 \\ y > 0, & C = 0 \end{cases} \tag{8-37}$$

边界条件（$t>0$）为

$$\begin{cases} y = 0, & C = C^* \\ y = y_p, & C = C_p \end{cases} \tag{8-38}$$

式中，y_p 为产物层厚度；C^* 为反应物 AO 与产物界面处反应物 AO 的浓度；C_p 为产物层与反应层界面处反应物 AO 的浓度。

如果颗粒的尺寸远大于产物层的厚度，则式（8-36）应该同时满足下列边界条件

$$y = \infty, \quad C = 0 \quad (t \geqslant 0) \tag{8-39}$$

在上述条件下求解偏微分方程式（8－36），得

$$C = C^* \operatorname{erfc}\left(\frac{y}{2\sqrt{D_p t}}\right) \quad (0 < y < y_p) \tag{8－40}$$

上式即为反应物 AO 在产物层的浓度分布规律，它是位置和时间的函数。将 $y = y_p$ 代入上式，即得反应物 AO 在产物层与反应层界面处的浓度为

$$C_p = C^* \operatorname{erfc}\left(\frac{y_p}{2\sqrt{D_p t}}\right) \tag{8－41}$$

若 C_p 一定，则可确定产物层厚度 y_p 与反应时间 t 的关系，从而确定转化率 X 与时间 t 的关系。

8.1.4.2　反应层

在反应层中同时存在扩散和化学反应。如果反应物在反应层中的有效扩散系数 D_R 保持不变，且化学反应对反应物 AO 的浓度为一级不可逆反应，则反应层内有下列关系式存在：

质量平衡方程式

$$D_R \frac{\partial^2 C}{\partial y^2} - kC = 0 \tag{8－42}$$

边界条件（$t > 0$）

$$\begin{cases} y = y_p, & C = C_p \\ y = y_R, & C = 0 \end{cases} \tag{8－43}$$

式（8－42）的解为

$$C = C^* \operatorname{erfc}\left(\frac{y_p}{2\sqrt{D_p t}}\right) \frac{\sinh[(y_R - y)\phi]}{\sinh(\phi \Delta y)} \quad (y_p < y < y_R) \tag{8－44}$$

式中，$\Delta y = y_R - y_p$，表示反应层的厚度；ϕ 称为席勒数，其定义为

$$\phi = L(k/D_R)^{1/2} \tag{8－45}$$

其中，k 为反应的速度常数，L 为颗粒的长度。

由式（8－44）可见，反应物 AO 在反应层内任意一点 y 处的浓度 C 可根据反应时间 t 及反应层厚度 Δy 算出。此外，比较式（8－40）与式（8－44）可知，在一定的反应时间条件下，反应物 AO 在产物层中的浓度分布只与它在产物层中的扩散系数 D_p 有关；而 AO 在反应层中的浓度分布则同时受到产物层中的扩散系数 D_p、反应层中的扩散系数 D_R 以及化学反应速度常数 k 的影响。

8.1.4.3　经验公式

由于混合控制时固－固反应模型的推导比较复杂，不像气－固反应那样易于处理，有时只能根据反应的实际情况采用一些近似表达式来描述反应的动力学规律。例如，当固－固反应速度受化学反应和扩散混合控制时，其反应速度可采用塔曼经验公式进行描述：

$$\frac{\mathrm{d}X}{\mathrm{d}t} = \frac{k}{t} \tag{8－46}$$

积分得到

$$X = k\ln(t/t_0) + X_0 \tag{8－47}$$

式中，X 和 X_0 分别为时刻 t 和 t_0 时的转化率；k 为表观速度常数，其值与温度、扩散系数和颗粒接触条件等有关。

8.2 双气－固反应

当固－固反应的生成产物或中间产物中有气体物质时，在反应机理的分析中应考虑气体物质的作用。当气体物质的生成或消耗在反应中起重要作用时，还必须结合气－固反应动力学来讨论整个反应过程的动力学规律。有气体中间产物的固－固反应可分为有净生成气体和无净生成气体两种类型。例如，大多数金属氧化物的碳热还原属于前者，其总反应式可写成

$$Me_xO_y(s) + zC(s) \Longrightarrow xMe(s) + (2z-y)CO(g) + (y-z)CO_2(g) \quad (8-48)$$

还原过程可以认为是通过介质 CO 和 CO_2 发生的两个气体与固体间反应串联进行的结果。

$$Me_xO_y(s) + yCO(g) \Longrightarrow xMe(s) + yCO_2(g) \quad (8-49)$$

$$zCO_2(g) + zC(s) \Longrightarrow 2zCO(g) \quad (8-50)$$

在这类反应中，有一个净生成气体物质 CO 和 CO_2 的过程。属于这类反应的实例有

（1）铁氧化物的碳热还原 $Fe_xO_y + yC \Longrightarrow xFe + yCO$

（2）钛铁矿与碳之间的反应 $FeTiO_3 + C \Longrightarrow Fe + TiO_2 + CO$

（3）碳直接还原铬镁尖晶石的反应 $MgCr_2O_4 + 3C \Longrightarrow 2Cr + MgO + 3CO$

金属和碳在还原气氛下制取碳化物的反应属于后者（无净生成气体），其碳化过程可看成由下列串联进行的两个气体与固体间的反应构成

$$C + 2H_2 \Longrightarrow CH_4 \quad (8-51)$$

$$Me + CH_4 \Longrightarrow MeC + 2H_2 \quad (8-52)$$

其总反应式为

$$Me(s) + C(s) \Longrightarrow MeC(s) \quad (8-53)$$

这类反应虽然有还原性气体介质 H_2 和 CH_4 参与反应，但并没有净生成气体，故属于第二种类型。

以上这些固－固反应都是在有气体介质存在条件下、通过两个气－固反应完成的，故称为双气－固反应。

8.2.1 模型表达式

虽然有气体中间产物的固－固反应在冶金和材料科学研究中的意义日趋重要，但是其模型解析研究远没有气－固反应所研究的那么深入，为描述其反应特性而推导出的数学关系式也有限。这里仅就化学反应为控制环节时的数学处理进行讨论。

设想通过气体介质 A 和 C 进行的固体 B 和 D 的反应可表达为

$$A(g) + bB(s) \Longrightarrow cC(g) + eE(s)$$
$$C(g) + dD(s) \Longrightarrow aA(g) + fF(s) \quad (8-54)$$

为满足无需外部供应气体的条件，必须有 $a \times c \geqslant 1$。由均匀的 B 和 D 微粒构成的多孔球体颗粒中 B 和 D 之间的反应模型如图 8－5 所示。为推导其反应速度表达式，作如下假定：

（1）每种固体微粒的形状和粒度相同，但 B 和 D 可以有不同；

（2）过程受化学反应控制，固体内部气体浓度均匀；

（3）体系是等温的；

（4）气体通过每个微粒表面的产物层扩散不是速度限制环节；

（5）过程中每种微粒的大小和形状不变。

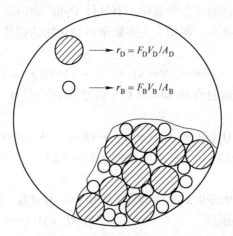

图 8-5　有气体中间产物的固－固反应微粒模型

设在单位体积的球形颗粒内，按式（8-54）进行的两个反应的净正向速度（mol/（s·m³））分别为 v_1 和 v_2，则反应产生的气体成分 A 和 C 的净生成速度为

$$
\begin{cases}
\text{A 的净生成速度} & \dfrac{dn_A}{dt} = -v_1 + av_2 \\[2mm]
\text{C 的净生成速度} & \dfrac{dn_C}{dt} = cv_1 - v_2
\end{cases}
\tag{8-55}
$$

假定每种微粒都按未反应核模型进行一级不可逆反应，则固体 B 和 D 的反应消耗速度分别为

$$
\begin{cases}
-\rho_B \dfrac{dr_B}{dt} = bk_1 C_A \\[2mm]
-\rho_D \dfrac{dr_D}{dt} = dk_2 C_C
\end{cases}
\tag{8-56}
$$

式中，r_B 和 r_D 及 ρ_B 和 ρ_D 分别为 B 和 D 微粒的未反应核半径及其摩尔密度。

根据气－固反应的微粒模型，由式（8-54）的化学计量关系，v_1 和 v_2 可表达为

$$
\begin{cases}
v_1 = \alpha_B \left(\dfrac{A_B}{V_B}\right)\left(\dfrac{A_B r_B}{F_B V_B}\right)^{F_B-1} k_1 C_A \\[3mm]
v_2 = \alpha_D \left(\dfrac{A_D}{V_D}\right)\left(\dfrac{A_D r_D}{F_D V_D}\right)^{F_D-1} k_2 C_C
\end{cases}
\tag{8-57}
$$

式中，α_B 和 α_D 分别为球体颗粒中固体 B 和 D 所占体积分率；A_i、V_i 和 $F_i(i=B、D)$ 分别为球形颗粒中固体微粒 i 的表面积、体积和形状因子。

若体系总压力不变且假定过程为拟稳态，则气相任意时刻的浓度等于处于稳定状态的数值，则可导出下列关系式

$$\begin{cases} \dfrac{\mathrm{d}n_A}{\mathrm{d}t} = \left(\dfrac{C_A}{V_p}\right)\left(\dfrac{\mathrm{d}V}{\mathrm{d}t}\right) \\[3mm] \dfrac{\mathrm{d}n_C}{\mathrm{d}t} = \left(\dfrac{C_C}{V_p}\right)\left(\dfrac{\mathrm{d}V}{\mathrm{d}t}\right) \end{cases} \tag{8-58}$$

式中，V_p 为球形颗粒的体积；$\mathrm{d}V/\mathrm{d}t$ 为气体混合物体积生成速度。此外还有下列条件

$$C_A + C_C = C_T \tag{8-59}$$

式中，C_T 为球体中气相总浓度。

由式（8-55）~式（8-59）可以对 C_A 和 C_C 求解，再根据所得数据，用式（8-56）求出固体的反应率。

为使推导过程简化，定义下列无因次量：

无因次浓度

$$\begin{cases} \psi_A = \dfrac{C_A}{C_T} \\[3mm] \psi_C = \dfrac{C_C}{C_T} \end{cases} \tag{8-60}$$

无因次微粒半径

$$\begin{cases} \xi_B = \dfrac{A_B r_B}{F_B V_B} \\[3mm] \xi_D = \dfrac{A_D r_D}{F_D V_D} \end{cases} \tag{8-61}$$

两种固体的相对摩尔比

$$\gamma = \left(\dfrac{b}{d}\right)\left(\dfrac{\alpha_D}{\alpha_B}\right)\left(\dfrac{\rho_D}{\rho_B}\right) \tag{8-62}$$

两种固体的反应速度比

$$\beta = \left(\dfrac{d}{b}\right)\left(\dfrac{\rho_B}{\rho_D}\right)\left(\dfrac{F_B V_B A_D}{F_D V_D A_B}\right)\left(\dfrac{k_2}{k_1}\right) \tag{8-63}$$

无因次反应时间

$$t^* = \dfrac{bk_1 C_T}{\rho_B}\dfrac{A_B}{F_B V_B}t \tag{8-64}$$

将式（8-55）、式（8-57）与式（8-58）合并，可整理成如下无因次形式

$$\psi_A(\psi_C + c\psi_A) = \gamma\beta\left(\dfrac{F_D \xi_D^{F_D-1}}{F_B \xi_B^{F_B-1}}\right)\psi_C(\psi_A + a\psi_C) \tag{8-65}$$

式（8-56）和式（8-59）的无因次形式为

$$\begin{cases} \dfrac{\mathrm{d}\xi_B}{\mathrm{d}t^*} = -\psi_A \\[3mm] \dfrac{\mathrm{d}\xi_D}{\mathrm{d}t^*} = -\beta(1-\psi_A) \end{cases} \tag{8-66}$$

$$\psi_A + \psi_C = 1 \tag{8-67}$$

固体 B 和 D 的转化率可按下式计算

$$\begin{cases} X_B = 1 - \xi_B^{F_B} \\ X_D = 1 - \xi_D^{F_D} \end{cases} \tag{8-68}$$

可以看出，转化率 X 和反应速度是通过 γ 和 β 两个无因次量与反应时间 t^* 联系起来的。将式（8-67）代入式（8-65）并定义变量

$$u = (a-1)\gamma\beta \frac{F_D \xi_D^{F_D-1}}{F_B \xi_B^{F_B-1}} - (c-1) \tag{8-69}$$

$$v = (2a-1)\gamma\beta \frac{F_D \xi_D^{F_D-1}}{F_B \xi_B^{F_B-1}} + 1 \tag{8-70}$$

$$w = a\gamma\beta \frac{F_D \xi_D^{F_D-1}}{F_B \xi_B^{F_B-1}} \tag{8-71}$$

可整理成以 ψ_A 为变量的一元二次方程

$$u\psi_A^2 - v\psi_A + w = 0 \tag{8-72}$$

式（8-72）的解为

$$\psi_A = \frac{v - \sqrt{v^2 - 4uw}}{2u} \tag{8-73}$$

将式（8-73）代入式（8-66）并在初始条件 $t^* = 0$，$\xi_B = \xi_D = 1$ 下积分，便可得到 ξ_B 和 ξ_D 与 t^* 的关系。通常情况下，式（8-66）的积分必须使用数值积分法。

当 $F_B = F_D = 1$ 时，u、v、w 及 ψ_A 均变为常数，可能得到解析解。这时，微粒内部的反应界面积不随转化率变化，则式（8-73）具有下列形式

$$\psi_A = \frac{(2a-1)\gamma\beta + 1 - \left[(\gamma\beta)^2 + 2(2ac-1)\gamma\beta + 1 \right]^{1/2}}{2\left[(a-1)\gamma\beta - c + 1 \right]} \tag{8-74}$$

由式（8-66）和式（8-74）可以看出，在任何一个固体完全转化（有一个固体完全转化时，反应将停止）之前，反应速度均为常数而与转化率无关，即反应速度仅由 β 和 γ 决定。

考虑氧化亚铁（FeO）的碳还原反应

$$\begin{cases} CO + FeO == CO_2 + Fe \\ CO_2 + C == 2CO \end{cases} \tag{8-75}$$

此时，$a = 2$、$c = 1$，则有

$$\psi_A = \frac{3\gamma\beta + 1 - \left[(\gamma\beta)^2 + 6\gamma\beta + 1 \right]^{1/2}}{2\gamma\beta} \tag{8-76}$$

图 8-6 给出了 $F_B = F_D = 1$、$a = 2$、$c = 1$ 条件下，不同 β 值下 B 和 D 的反应速度及气体介质浓度与 γ 的关系，由图中绘出的 γ 和 β 值相对应的图点可以用来表示给定体系的反应行为。相同 β 值对应的 B 和 D 的两条曲线的交点表示 B 和 D 以相同无因次速度发生反应的条件，所以图中各交点间的连线代表 B 和 D 同时完全转化的轨迹，而 $\gamma = 1/a = 0.5$ 及 $\gamma = c = 1$ 则分别对应 $\gamma\beta \to 0$ 及 $\gamma\beta \to \infty$ 两个极端情况下 B 和 D 同时完全转化的条件（见以下分析）。

8.2.2 极限情况的讨论（渐近解）

当 $F_B = F_D = 1$ 时，由式（8-62）、式（8-63）可得

$$\gamma\beta = \left(\frac{\alpha_D}{\alpha_B}\right)\left(\frac{k_2}{k_1}\right) \tag{8-77}$$

可见，$\gamma\beta$ 的大小体现了固体 D 与固体 B 相对量的大小或相对反应速度的大小。下面在 $F_B = F_D = 1$ 的假设前提下，讨论两种极限情况。

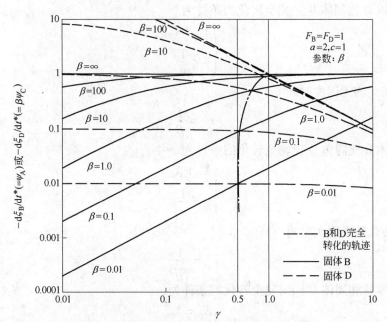

图 8-6　不同 β 值下 B 和 D 的反应速度及气体介质浓度与 γ 的关系

8.2.2.1　$\gamma\beta \to 0$ 情况

当 $\gamma\beta \to 0$（即 $k_2 \ll k_1$ 或固体 D 的量相对固体 B 的量很少）时，式（8-54）所示的两个反应中，后者（气体介质 C 与固体 D 的反应）比前者（气体介质 A 与固体 B 的反应）慢得多，从而成为过程的速度限制环节。此时，气体介质主要由 C 组成（$\psi_C \approx 1$），而气体 A 的浓度很小（$\psi_A \approx 0$），所以式（8-65）可简化为

$$\psi_A(1 + c \times 0) = \gamma\beta \times 1 \times (0 + a \times 1) \tag{8-78}$$

即

$$\psi_A = \alpha\gamma\beta \tag{8-79}$$

将式（8-79）代入式（8-66）得

$$\begin{cases} -\dfrac{d\xi_B}{dt^*} = a\gamma\beta \\[2mm] -\dfrac{d\xi_D}{dt^*} \approx \beta(1-0) = \beta \end{cases} \tag{8-80}$$

积分上式得到

$$\begin{cases} \xi_B = 1 - a\gamma\beta t^* \\[1mm] \xi_D = 1 - \beta t^* \end{cases} \tag{8-81}$$

由式（8-81）可得

$$X_B = a\gamma X_D \tag{8-82}$$

$\gamma\beta \to 0$ 条件的分析结果表明，气体成分相当于式（8-54）所示的第一个（固体 B 与气体 A 的）反应的平衡混合气体成分，D 与 C 的反应内在动力学与 γ 无关（即与 B 的反应动力学无关）。由该条件下求出的转化率数据可以确定 D 与 C 的反应内在动力学。由式（8-81）和式（8-82）可得出 B 或 D 完全转化的先后次序条件。

（1）固体 D 比固体 B 先完全转化的条件为

$$\begin{cases} X_B < X_D \\ \gamma < \dfrac{1}{a} \end{cases} \tag{8-83}$$

D 完全转化的无因次时间

$$t^* = \frac{1}{\beta} \tag{8-84}$$

（2）固体 B 比固体 D 先完全转化的条件为

$$\begin{cases} X_B > X_D \\ \gamma > \dfrac{1}{a} \end{cases} \tag{8-85}$$

B 完全转化的无因次时间

$$t^* = \frac{1}{a\gamma\beta} \tag{8-86}$$

（3）固体 B 和固体 D 同时完全转化的条件为

$$\begin{cases} X_B = X_D \\ \gamma = \dfrac{1}{a} \end{cases} \tag{8-87}$$

可见，为使两种固体物料同时消耗完，需要确定反应的化学计量系数及固体反应物的比例关系。

B 及 D 同时完全转化的无因次时间

$$t^* = \frac{1}{\beta} \tag{8-88}$$

在图 8-6 中，当 $\gamma\beta \to 0$ 时，B 和 D 同时完全转化的条件为 $\gamma = 1/a = 0.5$。此时，D 的速度曲线变为平行于横轴且速度值为 β 的直线，B 和 D 的无因次反应速度相等且等于 β。当 $\gamma < 0.5$ 时，D 的无因次反应速度大于 B，故 D 先于 B 完全转化；反之当 $\gamma > 0.5$ 时，B 的无因次反应速度大于 D，故 B 先于 D 完全转化。

8.2.2.2　$\gamma\beta \to \infty$ 情况

当 $\gamma\beta \to \infty$（即 $k_2 \gg k_1$ 或固体 B 的量相对固体 D 的量很少）时，气体成分相当于式（8-54）所示的第二个（固体 D 与气体 C 的）反应的平衡混合气体成分，而第一个（气体介质 A 与固体 B 的）反应成为过程的速度限制环节。此时，气体介质主要由 A 组成（$\psi_A \approx 1$），而气体 C 的浓度很小（$\psi_C \approx 0$）。所以式（8-65）可简化为

$$1 \times (0 + c \times 1) = \gamma\beta\psi_C(1 + a \times 0) \tag{8-89}$$

即

$$\psi_C = \frac{c}{\gamma\beta} = 1 - \psi_A \tag{8-90}$$

将式 (8-90) 代入式 (8-66) 得

$$\begin{cases} \dfrac{\mathrm{d}\xi_B}{\mathrm{d}t^*} = -1 + \dfrac{c}{\gamma\beta} \approx -1 \\ \dfrac{\mathrm{d}\xi_D}{\mathrm{d}t^*} = -\dfrac{c}{\gamma} \end{cases} \tag{8-91}$$

积分得到

$$\begin{cases} \xi_B = 1 - t^* \\ \xi_D = 1 - \dfrac{c}{\gamma}t^* \end{cases} \tag{8-92}$$

由式 (8-92) 可得

$$X_D = \frac{c}{\gamma}X_B \tag{8-93}$$

$\gamma\beta \to \infty$ 条件的分析结果表明，B 的反应内在动力学与 γ 及 β 都无关。由该条件下求出的转化率数据可以确定 B 的反应内在动力学。同样，由式 (8-92) 和式 (8-93) 可得出 B 或 D 完全转化的先后次序条件。

(1) 固体 B 比固体 D 先完全转化的条件为

$$\begin{cases} X_B > X_D \\ \gamma > c \end{cases} \tag{8-94}$$

B 完全转化的无因次时间

$$t^* = 1 \tag{8-95}$$

(2) 固体 D 比固体 B 先完全转化的条件为

$$\begin{cases} X_B < X_D \\ \gamma < c \end{cases} \tag{8-96}$$

B 完全转化的无因次时间

$$t^* = \frac{\gamma}{c} \tag{8-97}$$

(3) 固体 B 和固体 D 同时完全转化的条件为

$$\begin{cases} X_B = X_D \\ \gamma = c \end{cases} \tag{8-98}$$

B 完全转化的无因次时间

$$t^* = 1 \tag{8-99}$$

在图 8-6 中，当 $\gamma\beta \to \infty$ 时，B 和 D 同时完全转化的条件为 $\gamma = c = 1$。此时，B 的速度曲线变为平行于横轴且速度值为 1 的直线，B 和 D 的无因次反应速度相等且等于 1。当 $\gamma < 1$ 时，D 的无因次反应速度大于 B，故 D 先于 B 完全转化；反之当 $\gamma > 1$ 时，B 的无因次反应速度大于 D，故 B 先于 D 完全转化。

图 8-6 还可用图 8-7、图 8-8 分别表示。由图 8-7 可知，当 $\beta \to 0$ 时，D 的速度曲线变为斜率为 1 且过原点的直线（即 $-\mathrm{d}\xi_D/\mathrm{d}t^* = \beta$）。再参照图 8-8 可知，只有当 $\gamma = 1/a = 0.5$ 时，B 才能与 D 以相同的无因次速度进行反应，实现同时转化。同样，当 $\beta \to \infty$ 时，B 的速度曲线变为平行于横轴且值为 1 的直线（即 $-\mathrm{d}\xi_B/\mathrm{d}t^* = 1$，如图 8-8 所示）。

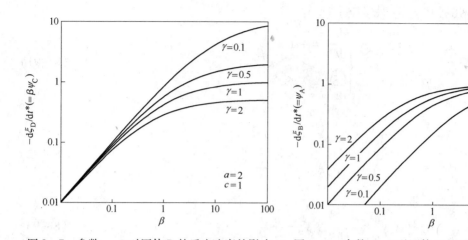

图 8 – 7 参数 γ、β 对固体 D 的反应速度的影响　　图 8 – 8 参数 γ、β 对固体 B 的反应速度的影响

参照图 8 – 7 可知，只有当 $\gamma = c = 1$ 时，B 才能与 D 以相同的无因次速度进行反应，实现同时转化。

以上推导是在忽略了多孔球体颗粒内扩散的影响、总速度仅受化学反应控制时的固 – 固反应的数学表达式。虽然许多体系都可近似满足所假设的条件，但这些处理方法一般只能应用于实际情况的有限范围，它可以作为进一步研究的基础。

本章符号列表

A_B、A_D：分别为固体微粒 B、D 的表面积（m^2）

C：反应物浓度（kg/m^3）

C_0：反应物的初始浓度（kg/m^3）

C^*：反应物 AO 与产物界面处反应物 AO 的浓度（kg/m^3）

C_p：产物层与反应层界面处反应物 AO 的浓度（kg/m^3）

C_A：气体 A 的浓度（mol/m^3）

C_C：气体 C 的浓度（mol/m^3）

C_T：球体中气相总浓度（mol/m^3）

D：产物层内固体反应物的扩散系数（m^2/s）

D_p：固体反应物在产物层内的有效扩散系数（m^2/s）

D_R：固体反应物在反应层内的有效扩散系数（m^2/s）

F_p：固体颗粒的形状系数

F_B、F_D：分别为固体微粒 B、D 的形状系数

$F(X)$：固体转化率的函数

G_s：单位质量体系中尚未反应的固体反应物质量（kg）

k：反应速度常数（$m^{3n-2}/(s \cdot kg^{n-1})$）

k_1：气体 A 与固体 B 的反应速度常数（m/s）

k_2：气体 C 与固体 D 的反应速度常数（m/s）

K_0：零级反应的表观速度常数（s^{-1}）

K_1：一级反应的表观速度常数（s^{-1}）

K_1'：一级反应的表观速度常数（s^{-1}）

K_2：一维扩散的抛物线方程系数（m^2/s）

K_2'：一维扩散的抛物线方程系数（s^{-1}）

K_3：三维扩散方程的杨德常数（s^{-1}）

K_4：三维扩散修正方程系数（s^{-1}）

K：单独控制模型通式中的宏观动力学常数（s^{-1}）

L：颗粒的长度（m）

n：反应级数

n_A：单位体积的球形颗粒内气体成分 A 的物质的量（mol/m^3）

n_C：单位体积的球形颗粒内气体成分 C 的物质的量（mol/m^3）

N：单位质量固体反应物中的颗粒数

r_0：反应物颗粒的初始半径（m）

r：反应物颗粒在反应过程中未反应部分的半径（m）

r_B：反应物微粒 B 的未反应核半径（m）

r_D：反应物微粒 D 的未反应核半径（m）

S：单位质量固体反应物的接触面积（m^2/kg）

S_0：反应初始时单位质量反应物的接触面积（m^2/kg）

t：反应时间（s）

$t_{0.5}$：固体转化率 X 达到 0.5 时的反应时间（s）

t^*：无因次反应时间

V_B、V_D：分别为固体微粒 B、D 的体积（m^3）

V_p：球形颗粒的体积（m^3）

V：气体混合物的体积（m^3）

X：反应时刻 t 时的转化率

X_0：反应时刻 t_0 时的转化率

v_1、v_2：分别为双气固反应中两个净正向反应速度（$mol/(s \cdot m^3)$）

ρ：反应物的质量密度（kg/m^3）

ρ_B：反应物 B 的摩尔密度（mol/m^3）

ρ_D：反应物 D 的摩尔密度（mol/m^3）

α_B、α_D：分别为球体颗粒中固体 B 和 D 所占的体积分率

ψ_A、ψ_B：分别为气体 A、C 的无因次浓度

ξ_B、ξ_D：分别为固体微粒 B、D 的无因次半径

γ：两种固体的相对摩尔比

β：两种固体的反应速度比

ϕ：席勒数

思考与练习题

8－1 固－固反应有哪两种类型，其反应过程各有什么特点？

8－2 试分析 Jander 模型的适用条件及局限性，应如何修正？

8－3 推导公式

$$\psi_A(\psi_C + c\psi_A) = \gamma\beta\left(\frac{F_D\xi_D^{F_D-1}}{F_B\xi_B^{F_B-1}}\right)\psi_C(\psi_A + a\psi_C) \tag{8-65}$$

8－4 推导公式

$$\psi_A = \frac{(2a-1)\gamma\beta + 1 - \left[(\gamma\beta)^2 + 2(2ac-1)\gamma\beta + 1\right]^{1/2}}{2\left[(a-1)\gamma\beta - c + 1\right]} \tag{8-74}$$

8－5 设想通过气体介质 A 和 C 进行的固体 B 和 D 的反应表达式如下：

$$A(g) + bB(s) \Longrightarrow cC(g) + eE(s)$$

$$C(g) + dD(s) \Longrightarrow aA(g) + fF(s)$$

试证明为满足无需外部供应气体的条件，必须有 $a \times c \geqslant 1$。

9 基于 Excel 的解析举例

9.1 引　言

Excel 是微软公司出品的 Office 系列办公软件中的一个组件，被公认为是世界上功能强大、技术先进、使用方便的电子表格软件。目前，国外很多教学、科研、设计等部门都在运用 Excel 从事日常的数据处理、绘制图表等工作，同时也有许多部门应用 Excel 从事专门问题的研究。在国内，也有很多研究者探索如何将 Excel 应用于经济、金融、工程、教学等领域中。对于复杂的大规模计算，当然可以选择其他专业软件来完成，但对于冶金宏观动力学中的一般性计算问题，简单易用的 Excel 是最佳选择。

目前，虽然计算机早已普及、Excel 已经成为广大科技工作者的常用工具，但有关如何将 Excel 与实际应用相结合、充分利用这个工具进行科学计算解决实际问题的方法介绍仍显不足。因此，掌握如何利用 Excel 工具解决冶金宏观动力学中经常出现的联立方程式的求解、（联立）微分方程式的求解、复杂数据间的计算、图表制作等问题很有必要。本章选择几个与冶金宏观动力学问题相关的典型例子，全部利用 Excel 进行解析。通过这些典型问题的 Excel 解析过程，读者不但可以加深对冶金宏观动力学的理解，同时也会更加熟练地掌握 Excel 的使用方法，为进一步利用这个简单方便的工具解决相关其他复杂问题奠定基础。

本章中解析举例的题目及与之相关的数学知识、Excel 工具方法、相关章节等信息列于表 9-1 中。对每一个举例，首先给出问题本身，其次分析问题的解题思路，最后给出利用 Excel 进行解析的方法和步骤。所选择的例题，在控制难易程度及计算规模在一定范围内的前提下，一方面具有冶金动力学的典型问题特征，另一方面可以显示利用 Excel 进行解析时 Excel 的工具特点。针对冶金宏观动力学中的各种典型问题，Excel 中的常用工具有工作表函数、单变量求解工具、规划求解工具、VBA（Visual Basic for Applications）等。只要选择合适的 Excel 工具或方法就能够成功求解一般冶金动力学问题。由于篇幅所限，本章只对与冶金宏观动力学问题相关的算法及主要 Excel 操作予以叙述，要求读者掌握基本的 Excel 相关常识、数值分析、计算方法基础以及 BASIC 语言编程基础，其中涉及的有关详细内容可参阅相关书籍。

表 9-1　基于 Excel 的冶金宏观动力学解析举例列表

节	题　目	相关数学知识及 Excel 工具方法	相关章节
9.2	连串反应组元浓度随时间的变化	常微分方程组；龙格库塔法；Runge - Kutta - Fehlberg 法；VBA	1.1.4
9.3	广义化颗粒的气 - 固反应动力学	最小二乘法；Excel 内置函数；数据分析工具	2.6.2

节	题 目	相关数学知识及 Excel 工具方法	相关章节
9.4	渣金反应级数及活化能的确定	最小二乘法；规划求解工具	1.1.3
9.5	无产物层生成的气－固反应	工作表操作；VBA	3.1.2
9.6	反应级数对反应速度的影响	常微分方程组；录制宏；单变量求解工具	3.4
9.7	氧化铁三界面还原反应模型	常微分方程组；龙格库塔法；VBA	3.7
9.8	气－固反应微粒模型的数值解	偏微分方程组；"自动重算"功能；启用迭代计算功能	4.1.2
9.9	多孔颗粒均匀气化反应	牛顿迭代法求解一元非线性方程；单变量求解工具	4.2.1
9.10	钢液中锰的氧化脱除	工作表操作；对数坐标格式作图	6.3.3
9.11	扩散控制的放热最高温升	辛普森积分法；VBA	3.5.3
9.12	废钢的溶解速度	一元非线性方程；单变量求解工具	7.1.1

本章使用 Excel2010 版本进行介绍，在利用这些实用工具前，需进行一些必要的设定。如：打开 Excel，顺序执行"文件"→"选项"→"加载项"→"转到"后，在弹出的窗口中选择需要的可用加载宏即可，如图 9 – 1 所示。

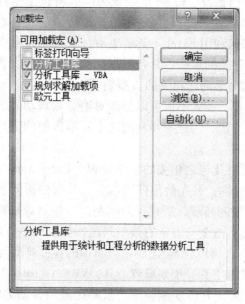

图 9 – 1   加载宏选项窗口

9.2   连串反应组元浓度随时间的变化

9.2.1   问题

已知反应物 A 经中间产物 R 后最终生成 S 的简单连串反应如下

$$\begin{cases} A \to R & r_1 = k_1 C_A \\ R \to S & r_2 = k_2 C_R \end{cases} \tag{9-1}$$

而且，各个成分的浓度随时间的变化关系可由以下常微分方程式表达

$$\frac{dC_A}{dt} = -k_1 C_A \tag{9-2}$$

$$\frac{dC_R}{dt} = k_1 C_A - k_2 C_R \tag{9-3}$$

$$\frac{dC_S}{dt} = k_2 C_R \tag{9-4}$$

式中，C_i 为各个成分的浓度（$i = A、R、S$）；$r_1、r_2$ 为反应速度；$k_1、k_2$ 为反应速度常数，$k_1 = 1.0$、$k_2 = 0.5$。设初值 $C_A = 1$、$C_R = 0$、$C_S = 0$，求各个成分浓度随时间的变化关系图。本例中，主要变量及其单位为：时间 $t(s)$，浓度 $C_i(mol/m^3)$，速度常数 $k_1、k_2(s^{-1})$。为简便起见，以下省略单位。

9.2.2 分析

联立式（9-2）~式（9-4），构成一阶常微分方程组。利用龙格库塔（Runge-Kutta）法，从初值出发，可求出各个时间点的数值解。本例中，利用 Excel VBA 程序，采用自适应 Runge-Kutta 法（Runge-Kutta-Fehlberg 法，简称 RKF 法），该法自动选取合适的积分步长，精度较高，计算步骤相对较少。

对一阶常微分方程初值问题

$$y' = f(t, y), \ a \leq t \leq b, \ y(a) = \eta \tag{9-5}$$

RKF 法是利用五阶 Runge-Kutta 法

$$u_{n+1} = u_n + \frac{16}{135}K_1 + \frac{6656}{12825}K_3 + \frac{28561}{56430}K_4 - \frac{9}{50}K_5 + \frac{2}{55}K_6 \tag{9-6}$$

去估计四阶 Runge-Kutta 法

$$y_{n+1} = y_n + \frac{25}{216}K_1 + \frac{1408}{2565}K_3 + \frac{2197}{4104}K_4 - \frac{1}{5}K_5 \tag{9-7}$$

式中

$$\begin{cases} K_1 = hf(t_n, y_n) \\ K_2 = hf\left(t_n + \frac{1}{4}h, y_n + \frac{1}{4}K_1\right) \\ K_3 = hf\left(t_n + \frac{3}{8}h, y_n + \frac{3}{32}K_1 + \frac{9}{32}K_2\right) \\ K_4 = hf\left(t_n + \frac{12}{13}h, y_n + \frac{1932}{2197}K_1 - \frac{7200}{2197}K_2 + \frac{7296}{2197}K_3\right) \\ K_5 = hf\left(t_n + h, y_n + \frac{439}{216}K_1 - 8K_2 + \frac{3680}{513}K_3 - \frac{845}{4104}K_4\right) \\ K_6 = hf\left(t_n + \frac{1}{2}h, y_n - \frac{8}{27}K_1 + 2K_2 - \frac{3544}{2565}K_3 + \frac{1859}{4104}K_4 - \frac{11}{40}K_5\right) \end{cases} \tag{9-8}$$

其中，h 为步长。误差 R 为

$$R = \frac{|u_{n+1} - y_{n+1}|}{h} = \left| \frac{1}{360}K_1 - \frac{128}{4275}K_3 - \frac{2197}{75240}K_4 + \frac{1}{50}K_5 + \frac{2}{55}K_6 \right| / h \tag{9-9}$$

若误差 R 小于误差容限 $TOL(R \leqslant TOL)$，则 $y(t_{n+1}) \approx y_{n+1}$；否则不取 y_{n+1}，将步长缩小重新计算。为了确保步长缩小不至无限循环下去，可给出循环的下限 $h_{\min}$。若 $h < h_{\min}$，则终止计算，并给出过早终止的信息。当 R 相比 TOL 过小到一定程度时，则增大步长。本例中取 $TOL = 0.00001$，步长的具体调节方法如下：

设

$$\delta = 0.84 \left(\frac{TOL}{\mid u_{n+1} - y_{n+1} \mid /h} \right)^{1/4} \tag{9-10}$$

若 $\delta \leqslant 0.1$，则 $h \leftarrow 0.1h$；若 $\delta \geqslant 4$，则 $h \leftarrow 4h$；若 $0.1 < \delta < 4$，则 $h \leftarrow \delta h$。

9.2.3　求解

（1）已知数据及公式的输入。需要输入的已知数据或公式有：微分方程式个数、速度常数、微分方程式公式、积分区间及区间分割数、初值等，如图 9-2 所示。图中用颜色填充部分为输入的数据，公式则用单元格备注的方式显示出来。在输入数据的近旁单元格中附有文字说明。最后设置程序执行按钮，取名为"连串反应浓度计算"，点击该按钮即可执行程序（程序设计见后），将计算结果输出到初值所在行的下面。图中，A3：D3 中的数据为中间计算结果，输入的数据或公式供程序调用使用。将主要参数放在单元格中而不是程序本身中的好处是可以适当改变这些参数而不必关心程序本身就可以简单地对该计算模型进行适当扩张和修改以适应各种复杂条件，这是仅在特殊条件下才能对式（9-2）、式（9-3）及式（9-4）进行积分求得解析解的方法难以做到的。

图 9-2　数据及公式的输入以及计算结果

（2）简单 VBA 编程步骤简介。

1）新建模块。顺序执行"开发工具"→"录制宏"，在出现的窗口（如图 9-3 所示）中设定宏名及其他适当设置后点击"确定"，然后再点击"停止录制"。这样，一个新的模块模板就准备好了。

2）点击"宏"，在出现的窗口（如图 9-4 所示）中选择已创建的模块模板，再点击"编辑"，出现程序编辑窗口，删除 Sub ~ End Sub 内的操作记录代码，即可进行自己的编程，如图 9-5 所示。

3）创建程序执行按钮。点击"插入"→"按钮（窗体控件）"（如图9-6所示），在工作表上用鼠标点击一下后，在出现的指定宏窗口中链接已经建立的宏（VBA程序），点击"确定"即可。

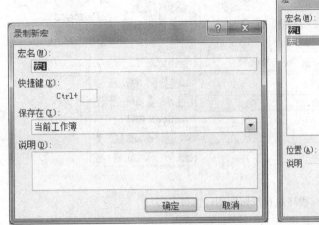

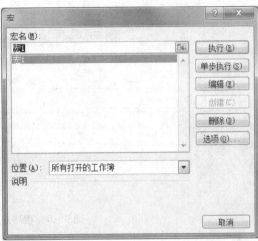

图9-3 录制宏窗口   图9-4 宏窗口

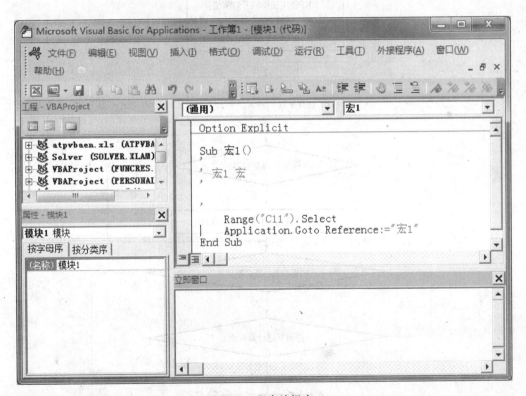

图9-5 程序编辑窗口

（3）VBA程序设计。本例中设计为在Excel单元格中点击按钮"连串反应浓度计算"后，执行Sub A_onClick()过程。该过程分别调用四个子程序或函数，分别计算系数（$K_1 \sim K_6$）、误差、函数近似值、调整步长。计算程序流程图如图9-7所示。

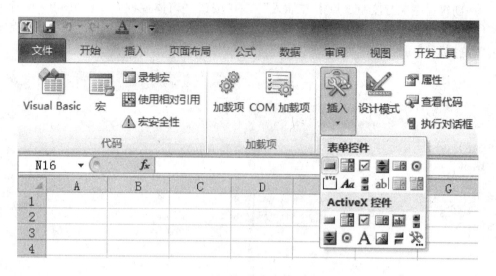

图 9 - 6　程序执行按钮的创建窗口

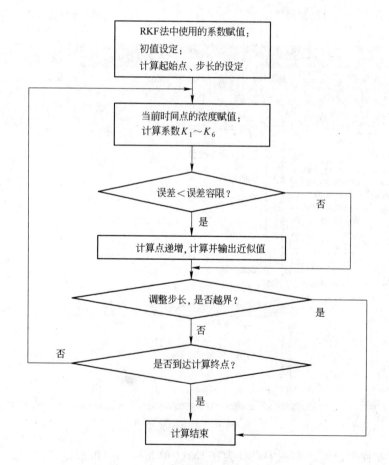

图 9 - 7　RKF 法计算流程图

程序代码如下:

```
Option Explicit
Dim K( ) As Double           'K1 至 K6 的值
Dim Lin As Long              '计算结果输出行号
Dim ND As Integer            '区间分割数
Dim NK As Integer            '微分方程式的序号计数
Dim NM As Integer            '微分方程式数 – 1
Dim NZ As Long              '积分步骤序号
Dim R( ) As Double          '误差
Dim Ret As Integer          'MsgBox 的返回码
Dim TOL( ) As Double        '误差容限
Dim X As Double             '计算过程中的时间(输出到工作表中)
Dim X0 As Double            '每一积分步骤的时间
Dim XA As Double            '积分区间的始端
Dim XB As Double            '积分区间的末端
Dim Xishu_K1 As Variant     'K1 的系数
Dim Xishu_K2 As Variant     'K2 的系数
Dim Xishu_K3 As Variant     'K3 的系数
Dim Xishu_K4 As Variant     'K4 的系数
Dim Xishu_K5 As Variant     'K5 的系数
Dim Xishu_K6 As Variant     'K6 的系数
Dim Xishu_R As Variant      '误差系数
Dim Xishu_W As Variant      '近似值的系数
Dim Y( ) As Double          '计算过程中的近似值(输出到工作表中)
Dim Y0( ) As Double         '初值以及最终近似值
Dim YS( ) As Double         '每一步骤的积分值
Dim YH0 As Double           '积分最大步长(输入值)
Dim YH1 As Double           '每一计算步骤的时间步长
Dim YHmin As Double         '积分最小步长
```

```
Sub A_onClick( )
'  – – – – – – – Runge – Kutta – Fehlberg 法 – – – – – – –
NM = Cells(1, 2)
NM = NM – 1
ReDim Y(NM), Y0(NM), YS(NM)
ReDim K(6, NM)
ReDim R(NM)
ReDim TOL(NM)
For NK = 0 To NM
   TOL(NK) = 0.00001
Next
Xishu_K1 = Array(0#, 0#)
Xishu_K2 = Array(1 / 4, 1 / 4)
Xishu_K3 = Array(3 / 8, 3 / 32, 9 / 32)
```

```
Xishu_K4 = Array(12 / 13, 1932 / 2197, -7200 / 2197, 7296 / 2197)
Xishu_K5 = Array(1#, 439 / 216, -8#, 3680 / 513, -845 / 4104)
Xishu_K6 = Array(1 / 2, -8 / 27, 2#, -3544 / 2565, 1859 / 4104, -11 / 40)
Xishu_R = Array(1 / 360, 0#, -128 / 4275, -2197 / 75240, 1 / 50, 2 / 55)
Xishu_W = Array(25 / 216, 0#, 1408 / 2565, 2197 / 4104, -1 / 5)
'- - - - - - - - - - - - -区间、步长、初值的设定- - - - - - - - - -
XA = Cells(7, 2)
XB = Cells(8, 2)
ND = Cells(9, 2)
If ND < = 0 Then
  Ret = MsgBox("区间分割数 < = 0", vbOKOnly)
  Exit Sub
End If
YH0 = (XB - XA) / ND
If YH0 < = 0# Then
  Ret = MsgBox("积分步长 < = 0", vbOKOnly)
  Exit Sub
End If
YHmin = 0.00001
For NK = 0 To NM
  Y0(NK) = Cells(12, NK + 2)
Next
'- - - - -计算的起始点设定- - - - - - - -
YH1 = YH0    '起始步长
X0 = XA    '起始左端点
NZ = 0    '起始积分步骤序号(用作确定时间变量在表格中输出的行号)
'- - - - - - - - - - - - - -积分步骤的循环计算- - - - - - - - - - -
Do While X0 < XB
  For NK = 0 To NM
    YS(NK) = Y0(NK)
  Next
  Call xishu_Calc(1, Xishu_K1) '计算K1
  Call xishu_Calc(2, Xishu_K2) '计算K2
  Call xishu_Calc(3, Xishu_K3) '计算K3
  Call xishu_Calc(4, Xishu_K4) '计算K4
  Call xishu_Calc(5, Xishu_K5) '计算K5
  Call xishu_Calc(6, Xishu_K6) '计算K6
  If (error_estimate) Then        '判断误差
    Call app_solution            '计算近似值
  End If
  If delta_calc Then Exit Sub     '计算步长增量
Loop
End Sub
```

```
Sub xishu_Calc( k_no As Integer, xishu As Variant)
'－－－－－runge－kutta－fehlberg 法中的 K1 至 K6 的计算
'－－－－－k_no：K 序号(1 至 6)
'－－－－－xishu：系数
Dim i As Integer
X = X0 + xishu(0) * YH1
Cells(3, 1) = X
For NK = 0 To NM
  Y(NK) = YS(NK)
  If (k_no > 1) Then
    For i = 0 To k_no － 2
      Y(NK) = Y(NK) + xishu(i + 1) * K(i, NK)
    Next
  End If
  Cells(3, NK + 2) = Y(NK)
Next
For NK = 0 To NM
  K(k_no － 1, NK) = YH1 * Cells(5, NK + 2)
Next
End Sub
```

```
Function error_estimate( ) As Boolean
'－－－－－误差判断
Dim i As Integer
Dim rt As Double
error_estimate = True
For NK = 0 To NM
  rt = 0#
  For i = 0 To 5
    rt = rt + Xishu_R(i) * K(i, NK)
  Next
  R(NK) = Abs(rt) / YH1
  If R(NK) > TOL(NK) Then
    error_estimate = False
  End If
Next
End Function
```

```
Sub app_solution( )
'－－－－－近似值的计算及输出
Dim i As Integer
NZ = NZ + 1
X0 = X0 + YH1
Lin = NZ + 12
Cells(Lin, 1) = X0
For NK = 0 To NM
```

```
  For i = 0 To 4
    Y0(NK) = Y0(NK) + Xishu_W(i) * K(i, NK)
  Next
  Cells(Lin, NK + 2) = Y0(NK)
Next
End Sub
```

```
Function delta_calc() As Boolean
'－－－－－步长增量的计算
Dim delta As Double
Dim delta_min As Double
delta_calc = False
delta_min = 9999#

'－－－－－计算 δ
For NK = 0 To NM
  If R(NK) > 0# Then
    delta = (TOL(NK) / (2# * R(NK))) ^ (0.25)
    If delta_min > delta Then delta_min = delta
  End If
Next

'－－－－－修正步长
If delta_min < = 0.1 Then
  YH1 = 0.1 * YH1
Else
  If delta_min > = 4# Then
    YH1 = 4# * YH1
  Else
    YH1 = delta_min * YH1
  End If
End If

If YH1 > YH0 Then YH1 = YH0    '步长不能超过最大值
If X0 > = XB Then    '不能越界
  delta_calc = True
Else
  If X0 + YH1 > XB Then
    YH1 = XB - X0
  Else
    If YH1 < YHmin Then    '步长不能小于最小值
      delta_calc = True
      Ret = MsgBox("超过误差容限", vbOKOnly)
    End If
  End If
End If
End Function
```

（4）根据计算结果作图分析。计算结果如图 9–2 所示。根据所得数据作图，最终结果如图 9–8 所示。由图可知，随着时间的增长，浓度 C_A 不断减少直至消失为零，C_S 逐渐增加，而 C_R 则经历了由逐渐增大、达到最大值后又逐渐减少最后为零的过程。

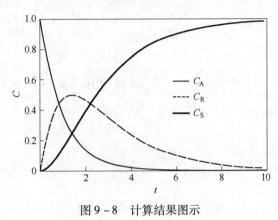

图 9–8 计算结果图示

9.3 广义化颗粒的气–固反应动力学

9.3.1 问题

用氢还原致密的氧化镍样品：$NiO + H_2 \rightleftharpoons Ni + H_2O(g)$。对于厚度为 0.16cm 的薄片样品，在某还原条件下测得转化率随时间的变化见表 9–2。试根据表中数据计算同一条件下球形致密氧化镍颗粒的转化率与时间的关系并作图显示。已知球形颗粒的直径为 0.6cm，在该条件下气膜传质阻力可以忽略。

表 9–2 薄片氧化镍样品还原时间与转化率的关系

时间 t/min	1	2	3	4	5	10
转化率 X	0.06	0.10	0.14	0.18	0.21	0.35
时间 t/min	15	20	25	30	35	40
转化率 X	0.45	0.54	0.63	0.70	0.77	0.84

9.3.2 分析

9.3.2.1 对片状颗粒
时间与转化率的关系为

$$t^* = g_{F_p}(X) + \sigma_s^2\left[p_{F_p}(X) + \frac{2X}{Sh^*}\right] = X + \frac{k_r r_p}{2D_e}X^2 \qquad (9-11)$$

所以

$$t = \frac{\rho_B r_p}{b k_r C_{Ab}}\left(X + \frac{k_r r_p}{2D_e}X^2\right) \qquad (9-12)$$

上式两边同除 X 得

$$\frac{t}{X} = \frac{\rho_B r_p}{b k_r C_{Ab}} + \frac{\rho_B r_p^2}{2 b D_e C_{Ab}} X \tag{9-13}$$

计量系数 $b = 1$，$r_p = 0.08 \times 10^{-2}$ m，代入上式得

$$\frac{t}{X} = 0.08 \times 10^{-2} \times \frac{\rho_B}{k_r C_{Ab}} + \frac{(0.08 \times 10^{-2})^2}{2} \times \frac{\rho_B}{D_e C_{Ab}} X \tag{9-14}$$

即

$$\frac{t}{X} = 8 \times 10^{-4} \times \frac{\rho_B}{k_r C_{Ab}} + 32 \times 10^{-8} \times \frac{\rho_B}{D_e C_{Ab}} X \tag{9-15}$$

9.3.2.2 对球形颗粒

时间与转化率的关系为

$$t^* = g_{F_p}(X) + \sigma_s^2 \left[p_{F_p}(X) + \frac{2X}{Sh^*} \right]$$

$$= 1 - (1 - X)^{1/3} + \frac{k_r r_p}{6 D_e} [1 - 3(1 - X)^{2/3} + 2(1 - X)] \tag{9-16}$$

即

$$t = \frac{\rho_B r_p}{k_r C_{Ab}} [1 - (1 - X)^{1/3}] + \frac{\rho_B r_p^2}{6 D_e C_{Ab}} [1 - 3(1 - X)^{2/3} + 2(1 - X)] \tag{9-17}$$

将 $r_p = 0.3 \times 10^{-2}$ m 代入上式得

$$t = 0.3 \times 10^{-2} \times \frac{\rho_B}{k_r C_{Ab}} \times [1 - (1 - X)^{1/3}] + \frac{(0.3 \times 10^{-2})^2}{6} \times$$

$$\frac{\rho_B}{D_e C_{Ab}} \times [1 - 3(1 - X)^{2/3} + 2(1 - X)] \tag{9-18}$$

9.3.2.3 问题的转化

由以上分析可知，问题转化为求解以下两项

$$\begin{cases} \dfrac{\rho_B}{k_r C_{Ab}} \\[3mm] \dfrac{\rho_B}{D_e C_{Ab}} \end{cases} \tag{9-19}$$

根据所给数据，利用式（9-15），按照最小二乘法规则计算线性拟合系数（斜率和截距）即可确定以上两项，然后将结果代入式（9-18）中即可。为方便起见，本例中时间单位取 min。

9.3.3 求解

9.3.3.1 作图法

（1）将数据、公式输入到工作表中。输入后的数据及公式如图 9-9 所示。其中，在单元格 C3 中输入公式，然后拷贝 C3 中的公式并将其复制到 C4:C14 中，输入及复制公式时应尽量利用鼠标单击单元格及拖动单元格的填充柄来实现，这样可避免输入的错误和劳累，这对后面将遇到的较长公式的输入尤其重要。为了将作图数据单元格与表格中的其他单元格区分开来，将作图用数据单元格填充颜色（背景），本例中填充颜色设置成"主体

颜色"中的"水绿色、强调文字5、淡色60%"。对后面将遇到的类似的重要数据单元格也做相似的设置。

	A	B	C	D
		C3	f_x	=A3/B3
1	时间	转化率	t/X	
2	t/min	X		
3	1	0.06	16.666667	
4	2	0.1	20	
5	3	0.14	21.428571	
6	4	0.18	22.222222	
7	5	0.21	23.809524	
8	10	0.35	28.571429	
9	15	0.45	33.333333	
10	20	0.54	37.037037	
11	25	0.63	39.68254	
12	30	0.7	42.857143	
13	35	0.77	45.454545	
14	40	0.84	47.619048	

图 9-9　输入数据及公式

（2）作图。分别以 B、C 两列为横轴和纵轴（图中有颜色填充的单元格数据）作图。首先选择这两列数据，然后顺序点击"插入"→"散点图"→"仅带数据标记的散点图"，初步的图形生成后，右击系列点，选择添加趋势线，然后选择线性回归，如图 9-10 所示。最后生成的图形和线性公式如图 9-11 所示。

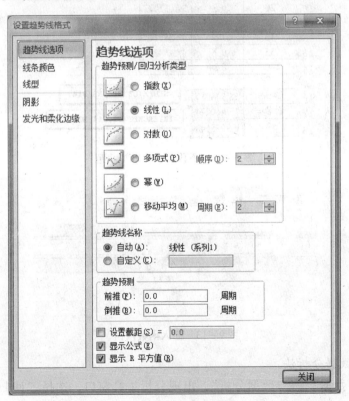

图 9-10　添加趋势线

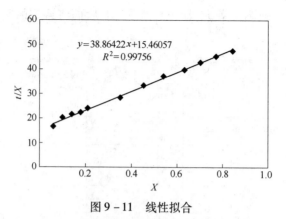

图 9 - 11　线性拟合

所以，斜率为 38.86422，截距为 15.46057。

9.3.3.2　函数法

利用 Excel 内置的函数 SLOPE 和 INTERCEPT 可直接进行计算。在单元格中输入这两个函数可计算斜率和截距，利用 RSQ 函数可显示拟合效果，如图 9 - 12 所示。输入函数时，也可以用鼠标单击编辑栏左侧的公式输入按钮（插入函数按钮），从弹出的窗口中进行选择输入，如图 9 - 13、图 9 - 14 所示。

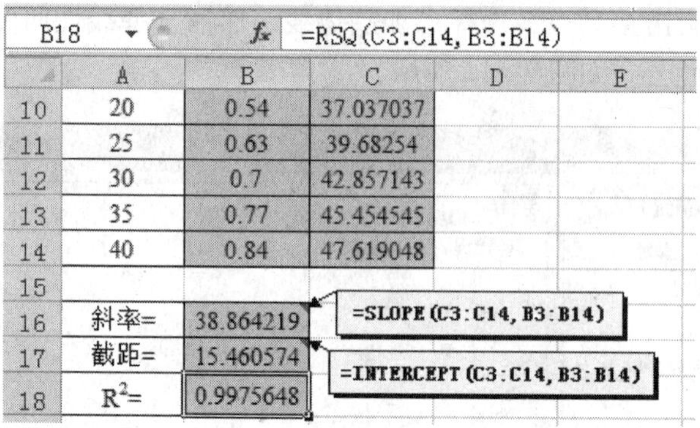

B18	f_x	=RSQ(C3:C14,B3:B14)		
	A	B	C	D	E
10	20	0.54	37.037037		
11	25	0.63	39.68254		
12	30	0.7	42.857143		
13	35	0.77	45.454545		
14	40	0.84	47.619048		
15					
16	斜率=	38.864219	=SLOPE(C3:C14,B3:B14)		
17	截距=	15.460574	=INTERCEPT(C3:C14,B3:B14)		
18	R^2=	0.9975648			

图 9 - 12　函数法求斜率与截距

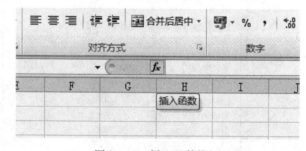

图 9 - 13　插入函数按钮

9.3.3.3　数据分析法

顺序点击"数据"→"数据分析"，出现分析工具窗口，选择"回归"，如图 9 - 15 所示。

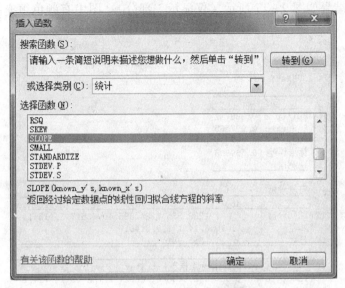

图 9－14 从弹出窗口中选择所需要的函数

图 9－15 利用数据分析的回归工具

在弹出的窗口中，选择输入区域，并进行适当的设定，如图 9－16 所示。

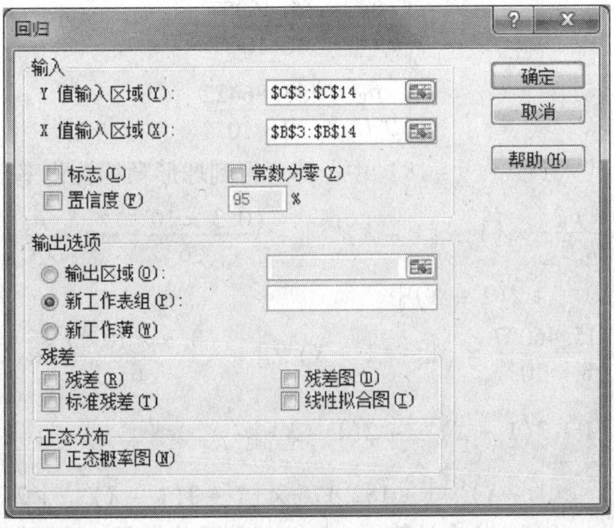

图 9－16 回归设定

得到的最终结果如图 9 – 17 所示（仅显示一部分）。图中有颜色填充的单元格数据分别为截距和斜率。

	A	B	C	D	E	F
1	SUMMARY OUTPUT					
2						
3	回归统计					
4	Multiple	0.998782				
5	R Square	0.997565				
6	Adjusted	0.997321				
7	标准误差	0.560908				
8	观测值	12				
9						
10	方差分析					
11		df	SS	MS	F	gnificance
12	回归分析	1	1288.835	1288.835	4096.517	2.11E-14
13	残差	10	3.146173	0.314617		
14	总计	11	1291.981			
15						
16		Coefficien	标准误差	t Stat	P-value	Lower 95%U
17	Intercept	15.46057	0.299106	51.68927	1.78E-13	14.79412
18	X Variabl	38.86422	0.607215	64.00404	2.11E-14	37.51126

图 9 – 17   线性回归结果

采用这种方法，在得到斜率和截距的同时，还得到了其他大量统计数据，供使用者参考，以对拟合结果进行评析。

9.3.3.4   最终结果

由以上分析结果可知

截距 $$8 \times 10^{-4} \times \frac{\rho_B}{k_r C_{Ab}} = 15.46057 \tag{9-20}$$

斜率 $$32 \times 10^{-8} \times \frac{\rho_B}{D_e C_{Ab}} = 38.86422 \tag{9-21}$$

所以

$$\begin{cases} \dfrac{\rho_B}{k_r C_{Ab}} = \dfrac{15.46057}{8 \times 10^{-4}} \\[2mm] \dfrac{\rho_B}{D_e C_{Ab}} = \dfrac{38.86422}{32 \times 10^{-8}} \end{cases} \tag{9-22}$$

将式（9 – 22）代入到式（9 – 18）中，即可得到球形颗粒转化率与反应时间的关系

$$t = 0.3 \times 10^{-2} \times \frac{\rho_B}{k_r C_{Ab}} \times \left[1 - (1-X)^{1/3} \right] + \frac{(0.3 \times 10^{-2})^2}{6} \times \frac{\rho_B}{D_e C_{Ab}} \times$$

$$\left[1 - 3(1-X)^{2/3} + 2(1-X) \right]$$

$$= 0.3 \times 10^{-2} \times \frac{15.46057}{8 \times 10^{-4}} \times \left[1 - (1-X)^{1/3} \right] + \frac{(0.3 \times 10^{-2})^2}{6} \times$$

$$\frac{38.86422}{32 \times 10^{-8}} \times \left[1 - 3(1-X)^{2/3} + 2(1-X) \right]$$

$$= 57.9771 \times \left[1 - (1-X)^{1/3} \right] + 182.176 \times \left[1 - 3(1-X)^{2/3} + 2(1-X) \right] \tag{9-23}$$

根据式（9 – 23），在 Excel 中计算出 t 与 X 的关系并作图，结果如图 9 – 18 所示。

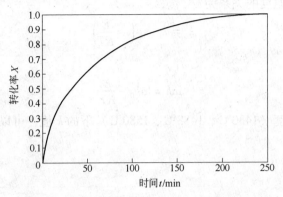

图 9-18 球形颗粒转化率与反应时间的关系

9.4 渣金反应级数及活化能的确定

9.4.1 问题

已知在不同温度下，生铁熔液中的碳还原渣中的氧化铁的动力学数据见表 9-3。渣中氧化铁浓度 W（质量分数）为还原温度 $T(℃)$ 和时间 $t(s)$ 的函数，试确定该反应在表中所示的三个温度条件下反应速度与时间的关系并求该反应的级数及活化能。

表 9-3　不同温度下渣中氧化铁的浓度（质量分数）随时间的变化　　　　（%）

t/s	$T=1430℃$	$T=1488℃$	$T=1580℃$	t/s	$T=1430℃$	$T=1488℃$	$T=1580℃$
0	50	50	50	140	19.03	8.096	0.527
20	43.6	38.7	25.92	160	16.73	6.103	0.259
40	38	30	13.27	180	14.61	4.77	0.14
60	33.1	22.9	6.742	200	12.89	3.66	0.05
80	28.9	17.6	3.474	220	11.04	2.837	0.03
100	25.26	13.79	1.835	240	9.755	2.257	0.02
120	22.24	10.48	0.941				

9.4.2 分析

n 次反应的反应速度可表示为

$$-\frac{\mathrm{d}W}{\mathrm{d}t} = kW^n \tag{9-24}$$

式中，k 为反应速度常数；t 为反应时间；n 为反应级数。

若渣中氧化铁浓度 W（质量分数）的初值设为 W_0，则式（9-24）的解可表达为

$$\frac{W}{W_0} = \left[1 + (n-1)kW_0^{n-1}t\right]^{\frac{1}{1-n}} \tag{9-25}$$

根据上式及已知的动力学数据，利用 Excel 的规划求解工具即可确定反应级数 n 和反应速度常数 k。

反应速度常数与温度的关系为

$$k = k_0 \exp\left(-\frac{E}{RT}\right) \tag{9-26}$$

即

$$\ln k = \ln k_0 - \frac{E}{RT} \tag{9-27}$$

根据三个不同温度（1430℃、1488℃、1580℃）下的 k 值，可以利用最小二乘法求得活化能 E 值。

9.4.3　求解

（1）数据及公式的输入。数据及公式的输入如图 9-19 所示。首先，在单元格 D1 和 D2 中输入反应速度常数及反应级数的初值，将温度为 1430℃ 的数据输入到表格的 A、B 两列中，数据范围为 A4～B16。在 C4～F4 这一行中分别输入相应的计算公式。其中，C4 为比值（W/W_0），即式（9-25）的左端；D4 为式（9-25）的右端；E4 为 D、C 两列的差，即式（9-25）左右两端的差；F4 为根据式（9-24）计算的反应速度。需要注意的是，对 D1、D2 及 B4 的引用要采用绝对引用的方式（在输入公式的编辑栏中，将光标移到被引用单元格的后面，然后按 F4 功能键，可实现几种引用方式的转换）。

以上公式输入完成后，利用单元格复制功能，完成 C5～F16 的数据公式填充，图中有颜色填充部分的单元格为公式输入区域。最后，在 E17 中输入求 E5～E16 的平方和函数公式（=SUMSQ(E5:E16)）。

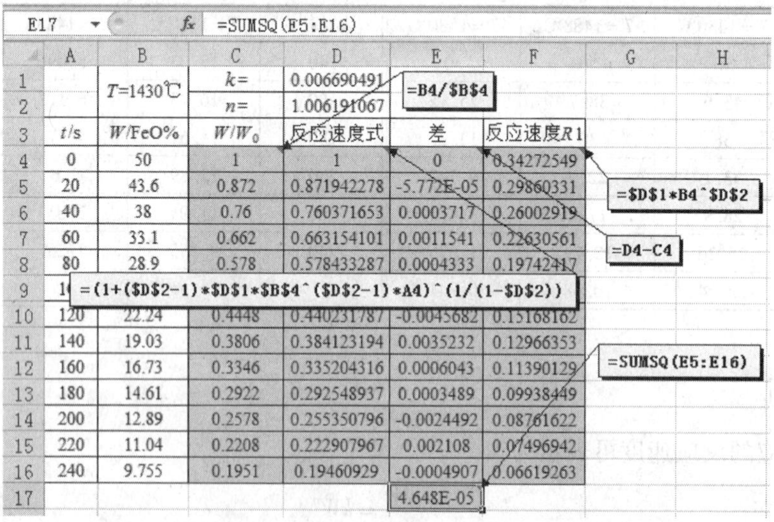

图 9-19　1430℃时的反应速度常数及反应级数

（2）规划求解。该问题转化为非线性最小二乘法问题。顺序点击"数据"→"规划求解"，在出现的"规划求解参数"窗口中进行如图所示的适当设置后，点击"求解"、在随后出现的窗口中点击"确定"后即可完成求解过程，如图 9-20、图 9-21 所示。在图 9-20 中，"设置目标"选择为 \$E\$17，"目标值"设为最小值，"通过更改可变单元格"选择为 \$D\$1:\$D\$2，"选择求解方法"设定为非线性 GRG。

图 9 – 20　规划求解过程（1）

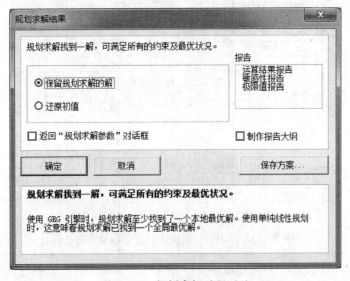

图 9 – 21　规划求解过程（2）

（3）三个温度下的反应速度常数及反应级数。采用同样方法，可求出其他两个温度
（1488℃ 及 1580℃）下的反应速度常数及反应级数，如图 9 – 22、图 9 – 23 所示。这样，
三个温度条件下的反应速度常数、反应级数以及反应速度已经求得。

（4）三个温度条件下反应速度与时间的关系图。根据以上计算结果，将三个温度条件
下的反应速度与时间关系的数据归拢到一起，如图 9 – 24 所示。其中，B58 ~ D58 这一行

	E35	▼	f_x	=SUMSQ(E23:E34)		
	A	B	C	D	E	F
19		T=1488℃	k=	0.013514677		
20			n=	0.987445029		
21	t/s	W/FeO%	W/W_0	反应速度式	差	反应速度$R2$
22	0	50	1	1	0	0.64334683
23	20	38.7	0.774	0.772784274	-0.0012157	0.49955462
24	40	30	0.6	0.59669599	-0.003304	0.38849168
25	60	22.9	0.458	0.460343656	0.0023437	0.29755583
26	80	17.6	0.352	0.354848534	0.0028485	0.22944626
27	100	13.79	0.2758	0.273295993	-0.002504	0.18032783
28	120	10.48	0.2096	0.210305422	0.0007054	0.13751699
29	140	8.096	0.16192	0.161693354	-0.0002266	0.1065793
30	160	6.103	0.12206	0.124209804	0.0021498	0.08062813
31	180	4.77	0.0954	0.095332083	-6.792E-05	0.06321284
32	200	3.66	0.0732	0.073103681	-9.632E-05	0.0486645
33	220	2.837	0.05674	0.056008483	-0.0007315	0.03784246
34	240	2.257	0.04514	0.042872636	-0.0022674	0.03019247
35					4.313E-05	

图 9 - 22　1488℃时的反应速度常数及反应级数

	E54	▼	f_x	=SUMSQ(E42:E53)		
	A	B	C	D	E	F
38		T=1580℃	k=	0.034011486		
39			n=	0.991552659		
40	t/s	W/FeO%	W/W_0	反应速度式	差	反应速度$R3$
41	0	50	1	1	0	1.6452952
42	20	25.92	0.5184	0.516874986	-0.001525	0.85766788
43	40	13.27	0.2654	0.266173143	0.0007731	0.44158189
44	60	6.742	0.13484	0.13655828	0.0017183	0.22563855
45	80	3.474	0.06948	0.069795673	0.0003157	0.11691947
46	100	1.835	0.0367	0.035536683	-0.0011633	0.06209186
47	120	0.941	0.01882	0.018023707	-0.0007963	0.03202125
48	140	0.527	0.01054	0.009105647	-0.0014344	0.0180213
49	160	0.259	0.00518	0.004582023	-0.000598	0.00891008
50	180	0.14	0.0028	0.002296484	-0.0005035	0.00484135
51	200	0.05	0.001	0.001146327	0.0001463	0.00174416
52	220	0.03	0.0006	0.000569866	-3.013E-05	0.00105102
53	240	0.02	0.0004	0.00028212	-0.0001179	0.00070308
54					1.067E-05	

图 9 - 23　1580℃时的反应速度常数及反应级数

中输入单元格引用的公式（对应速度的 100 倍），其他单元格的数据输入采用复制公式的方法即可完成。

根据以上数据即可作图表示，选择 A58 ~ D70 单元格区域，然后顺序点击"插入"→"散点图"→"带平滑线的散点图"，经适当编辑修饰后，最终如图 9 - 25 所示。由图可知，随着温度的升高，反应初期的反应速度明显加快；在同一温度条件下，随着时间的推移，反应速度逐渐减弱；反应速度随时间的总体变化率随反应温度的降低而减小。

（5）活化能及反应级数的计算。根据以上计算结果，将温度（换算为绝对温度）与

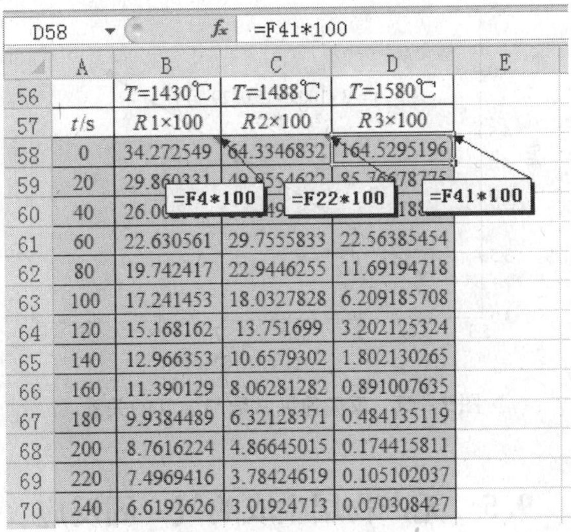

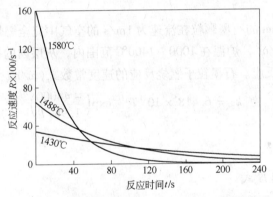

图 9 - 24　三个温度条件下的反应速度与时间关系的数据

图 9 - 25　三个温度条件下的反应速度与时间的关系

反应速度常数的数据归拢到一起，如图 9 - 26 所示。反应速度常数与温度的关系如图 9 - 27所示，根据图 9 - 27 中直线的斜率（斜率 = 3.41）及式（9 - 27），可计算反应的活化能 $E = 283.507\text{kJ/mol}$，反应级数取平均值，结果为 $n = 0.995063$。

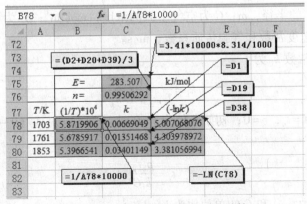

图 9 - 26　活化能及反应级数的计算

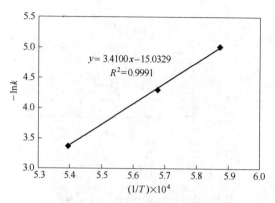

图 9 – 27　反应速度常数与温度的关系

9.5　无产物层生成的气 – 固反应

9.5.1　问题

试计算直径为 3mm 的石墨颗粒在流速为 1m/s 的空气中完全燃烧所需要的时间。已知石墨的密度为 $1000kg/m^3$，炉温在 $1000 \sim 1400℃$ 范围内，灰层内的扩散阻力可以忽略，燃烧反应为一级不可逆反应。石墨粒子燃烧反应的速度常数 $k_r(m/h)$ 可表示为

$$k_r = 6.418 \times 10^{11} T^{-1/2} \exp\left(\frac{-44000}{1.987T}\right)$$

9.5.2　分析

9.5.2.1　反应速度式

燃烧反应为

$$C + O_2 \Longrightarrow CO_2 \tag{9-28}$$

反应速度式为

$$-\frac{dr}{dt} = \frac{C/\rho_c}{1/k_r + 1/k_g} \tag{9-29}$$

式中，r 为石墨颗粒的半径，m；C 为空气中氧的浓度，mol/m^3；ρ_c 为石墨密度，mol/m^3；k_r、k_g 分别为反应速度常数和气膜传质系数，m/s。

令总反应速度常数 k_t 为

$$k_t = \frac{1}{1/k_r + 1/k_g} \tag{9-30}$$

当燃烧终了时 $t = t_c$，$r = 0$；初始条件为 $t = 0$ 时，$r = r_0$。对式（9 – 29）定积分可得燃烧终了所需时间为

$$t_c = \frac{\rho_c r_p}{k_t C} \tag{9-31}$$

在本例的计算中，ρ_c 和 C 的单位取为 $kmol/m^3$。

9.5.2.2 气膜传质系数的计算

当气体绕流过单个粒子时，根据 Ranz - Marshall 方程

$$Sh = 2 + 0.6Re^{1/2}Sc^{1/3} \tag{9-32}$$

式中，Sh、Re 及 Sc 分别为舍伍德数、雷诺数及施密特数，其定义如下

$$Sh = \frac{k_g d_p}{D}, \quad Re = \frac{d_p u \rho}{\mu}, \quad Sc = \frac{\mu}{\rho D} \tag{9-33}$$

式中，d_p 为颗粒的直径；k_g 为气膜传质系数；u 为气体流速；ρ、μ 分别为气体的密度和动力黏度；D 为气体的分子扩散系数。石墨粒径 d_p 和气体流速 u 已知，其余如气体密度 ρ、黏度 μ 以及氧在空气中的扩散系数 D 都是温度的函数。

（1）气体密度。将空气视为理想气体，密度 $\rho(\text{kg/m}^3)$ 为

$$\rho = \rho_0(273/T) = 1.29 \times \frac{273}{T} \tag{9-34}$$

式中，$\rho_0 = 1.29\,\text{kg/m}^3$ 为空气在标准状态时的密度值。

（2）氧浓度。空气中氧的浓度 $C(\text{kmol/m}^3)$ 也有类似关系

$$C = C_0(273/T) = \frac{0.21}{22.4} \times \frac{273}{T} \tag{9-35}$$

式中，C_0 为氧气在标准状态时的浓度值。

（3）气体黏度。对于大多数的气体，温度对黏度的影响可以通过萨瑟兰（Sutherland）方程来计算

$$\mu = \mu_{273} \cdot \frac{273 + S}{T + S}\left(\frac{T}{273}\right)^{1.5} \tag{9-36}$$

式中，$S = 1.47T_b$，称为萨瑟兰常数。空气在 273K 的黏度和标准沸点分别为

$$\mu_{273} = 0.0616\,\text{kg/(m \cdot h)} \tag{9-37}$$

$$T_b = 79\text{K} \tag{9-38}$$

（4）扩散系数。氧在空气中的扩散系数及其在标准状态时的数值分别为

$$D = D_0\left(\frac{T}{273}\right)^{1.75} p \tag{9-39}$$

$$D_0 = 1.78 \times 10^{-5}\,\text{m}^2/\text{s} \tag{9-40}$$

式中，p 的单位为大气压（atm）。

根据以上关系式及数据，气膜传质系数 k_g 可求。

9.5.3 求解

9.5.3.1 工作表操作法

（1）常数数据的输入。将与温度无关的常数数据输入到单元格中，如图 9 - 28 中的 D2:D12 所示。

（2）温度列的输入。在 A、B 两列中输入温度，从 1000℃ 到 1400℃，间隔为 10℃，如图 9 - 28 所示。输入时，可先在单元格 A18 和单元格 B17 中输入温度间的关系式，然后采用复制方法即可完成其他单元格的输入（分别向下拖动单元格 A18、B17 的右下角填充柄到指定位置即可），温度数据区域如图 9 - 28 中的 A17:B57 所示。

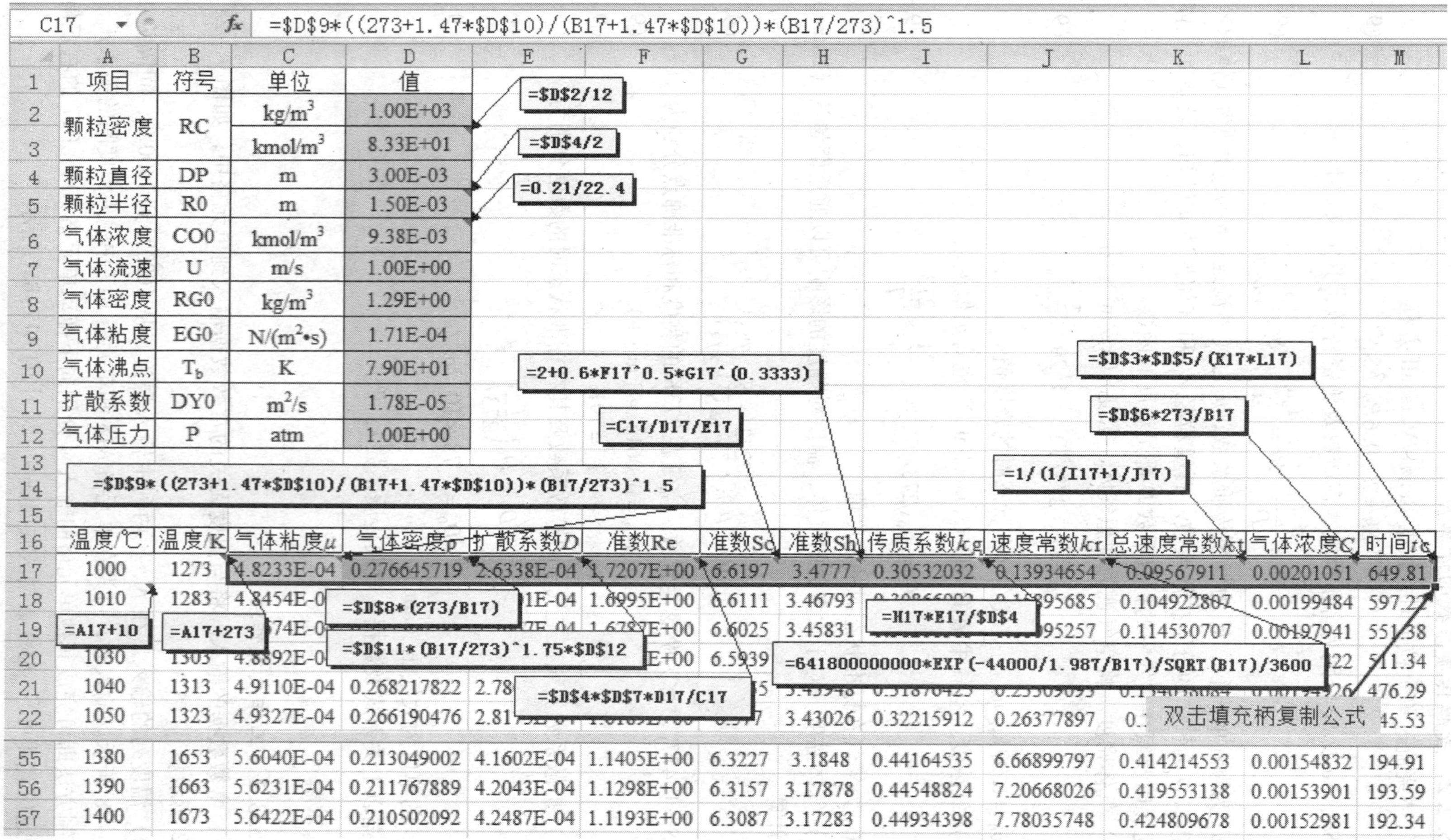

C17 ▾ f_x =$D$9*((273+1.47*$D$10)/(B17+1.47*$D$10))*(B17/273)^1.5

参数定义

	A 项目	B 符号	C 单位	D 值	
2	颗粒密度	RC	kg/m³	1.00E-03	=$D$2/12
3			kmol/m³	8.33E-01	=$D$4/2
4	颗粒直径	DP	m	3.00E-03	=0.21/22.4
5	颗粒半径	R0	m	1.50E-03	
6	气体浓度	CO0	kmol/m³	9.38E-03	
7	气体流速	U	m/s	1.00E+00	
8	气体密度	RG0	kg/m³	1.29E+00	
9	气体粘度	EG0	N/(m²·s)	1.71E-04	
10	气体沸点	Tb	K	7.90E+01	
11	扩散系数	DY0	m²/s	1.78E-05	
12	气体压力	P	atm	1.00E+00	

公式注记:

$=\$D\$9*((273+1.47*\$D\$10)/(B17+1.47*\$D\$10))*(B17/273)^{1.5}$

主数据表

	A 温度℃	B 温度K	C 气体粘度μ	D 气体密度ρ	E 扩散系数D	F 准数Re	G 准数Sc	H 准数Sh	I 传质系数kg	J 速度常数k	K 总速度常数kr	L 气体浓度c	M 时间t
17	1000	1273	4.8233E-04	0.276645719	2.6338E-04	1.7207E+00	6.6197	3.4777	0.30532032	0.13934654	0.09567911	0.00201051	649.81
18	1010	1283	4.8454E-04		1E-04	1.6995E+00	6.6111	3.46793		0.995685	0.104922807	0.00199484	597.2
19	=A17+273		74E-04			1.67E+00	6.6025	3.45831		0.95257	0.114530707	0.00197941	551.38
20	=A17+10	1030	4.8892E-04	0.268217822	2.78	E+00	6.5939					22	51.34
21	1040		4.9110E-04	0.268217822									
22	1050		4.9327E-04	0.266190476	2.81								
55	1380	1653	5.6040E-04	0.213049002	4.1602E-04	1.1405E+00	6.3227	3.1848	0.44164535	6.66899797	0.414214553	0.00154832	194.91
56	1390	1663	5.6231E-04	0.211767889	4.2043E-04	1.1298E+00	6.3157	3.17878	0.44548824	7.20668026	0.419553138	0.00153901	193.59
57	1400	1673	5.6442E-04	0.210502092	4.2487E-04	1.1193E+00	6.3087	3.17283	0.44934398	7.78035748	0.424809678	0.00152981	192.34

公式注记:

- 温度K: =A17+273
- 气体密度ρ: =$D$8*(273/B17)
- 扩散系数D: =$D$11*(B17/273)^1.5
- 准数Sc: =C17/D17/E17
- 准数Sh: =2*0.6*F17^0.5*G17^(0.3333)
- 传质系数kg: =H17*E17/$D$4
- 速度常数k: =641800000000*EXP(-44000/1.98T/B17)/SQRT(B17)/3600
- 总速度常数kr: =1/(1/I17+1/J17)
- 气体浓度c: =$D$5*273/B17
- 时间t: =$D$3*$D$5/(K17*L17)
- =$D$4*$D$5*D17/C17

双击填充柄复制公式

图 9-28 工作表操作法

（3）变量公式的输入。将与温度有关的变量公式输入到指定单元格中。在与温度1000℃所在行中输入相关变量的求算公式，如图9－28中的C17：M17所示。需要注意的是，输入时，与温度无关的常量单元格的引用要采用绝对引用方式，以便为后面复制公式时创造方便条件。

（4）复制公式。选择C17～M17，双击M17右下角的填充柄，即可得到所设温度范围内的计算结果。

（5）作图。以温度（℃）数据列为横坐标，以完全反应时间（s）数据列为纵坐标作图。首先选择温度（℃）列，然后在按住Ctrl键的同时再选择时间列，顺序点击"插入"→"散点图"→"带平滑线的散点图"，对生成的图形进行适当修饰，结果如图9－29所示。

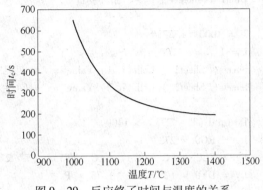

图9－29　反应终了时间与温度的关系

9.5.3.2　VBA 编程法

（1）常量与变量的定义。将与温度无关的常量和与温度有关的变量区分开来，分别加以定义。

（2）循环计算。输入计算公式，进行循环计算。温度间隔设置为10℃，从1000℃循环至1400℃止，计算结果输出到工作表2（Sheet2）的A、B两列中，程序代码如下：

```
Option Explicit

Public Sub TimeCalculation( )
Const DP  = 0. 003          '颗粒直径(m)
Const RC  = 1000#           '颗粒密度(kg/m3)
Const MC  = 12#             '摩尔质量(kg/kmol)
Const U  = 1#               '气体流速(m/s)
Const P  = 1#               '大气压力(atm)
Const RG0  = 1. 29          '气体密度(kg/m3)
Const EG0  = 0.000171       '气体黏度(N/(m2·s))
Const CO0  = 0. 21 / 22. 4  '气体浓度(kmol/m3)
Const DY0  = 0.0000178      '扩散系数(m2/s)
Const C  = 1. 47 * 79       'Sutherland 常数

Dim T As Double             '温度
Dim Rg As Double            '气体密度
Dim Eg As Double            '气体黏度
Dim Dy As Double            '扩散系数
Dim Co As Double            '气体浓度
Dim Re As Double            '准数
Dim Sc As Double            '准数
Dim Sh As Double            '准数
Dim Kf As Double            '传质系数
```

```
Dim Kr As Double          '反应速度常数
Dim Kt As Double          '总速度常数
Dim Tc As Double          '反应终了时间
Dim i As Integer          '循环变量


T = 1000# + 273#
i = 1
Sheets("Sheet2").Cells(i, 1).Value = "温度/℃"
Sheets("Sheet2").Cells(i, 2).Value = "时间/秒"


Do Until (T - 273) > 1400
Rg = RG0 * 273 / T
Eg = EG0 * (C + 273) / (C + T) * (T / 273) ^ 1.5
Dy = DY0 * (T / 273) ^ 1.75 * P
Co = CO0 * 273 / T
Re = DP * U * Rg / Eg
Sc = Eg / Rg / Dy
Sh = 2# + 0.6 * Re ^ 0.5 * Sc ^ 0.3333
Kf = Sh * Dy / DP
Kr = 641800000000# * Exp(-44000 / 1.987 / T) / Sqr(T) / 3600
Kt = 1 / (1 / Kf + 1 / Kr)
Tc = RC / MC * DP / 2 / Kt / Co
i = i + 1
Sheets("Sheet2").Cells(i, 1).Value = T - 273
Sheets("Sheet2").Cells(i, 2).Value = Tc
T = T + 10
Loop


End Sub
```

（3）作图。根据计算结果作图，计算结果如图 9 - 30 所示，图形如图 9 - 29 所示。

	A	B	C
1	温度/℃	时间/秒	
2	1000	649.8115	
3	1010	597.2179	
4	1020	551.3821	
5	1030	511.3436	
6	1040	476.2894	
7	1050	445.5301	
37	1350	199.3465	
38	1360	197.7758	
39	1370	196.2983	
40	1380	194.9053	
41	1390	193.5893	
42	1400	192.3436	
43			

图 9 - 30   VBA 编程法计算结果

9.6 反应级数对反应速度的影响

9.6.1. 问题

设球形固体颗粒与气体间进行的气－固不可逆界面反应满足缩核模型且可忽略外扩散阻力。(1) 当反应模数 $\sigma_0^2 = 0.02$ 时，试作出反应级数分别为 $n = 2$、1、0.5 条件下无因次反应半径移动速度 $-\mathrm{d}\xi/\mathrm{d}t^*$ 与无因次反应位置 $(1-\xi)$ 之间的关系图；当反应模数变为 $\sigma_s^2 = 0.1$、0.5、10 时，作出同样的图形并说明反应级数在不同反应模数条件下对无因次反应半径移动速度的影响情况。(2) 在所选择的反应模数与反应级数条件下，试作出无因次反应位置 $(1-\xi)$ 与无因次反应时间 t^* 的关系图。

9.6.2 分析

根据所给条件，描述 n 级气－固不可逆界面反应的动力学方程为

$$\begin{cases} \dfrac{\mathrm{d}\xi}{\mathrm{d}t^*} = -\psi_c^n \\[3mm] \dfrac{\mathrm{d}\xi}{\mathrm{d}t^*} = \dfrac{1-\psi_c}{\sigma_s^2 p'_{F_p}(\xi)} \end{cases} \qquad (9-41)$$

所以

$$\left(-\frac{\mathrm{d}\xi}{\mathrm{d}t^*}\right)^{1/n} + \sigma_s^2 p'_{F_p}(\xi)\left(\frac{\mathrm{d}\xi}{\mathrm{d}t^*}\right) - 1 = 0 \qquad (9-42)$$

对于球形颗粒

$$p'_{F_p}(\xi) = -6\xi + 6\xi^2 \qquad (9-43)$$

故式 (9-42) 可写为

$$\left(-\frac{\mathrm{d}\xi}{\mathrm{d}t^*}\right)^{1/n} - 6\sigma_s^2(\xi - \xi^2)\left(\frac{\mathrm{d}\xi}{\mathrm{d}t^*}\right) - 1 = 0 \qquad (9-44)$$

当给定反应模数 σ_s^2 及反应级数 n 时，利用式 (9-44) 即可解出无因次反应半径移动速度 $-\mathrm{d}\xi/\mathrm{d}t^*$ 与无因次反应位置 $(1-\xi)$ 之间的关系。

将无因次反应位置 $(1-\xi)$ 离散化后，对应某一位置 k 的无因次时间 t_k^* 可根据相邻位置的数据计算求出。为简单起见，本例中根据位置 k 及位置 $k-1$ 的数据进行计算如下

$$t_k^* = t_{k-1}^* + \frac{2\left[(1-\xi_k) - (1-\xi_{k-1})\right]}{(-\mathrm{d}\xi/\mathrm{d}t^*)_k + (-\mathrm{d}\xi/\mathrm{d}t^*)_{k-1}} \qquad (9-45)$$

式中，$k \geq 1$，$t_0^* = 0$。

9.6.3 求解

(1) 输入数据和公式。将半径位置离散化，间隔设为 0.05，对应各个半径位置的初始速度都设为 -1，将式 (9-44) 左侧的函数关系式输入到对应半径位置的行中。输入公式时，可先仅对一个单元格进行输入 (如单元格 T7)，然后将公式拷贝到相应列中即可。将反应模数设为 0.02，反应级数设为 2，结果如图 9-31 所示。

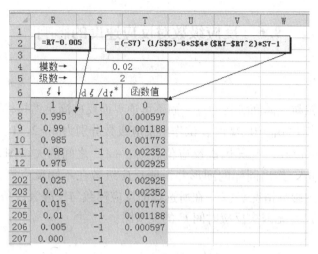

图 9-31　公式及数据输入

（2）录制宏。利用宏录制功能，将求解过程录制下来，供后面使用。录制时，选择"开发工具"中的"使用相对引用"选项，然后点击"录制宏"，如图 9-32 所示。

图 9-32　录制宏按钮及其选项

在随后弹出"录制新宏"的设置窗口（图 9-33）中设置宏名，同时设置快捷键为"Ctrl + a"，最后按"确定"按钮。

单击"数据"→"模拟分析"→"单变量求解"，在弹出的窗口中做如图 9-34 所示的设置，点击"确定"，并在再次出现的窗口中点击"确认"即可。

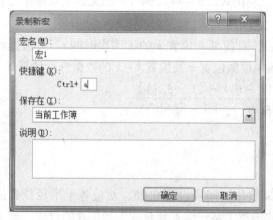

图 9-33　录制新宏设置窗口

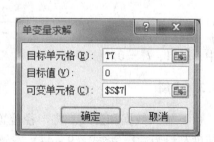

图 9-34　单变量求解窗口

求解完成后，点击"停止录制"。

（3）利用已经录制的宏（使用快捷键"Ctrl＋a"）。对"函数值"列的其他单元格做同样的"单变量求解"过程，此时，只要将光标移动到"函数值"列中指定的单元格中，然后按下快捷键"Ctrl＋a"即可。

（4）再次使用"录制宏"。由于"函数值"列中的单元格较多，如果对每一个单元格都实施"Ctrl＋a"操作很耗时间。这时，可再次点击"录制宏"按钮，将快捷键设置为"Ctrl＋s"，然后将 n 次（例如，$n=5$ 次或 10 次等）的"Ctrl＋a"操作录制下来即可。

（5）利用已经录制的新宏（使用快捷键"Ctrl＋s"）。利用快捷键"Ctrl＋s"，可快速地对"函数值"列中其他单元格进行单变量求解计算，即执行一次宏可执行 n 次单变量求解操作。注意，在连续实施"Ctrl＋s"到达"函数值"列的末尾处时，可能会出现如图9－35所示的提示框，这时只要点击"结束"即可，出现这个提示框与 n 的设置有关，是操作超出了数据范围造成的，并无大碍。

图9－35 实施宏操作时的提示框

（6）其他反应模数及反应级数条件下的计算。利用上述方法，求出其他反应模数及反应级数条件下的无因次反应半径移动速度 $d\xi/dt^*$，如图9－36所示。图中只示出了反应模数为0.02条件下的结果。

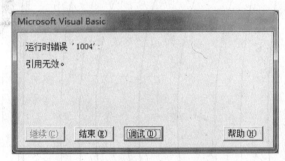

	R	S	T	U	V	W	X
2	=R7-0.005	= (-S7)^(1/S$5)-6*S$4*($R7-$R7^2)*S7-1					
4	模数→		0.02		0.02		0.02
5	级数→		2		1		0.5
6	$\xi\downarrow$	$d\xi/dt^*$	函数值	$d\xi/dt^*$	函数值	$d\xi/dt^*$	函数值
7	1	-1	0	-1	0	-1	0
8	0.995	-0.99881	1.32E-06	-0.9994	0	-0.9997	-2.9E-06
9	0.99	-0.99764	2.27E-06	-0.99881	0	-0.9994	-5.6E-06
10	0.985	-0.99648	2.87E-06	-0.99823	0	-0.99911	-8.1E-06
11	0.98	-0.99533	3.13E-06	-0.99765	0	-0.99882	4.61E-08
12	0.975	-0.9942	3.07E-06	-0.99708	0	-0.99854	5.37E-08
13	0.97	-0.99308	2.69E-06	-0.99652	0	-0.99826	5.99E-08
204	0.015	-0.99648	2.87E-06	-0.99823	0	-0.99911	-8.1E-06
205	0.01	-0.99764	2.27E-06	-0.99881	0	-0.9994	-5.6E-06
206	0.005	-0.99881	1.32E-06	-0.9994	0	-0.9997	-2.9E-06
207	0.000	-1	0	-1	0	-1	0

图9－36 计算结果（部分）

（7）数据归纳与作图分析。可将以上计算结果总结归纳到另一个工作表中的一个连续的单元格区域中，以便作图分析。根据计算结果可得无因次反应半径移动速度与无因次反应半径位置的关系，如图9－37所示。数据归纳完成后，根据式（9－45）可计算出无因次反应半径位置（$1-\xi$）与无因次反应时间 t^* 的关系数据并作图，如图9－38所示。图中

行	A	B	C	D	E	F	G	H	I	J	K	L	M	N	O	P
4		模数=0.02			模数=0.1			模数=0.5			模数=2			模数=10		
5	位置	n=2	n=1	n=0.5	n=2	n=1	n=0.5	n=2	n=1	n=0.5	n=2	n=1	n=0.5	n=2	n=1	n=0.5
6	$1-\xi$	$-\mathrm{d}\xi/\mathrm{d}t^{*}$			$-\mathrm{d}\xi/\mathrm{d}t^{*}$			$-\mathrm{d}\xi/\mathrm{d}t^{*}$			$-\mathrm{d}\xi/\mathrm{d}t^{*}$			$-\mathrm{d}\xi/\mathrm{d}t^{*}$		
7	0	1	1	1												0.862
8	0.005	0.999														0.746
9	0.01	0.998														0.651
10	0.015	0.996														0.572
11	0.02	0.995														0.508
12	0.025	0.994														0.454
13	0.03	0.993														0.41
14	0.035	0.992														0.373
15	0.04	0.991														0.342
16	0.045	0.99														0.316
17	0.05	0.989														0.293
18	0.055	0.988														0.273
19	0.06	0.987														0.256
20	0.065	0.986														0.241
21	0.07	0.985														0.228
22	0.075	0.984														0.216
23	0.08	0.983														0.205
24	0.085	0.982														0.196
25	0.09	0.981														0.187
26	0.095	0.98														0.179
27	0.1	0.979														0.172
28	0.105	0.978														0.166
29	0.11	0.977														0.16
30	0.115	0.976														0.154
31	0.12	0.975														
205	0.99	0.998	0.999	0.999	0.988	0.994	0.997	0.945	0.971	0.985	0.816	0.894	0.942	0.497	0.627	0.746
206	0.995	0.999	0.999	1	0.994	0.997	0.999	0.971	0.985	0.993	0.896	0.944	0.971	0.65	0.77	0.862
207	1	1	1	1	1	1	1	1	1	1	1	1	1	1	1	1

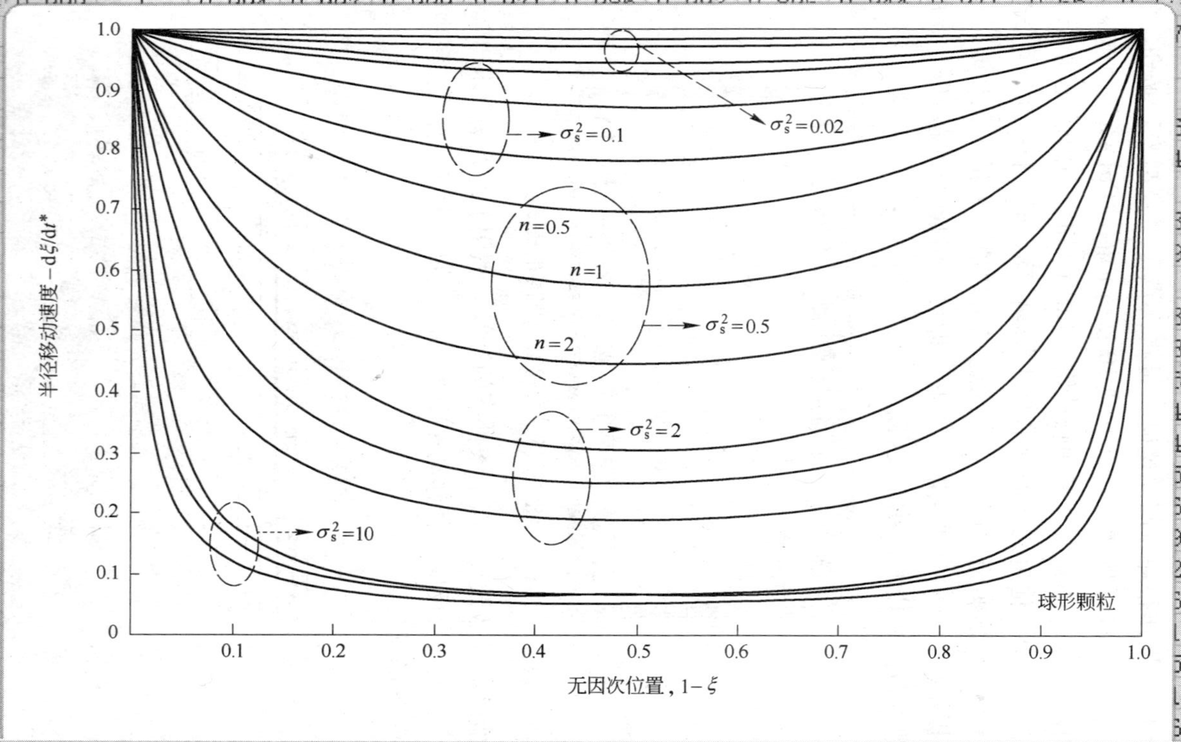

图9-37　无因次反应半径移动速度与无因次反应半径位置的关系

A	Q	R	S	T	U	V	W	X	Y	Z	AA	AB	AC	AD	AE
	模数=0.02			模数=0.1			模数=0.5			模数=2			模数=10		
位置	n=2	n=1	n=0.5	n=2	n=1	n=0.5	n=2	n=1	n=0.5	n=2	n=1	n=0.5	n=2	n=1	n=0.5
$1-\xi$	t^*	t^*		t^*	t^*		t^*	t^*		t^*	t^*		t^*	t^*	
0	0	0	0	0	0	0	0	0	0	0	0	0	0	0	0
0.005	0.005	0.005	0.005	0.005	0.005	0.005	0.005	0.005	0.005	0.005	0.005	0.005	0.006	0.006	0.005
0.01															0.012
0.015															0.019
0.02															0.027
0.025															0.036
0.03															0.047
0.035															0.058
0.04															0.071
0.045															0.085
0.05															0.1
0.055															0.116
0.06															0.134
0.065															0.153
0.07															0.173
0.075															0.194
0.08															0.217
0.085															0.241
0.09															0.266
0.095															0.292
0.1															0.319
0.105															0.348
0.11															0.377
0.115															0.408
0.12															0.44
0.99	1.03	1.01	1	1.18	1.09	1.041	1.844	1.49	1.276	3.949	2.989	2.447	13.57	10.99	10.14
0.995	1.035	1.015	1.005	1.185	1.095	1.046	1.849	1.495	1.282	3.954	2.995	2.452	13.58	10.99	10.14
1	1.04	1.02	1.01	1.19	1.1	1.051	1.855	1.5	1.287	3.96	3	2.457	13.59	11	10.15

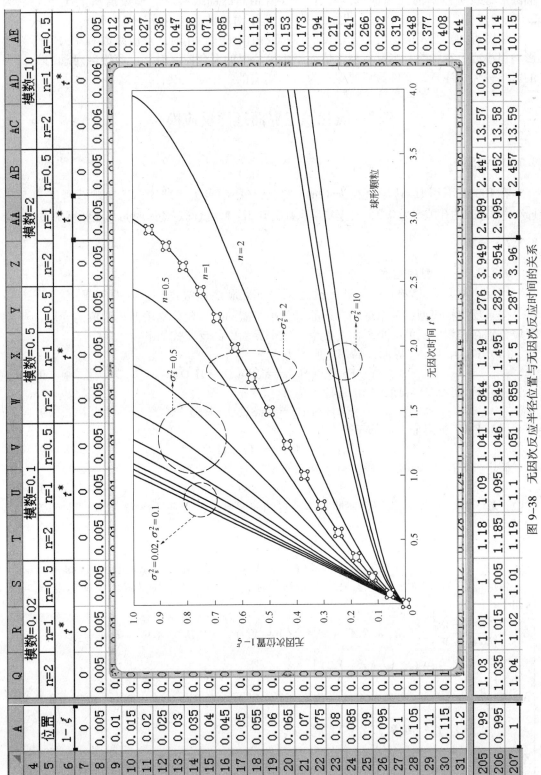

图 9-38 无因次反应半径位置与无因次反应时间的关系

椭圆形虚线所包围的三条曲线为一组模数值相同的曲线，对应模数值从上至下分别为 0.02、0.1、0.5、2、10，每一组曲线中从上至下对应的反应级数分别为 0.5、1、2。

由图可知，当反应速度为化学反应控制或由内扩散控制时，反应级数对动力学行为的影响很小或没有影响；当反应模数值处于中等情况的混合控制时，反应级数对动力学行为的影响较大。注意，文件最后要保存为"启用宏的工作簿"文件形式。

9.7　氧化铁三界面还原反应模型

9.7.1　问题

在 1000℃ 下用 H_2 还原直径为 12mm 的氧化铁（Fe_2O_3）球团，已知矿石密度为 5250 kg/m^3，球团的孔隙率为 0.3，气膜传质系数为 0.3m/s，试确定还原时间与还原率的关系。

9.7.2　分析

9.7.2.1　模型的建立

当反应温度 $T > 570℃$ 时，氧化铁还原按下列顺序逐级进行：$Fe_2O_3 \rightarrow Fe_3O_4 \rightarrow FeO \rightarrow Fe$，按未反应核模型，一个球团在还原过程中可能同时出现分别由四相构成的壳层，还原反应分别在四相之间的三个界面上发生。三个界面中的反应式如下：

（1）Fe_2O_3/Fe_3O_4 界面，局部还原率为 X_1：

$$3Fe_2O_3 + H_2 \Longrightarrow 2Fe_3O_4 + H_2O \tag{9-46}$$

（2）Fe_3O_4/FeO 界面，局部还原率为 X_2：

$$Fe_3O_4 + H_2 \Longrightarrow 3FeO + H_2O \tag{9-47}$$

（3）FeO/Fe 界面，局部还原率为 X_3：

$$FeO + H_2 \Longrightarrow Fe + H_2O \tag{9-48}$$

假定到浮氏体为止的还原率可达到 30%，总还原率可写为：

$$X = 0.1111X_1 + 0.1889X_2 + 0.7X_3 \tag{9-49}$$

式中，X_1、X_2、X_3 分别为三个还原阶段独自的还原率（局部还原率），且满足下列关系

$$\frac{dX_i}{dt} = \frac{N_{ri}}{(4/3)\pi r_0^3 d_{oi}} \tag{9-50}$$

式中，$i = 1$、2、3，d_{oi} 分别为 Fe_2O_3、Fe_3O_4 和 FeO 三层中的可还原氧浓度（mol/m^3）。

当反应在 $X_1 < 1$ 状态时，存在三个反应界面，式（9-50）中的界面反应速度 N_{ri} 可表达如下

$$
\begin{cases}
N_{r1} = \dfrac{p}{R_G T} \cdot \dfrac{4\pi r_0^2}{W}\big[(R_2 R_3 + R_2 A_3 + R_3 A_3)(Y - Y_1^*) - (R_3 B_2 + A_3 B_2 + R_3 A_3) \\
\quad (Y - Y_2^*) - (R_3 A_2)(Y - Y_3^*) \big] \\[2mm]
N_{r2} = \dfrac{p}{R_G T} \cdot \dfrac{4\pi r_0^2}{W}\big[-(R_3 B_2 + A_3 B_2 + R_3 A_3)(Y - Y_1^*) + (R_1 R_3 + R_1 A_3 + R_3 A_3 + R_3 B_2 + A_3 B_2) \\
\quad (Y - Y_2^*) - (R_1 R_3)(Y - Y_3^*) \big] \\[2mm]
N_{r3} = \dfrac{p}{R_G T} \cdot \dfrac{4\pi r_0^2}{W}\big[-R_3 A_2 (Y - Y_1^*) - R_1 R_3 (Y - Y_2^*) + (R_1 R_2 + R_1 R_3 + R_3 A_2 + A_2 B_2) \\
\quad (Y - Y_3^*) \big]
\end{cases}
\tag{9-51}
$$

式中，Y、Y_1^*、Y_2^*、Y_3^* 分别为本体（$Y=1$）及各个反应界面的平衡 H_2 摩尔分数；p 为压力；T 为温度；R_G 为气体常数；r_0 为颗粒半径。W 为各个阻力的组合，即

$$W = R_1 R_2 R_3 + R_1 R_2 A_3 + R_1 R_3 A_3 + R_3 A_2 A_3 + R_3 A_2 B_2 + A_2 A_3 B_2 \tag{9-52}$$

当反应达到 $X_1 = 1$、$X_2 < 1$ 状态时，$N_{r1} = 0$、Fe_2O_3 消失，存在二界面氧化铁还原反应，式（9-50）中的界面反应速度 N_{ri} 为

$$\begin{cases} N_{r2} = \dfrac{p}{R_G T} \cdot \dfrac{4\pi r_0^2}{V} \left[(A_3 + R_3)(Y - Y_2^*) - R_3(Y - Y_3^*) \right] \\ N_{r3} = \dfrac{p}{R_G T} \cdot \dfrac{4\pi r_0^2}{V} \left[-R_3(Y - Y_2^*) + (R_2 + R_3)(Y - Y_3^*) \right] \end{cases} \tag{9-53}$$

式中

$$V = A_3 R_2 + A_3 R_3 + R_2 R_3 \tag{9-54}$$

当 Fe_3O_4 消失后，$X_1 = X_2 = 1$、$N_{r1} = N_{r2} = 0$，式（9-50）可表达为

$$N_{r3} = \dfrac{p}{R_G T} \cdot \dfrac{4\pi r_0^2}{U}(Y - Y_3^*) \tag{9-55}$$

式中，总阻力

$$U = A_3 + R_3 \tag{9-56}$$

各个阻力的计算式如下：

界面反应阻力（$i = 1$、2、3，k_{ri} 为反应速度常数，K_i 为反应平衡常数）

$$A_i = \dfrac{1}{(1 - X_i)^{2/3} k_{ri}(1 + 1/K_i)} \tag{9-57}$$

内扩散阻力（D_{ei} 为扩散系数）

$$\begin{cases} B_1 = \dfrac{r_0}{D_{e1}} \left[\dfrac{(1 - X_2)^{1/3} - (1 - X_1)^{1/3}}{(1 - X_1)^{1/3}(1 - X_2)^{1/3}} \right] \\ B_2 = \dfrac{r_0}{D_{e2}} \left[\dfrac{(1 - X_3)^{1/3} - (1 - X_2)^{1/3}}{(1 - X_2)^{1/3}(1 - X_3)^{1/3}} \right] \\ B_3 = \dfrac{r_0}{D_{e3}} \left[\dfrac{1 - (1 - X_3)^{1/3}}{(1 - X_3)^{1/3}} \right] \end{cases} \tag{9-58}$$

外传质阻力（k_g 为传质系数）

$$F = 1/k_g \tag{9-59}$$

阻力的组合

$$\begin{cases} R_1 = A_1 + B_1 \\ R_2 = A_2 + B_2 \\ R_3 = B_3 + F \end{cases} \tag{9-60}$$

式（9-50）为一阶常微分方程组，无解析解，需利用初值条件采用迭代方式求得数值解。本例中，采用四阶龙格库塔法进行求解，式（9-50）可写为

$$\begin{cases} X_i' = f(X_1, X_2, X_3) \\ t = 0, X_i = 0 \end{cases} \quad (i = 1、2、3) \tag{9-61}$$

四阶龙格库塔法求解公式为

$$X_{i,j+1} = X_{i,j} + (k_{i,1} + 2k_{i,2} + 2k_{i,3} + k_{i,4})(h/6) \tag{9-62}$$

式中，$i = 1$、2、3，j 为时间节点编号，h 为时间步长，且

$$\begin{cases} k_{i,1} = f(X_{1,j}, X_{2,j}, X_{3,j}) \\ k_{i,2} = f(X_{1,j} + (h/2)k_{1,1}, X_{2,j} + (h/2)k_{2,1}, X_{3,j} + (h/2)k_{3,1}) \\ k_{i,3} = f(X_{1,j} + (h/2)k_{1,2}, X_{2,j} + (h/2)k_{2,2}, X_{3,j} + (h/2)k_{3,2}) \\ k_{i,4} = f(X_{1,j} + hk_{1,3}, X_{2,j} + hk_{2,3}, X_{3,j} + hk_{3,3}) \end{cases} \tag{9-63}$$

9.7.2.2 参数的确定

（1）反应平衡常数及平衡浓度。对应反应式（9-46）、式（9-47）、式（9-48）的标准自由能（J/mol）变化为

$$\begin{cases} \Delta G_1^{\ominus} = -15557.04 - 74.48T \\ \Delta G_2^{\ominus} = 71972.22 - 73.65T \\ \Delta G_3^{\ominus} = 23419.2 - 16.14T \end{cases} \tag{9-64}$$

平衡常数可根据下式算出：

$$\Delta G_i^{\ominus} = -R_G T \ln K_i \tag{9-65}$$

式中，气体常数 $R_G = 8.314 \mathrm{J/(K \cdot mol)}$；反应气体平衡浓度（$H_2$ 的平衡摩尔分数）为

$$Y_i^* = \frac{1}{K_i + 1} \tag{9-66}$$

（2）反应速度常数。界面反应速度常数（m/h）取为

$$\begin{cases} k_{r1} = 1.5 \times 10^5 \exp(-8000/T) \\ k_{r2} = 0.8 \times 10^5 \exp(-9000/T) \\ k_{r3} = 1.47 \times 10^7 \exp(-14000/T) \end{cases} \tag{9-67}$$

（3）扩散系数。各层内的有效扩散系数（$\mathrm{m^2/h}$）取为

$$\begin{cases} D_{e1} = 0.15D_0 \\ D_{e2} = 0.20D_0 \\ D_{e3} = 0.20D_0 \end{cases} \tag{9-68}$$

式中

$$D_0 = 3.96 \times 10^{-6} T^{1.75} \tag{9-69}$$

（4）可还原氧浓度。O 在 Fe_2O_3 中所占的分数为 $3 \times 16/160 = 0.3$，故 1kg Fe_2O_3 中含有的氧（O）的物质的量为 0.3/16（kmol），则铁矿石球团密度（$\mathrm{mol/m^3}$）为

$$\rho_0 = 5250 \times (0.3/16) \times 1000 \tag{9-70}$$

Fe_2O_3、Fe_3O_4、FeO 三个区域的可还原氧浓度 ρ_1、ρ_2、ρ_3（$\mathrm{mol/m^3}$）可分别表示为

$$\begin{cases} \rho_1 = 0.1111\rho_0 \\ \rho_2 = 0.1889\rho_0 \\ \rho_3 = 0.70\rho_0 \end{cases} \tag{9-71}$$

9.7.3 求解

求解计算流程如图 9-39 所示。计算程序分为三个部分，以下将分别予以介绍。

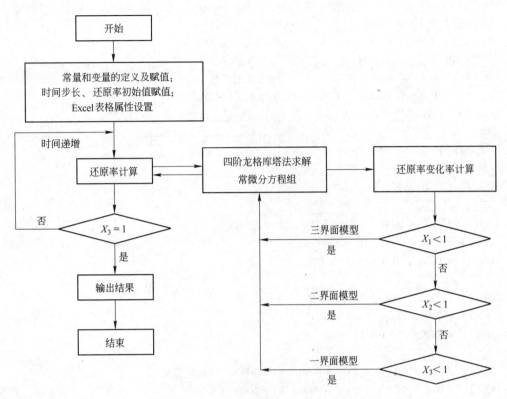

图 9 - 39　三界面氧化铁还原计算流程图

9.7.3.1　主程序

　　主程序中主要完成常量和变量的定义及赋值，并设置循环计算流程，计算结果输出到表格 A:E 列中。其中，A 列为时间列，B ~ E 列分别为局部还原率 X_1、X_2、X_3 及总还原率 X，计算代码如下：

```
Option Explicit
Dim H As Integer                    '时间步长
Dim X(1 To 3) As Double             '还原率(对应三个界面)
Dim FX(1 To 3) As Double            '还原率变化率(对应三个界面)
Const RS = 5250# * (1 - 0.3)        '球团密度(kg/m3)
Const DP = 0.012                    '球团直径(m)
Const T = 1273.2                    '温度(K)
Const P = 101325#                   '压力(Pa)
Const KG = 0.3                      '气膜传质系数(m/s)
Const RG = 8.314                    '气体常数(Pa·m3/(mol·K))
Const Y = 1#                        'H2 本体摩尔分数
Dim DO(1 To 3) As Double            '可还原氧浓度(kmol/kg)
Dim DG(1 To 3) As Double            '吉布斯自由能变化(cal/mol)
Dim KP(1 To 3) As Double            '平衡常数
Dim YE(1 To 3) As Double            '平衡 H2 摩尔分数
Dim KC(1 To 3) As Double            '界面反应速度常数
```

```
Dim DE(1 To 3) As Double              '有效扩散系数
Dim Y_YE(1 To 3) As Double            'H2 摩尔分数差
Dim AA(1 To 3) As Double              '阻力 A 的系数
Dim BB(1 To 3) As Double              '阻力 B 的系数
Dim XX(1 To 3) As Double              '还原率变化率的系数
Dim NN As Double                      '界面反应速度系数
```

```
Sub main( )
Dim i As Integer
Dim Time As Integer

DO(1) = 0.3 * 1000 / 16 * 0.1111       '可还原氧
DO(2) = 0.3 * 1000 / 16 * 0.1889
DO(3) = 0.3 * 1000 / 16 * 0.7


DG(1) = -15557.04 - 74.48 * T          '自由能
DG(2) = 71972.22 - 73.65 * T
DG(3) = 23419.2 - 16.14 * T


KC(1) = 1.5 * 10^5 * Exp( -8000 / T) / 3600        '速度常数
KC(2) = 0.8 * 10^5 * Exp( -9000 / T) / 3600
KC(3) = 1.47 * 10^7 * Exp( -14000 / T) / 3600


DE(1) = 0.15 * 3.96 * 10^( -6) * T^1.75 / 3600      '扩散系数
DE(2) = 0.2 * 3.96 * 10^( -6) * T^1.75 / 3600
DE(3) = 0.2 * 3.96 * 10^( -6) * T^1.75 / 3600


For i = 1 To 3
KP(i) = Exp( -DG(i) / 8.314 / T)          '平衡常数
YE(i) = 1 / (1 + KP(i))                   '平衡浓度
Y_YE(i) = Y - YE(i)                       '浓度差
AA(i) = 1 / (KC(i) * (1 + 1 / KP(i)))     'A 阻力系数
BB(i) = DP / 2 / DE(i)                    'B 阻力系数
XX(i) = 6 / (3.14 * DP^3 * RS * DO(i))    '还原率变化率系数
Next
NN = 4 * 3.14 * (DP / 2)^2 * P / (RG * T)  '反应速度系数


For i = 1 To 3
X(i) = 0#         '还原率赋初值
Next
H = 2            '时间步长
Time = 0         '时间
i = 3            '从第 i 行开始记录数据
```

```
With Range("A:E")
. HorizontalAlignment = xlCenter      '水平居中
. VerticalAlignment = xlCenter        '垂直居中
End With

Sheets("Sheet1").Cells(1, 1).Value = "时间/秒"  '表头
Sheets("Sheet1").Cells(1, 2).Value = "X1"
Sheets("Sheet1").Cells(1, 3).Value = "X2"
Sheets("Sheet1").Cells(1, 4).Value = "X3"
Sheets("Sheet1").Cells(1, 5).Value = "X"


Sheets("Sheet1").Cells(2, 1).Value = 0   '初始值
Sheets("Sheet1").Cells(2, 2).Value = 0
Sheets("Sheet1").Cells(2, 3).Value = 0
Sheets("Sheet1").Cells(2, 4).Value = 0
Sheets("Sheet1").Cells(2, 5).Value = 0


Do Until X(3) = 1
Call RungeKutta(X)       '四阶龙格库塔法解一阶常微分方程
Time = Time + H
Sheets("Sheet1").Cells(i, 1).Value = Time
Sheets("Sheet1").Cells(i, 2).Value = X(1)
Sheets("Sheet1").Cells(i, 3).Value = X(2)
Sheets("Sheet1").Cells(i, 4).Value = X(3)
Sheets("Sheet1").Cells(i, 5).Value = 0.1111 * X(1) + 0.1889 * X(2) + 0.7 * X(3)
i = i + 1
Loop


End Sub
```

9.7.3.2 龙格库塔法计算子程序

采用四阶龙格库塔法计算还原率，代码如下：

```
Sub RungeKutta(X)

Dim i As Integer

Dim j As Integer

Dim K(1 To 4, 1 To 3) As Double '三列→三个还原率;四行→龙格库塔公式中的四项
Dim Z(1 To 3) As Double          '还原率临时存储变量


For j = 1 To 3        '还原率临时存储
Z(j) = X(j)
Next


For i = 1 To 4        '龙格库塔公式中的四项
```

```
Call CFX(Z)              '还原率变化率
For j = 1 To 3
K(i, j) = FX(j)
Next j
If i < 3 Then                    '还原率变化率函数的自变量增加
Z(1) = X(1) + (H / 2) * K(i, 1)
Z(2) = X(2) + (H / 2) * K(i, 2)
Z(3) = X(3) + (H / 2) * K(i, 3)
ElseIf i = 3 Then
Z(1) = X(1) + H * K(i, 1)
Z(2) = X(2) + H * K(i, 2)
Z(3) = X(3) + H * K(i, 3)
End If
Next i


For j = 1 To 3   '增加步长 H 后的还原率
X(j) = X(j) + (H / 6) * (K(1, j) + 2 * K(2, j) + 2 * K(3, j) + K(4, j))
If X(j) > 1 Then
X(j) = 1
End If
Next


End Sub
```

9.7.3.3　还原率变化率计算子程序

（1）各部分阻力及阻力的组合（系数）的计算、三界面反应速度初始化。

（2）根据反应达到的状态，分别按照三界面、二界面及一界面模型进行计算，代码如下：

```
Sub CFX(Z)              '还原率变化率子程序
Dim i As Integer
Dim A1 As Double        '反应阻力 A
Dim A2 As Double
Dim A3 As Double
Dim B1 As Double        '扩散阻力 B
Dim B2 As Double
Dim B3 As Double
Dim F As Double         '传质阻力 F
Dim R1 As Double        '阻力的组合
Dim R2 As Double
Dim R3 As Double
Dim W3 As Double
Dim W2 As Double
Dim W1 As Double
```

```
Dim AP1 As Double          'Y - YE(1)的系数
Dim AP2 As Double
Dim AP3 As Double
Dim BP1 As Double          'Y - YE(2)的系数
Dim BP2 As Double
Dim BP3 As Double
Dim CP1 As Double          'Y - YE(3)的系数
Dim CP2 As Double
Dim CP3 As Double
Dim Nr(1 To 3) As Double


For i = 1 To 3             '反应速度初始化
Nr(i) = 0#
Next


If Z(1) < 1 Then                        '三个界面
A1 = 1 / (1 - Z(1)) ^ (2 / 3) * AA(1)
A2 = 1 / (1 - Z(2)) ^ (2 / 3) * AA(2)
A3 = 1 / (1 - Z(3)) ^ (2 / 3) * AA(3)
B1 = BB(1) * (((1 - Z(2)) ^ (1 / 3) - (1 - Z(1)) ^ (1 / 3)) / _
(1 - Z(1)) ^ (1 / 3) / (1 - Z(2)) ^ (1 / 3))
B2 = BB(2) * (((1 - Z(3)) ^ (1 / 3) - (1 - Z(2)) ^ (1 / 3)) / _
(1 - Z(2)) ^ (1 / 3) / (1 - Z(3)) ^ (1 / 3))
B3 = BB(3) * (1 - (1 - Z(3)) ^ (1 / 3)) / (1 - Z(3)) ^ (1 / 3)
F = 1 / KG
R1 = A1 + B1
R2 = A2 + B2
R3 = B3 + F
W3 = R1 * R2 * R3 + R1 * R2 * A3 + R1 * R3 * A3 + R3 * A2 * A3 _
+ R3 * A2 * B2 + A2 * A3 * B2
AP1 = R2 * R3 + R2 * A3 + R3 * A3
AP2 = -(R3 * B2 + A3 * B2 + R3 * A3)
AP3 = -(R3 * A2)
BP1 = -(R3 * B2 + A3 * B2 + R3 * A3)
BP2 = R1 * R3 + R1 * A3 + R3 * A3 + R3 * B2 + A3 * B2
BP3 = -R1 * R3


CP1 = -R3 * A2
CP2 = -R1 * R3
CP3 = R1 * R2 + R1 * R3 + R3 * A2 + A2 * B2
Nr(1) = NN * (AP1 * Y_YE(1) + AP2 * Y_YE(2) + AP3 * Y_YE(3)) / W3
Nr(2) = NN * (BP1 * Y_YE(1) + BP2 * Y_YE(2) + BP3 * Y_YE(3)) / W3
Nr(3) = NN * (CP1 * Y_YE(1) + CP2 * Y_YE(2) + CP3 * Y_YE(3)) / W3
```

```
ElseIf Z(2) < 1 Then                    '两个界面
A2 = 1 / (1 - Z(2)) ^ (2 / 3) * AA(2)
A3 = 1 / (1 - Z(3)) ^ (2 / 3) * AA(3)
B2 = BB(2) * (((1 - Z(3)) ^ (1 / 3) - (1 - Z(2)) ^ (1 / 3)) / _
(1 - Z(2)) ^ (1 / 3) / (1 - Z(3)) ^ (1 / 3))
B3 = BB(3) * (1 - (1 - Z(3)) ^ (1 / 3)) / (1 - Z(3)) ^ (1 / 3)
F = 1 / KG
R2 = A2 + B2
R3 = B3 + F
W2 = A3 * R2 + A3 * R3 + R2 * R3
BP2 = A3 + R3
BP3 = - R3
CP2 = - R3
CP3 = R2 + R3
Nr(2) = NN * (BP2 * Y_YE(2) + BP3 * Y_YE(3)) / W2
Nr(3) = NN * (CP2 * Y_YE(2) + CP3 * Y_YE(3)) / W2

ElseIf Z(3) < 1 Then                    '一个界面
A3 = 1 / (1 - Z(3)) ^ (2 / 3) * AA(3)
B3 = BB(3) * (1 - (1 - Z(3)) ^ (1 / 3)) / (1 - Z(3)) ^ (1 / 3)
F = 1 / KG
R3 = B3 + F
W1 = A3 + R3
CP3 = 1
Nr(3) = NN * (CP3 * Y_YE(3)) / W1
End If

For i = 1 To 3                          '还原率变化率
FX(i) = XX(i) * Nr(i)
Next

End Sub
```

9.7.3.4 最终计算结果

最终计算结果如图 9 – 40 所示。由计算结果可知，完全反应大约需要 31min（见图9 – 40 中单元格 F919）。其中，当反应时间达 4.3min 时 Fe_2O_3 消失，即 $X_1 = 1$；当反应时间达 14.6min 时，Fe_3O_4 消失，即 $X_2 = 1$。若缩小时间步长，可得到更加精确的计算结果。

9.8 气 – 固反应微粒模型的数值解

9.8.1 问题

设气 – 固反应的微粒模型中颗粒、微粒都是球形（$F_g = 3$，$F_p = 3$），当反应模数

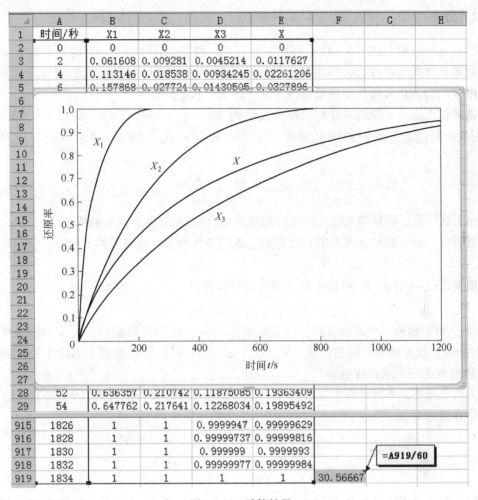

	A	B	C	D	E	F	G	H
1	时间/秒	X1	X2	X3	X			
2	0	0	0	0	0			
3	2	0.061608	0.009281	0.0045214	0.0117627			
4	4	0.113146	0.018538	0.00934245	0.02261206			
5	6	0.157868	0.027724	0.01430505	0.0327896			
28	52	0.636357	0.210742	0.11875085	0.19363409			
29	54	0.647762	0.217641	0.12268034	0.19895492			
915	1826	1	1	0.9999947	0.99999629			
916	1828	1	1	0.99999737	0.99999816			
917	1830	1	1	0.999999	0.9999993	=A919/60		
918	1832	1	1	0.99999977	0.99999984			
919	1834	1	1	1	1	30.56667		

图 9-40 计算结果

(σ^2) 一定时，试采用求数值解的方法计算不同时间 (t^*) 颗粒内部的浓度 (ψ) 分布、反应程度 (ξ) 分布以及转化率 (X) 与时间 t^* 的关系。已知 ψ、ξ、σ^2 以及颗粒内部无因次位置 (η) 满足以下微分方程

$$\frac{\partial^2 \psi}{\partial \eta^2} + \frac{2}{\eta} \frac{\partial \psi}{\partial \eta} - \sigma^2 \psi \xi^2 = 0 \tag{9-72}$$

$$\frac{\partial \xi}{\partial t^*} = -\psi \tag{9-73}$$

初始及边界条件为

$$\begin{cases} \text{初始条件} & t^* = 0, \ \xi = 1 \\ \text{表面边界条件} & \eta = 1, \ \psi = 1 \\ \text{中心边界条件} & \eta = 0, \ \mathrm{d}\psi/\mathrm{d}\eta = 0 \end{cases} \tag{9-74}$$

此外，当 $t^* = 0$ 时气体反应物的无因次浓度 ψ 在颗粒内的分布可由以下公式计算

$$\psi = \frac{\sinh(\sigma\eta)}{\eta\sinh(\sigma)} \tag{9-75}$$

9.8.2 分析

将式（4-14）、式（4-11）写成差分方程，利用已求得的 $t^* = 0$ 时颗粒内的 ψ 分布以及边界条件式（4-12），即可利用数值法计算不同时间 t^* 时颗粒内的气体反应物无因次浓度 ψ 的分布以及微粒中未反应核表面无因次位置 ξ 分布。

将颗粒无因次半径均匀分割，每段长度为 $\Delta\eta = \eta_{i+1} - \eta_i$（$i = 1, 2, 3\cdots$），某时刻 j（无因次时间位置）时颗粒内径向位置 i 处的浓度为 $\psi_{i,j}$，将式（4-14）写成差分形式，得

$$\frac{\psi_{i+1,j} - 2\psi_{i,j} + \psi_{i-1,j}}{\Delta\eta^2} + \frac{2}{\eta_i}\frac{\psi_{i+1,j} - \psi_{i-1,j}}{2\times\Delta\eta} - \sigma^2\psi_{i,j}\xi_{i,j}^2 = 0 \qquad (9-76)$$

由上式可见，颗粒内某径向位置处的浓度 $\psi_{i,j}$ 可根据其相邻两处的浓度 $\psi_{i+1,j}$、$\psi_{i-1,j}$ 的值计算而得，由于颗粒表面和中心处有关于 ψ 的条件约束，故只要将 $\xi_{i,j}$ 确定，则 $\psi_{i,j}$ 即可确定。

根据式（4-11），$\xi_{i,j}$ 可根据以下差分式计算而得

$$\xi_{i,j} = \xi_{i,j-1} - \Delta t^* \psi_{i,j-1} \qquad (9-77)$$

即 $\xi_{i,j}$ 可根据前一个无因次时间位置时 $\xi_{i,j-1}$、$\psi_{i,j-1}$ 的值计算而得。由于初始条件（$t^* = 0$ 时的变量值）已知，故根据式（9-76）、式（9-77）可对全部无因次半径 η 范围内 ψ、ξ 随时间的变化求得数值解。

为简单起见，本例计算中取 $\Delta\eta = 0.005$，$\Delta t^* = 0.2$，将其代入式（9-76）、式（9-77）中并整理得

$$\psi_{i,j} = \frac{(-5\times10^{-3} - \eta_i)\psi_{i+1,j} + (5\times10^{-3} - \eta_i)\psi_{i-1,j}}{(-2 - 25\times10^{-6}\sigma^2\xi_{i,j}^2)\eta_i} \qquad (9-78)$$

$$\xi_{i,j} = \xi_{i,j-1} - 0.2\psi_{i,j-1} \qquad (9-79)$$

在求得某时刻（t^*）各个位置（η）的微粒未转化程度（ξ）后，固体在该时刻的总转化率 X 为

$$X = \frac{\int_0^1 \eta^{F_p-1}(1 - \xi^{F_g})\mathrm{d}\eta}{\int_0^1 \eta^{F_p-1}\mathrm{d}\eta} = \frac{\sum\eta_{i,j}^2(1 - \xi_{i,j}^3)\Delta\eta}{\sum\eta_{i,j}^2\Delta\eta} \qquad (9-80)$$

9.8.3 求解

（1）Excel 自动重算选项的设置。Excel 的"自动重算"功能可十分简便地处理一些复杂的递推关系数值计算。例如，如图 9-41 所示的 Excel 表格单元中 A1:E1 及 A2、E2 数据已知，需要计算的 B2、C2、D2 单元格数据均是它的左、上、右三相邻单元格的平均值，此问题通常需联立方程组才能求解。但如在 Excel 中设置了"自动重算"功能，只需在 B2 单元格中输入公式并将公式复制到所有需要自动重算的单元格 C2、D2 中即可求解。Excel 的"自动重算"功能选项窗口可通过执行以下操作找到："文件" → "选项" → "公式"，如图 9-42 所示。其中，应选中"启用迭代计算"并设定最多迭代次数和最大误差。

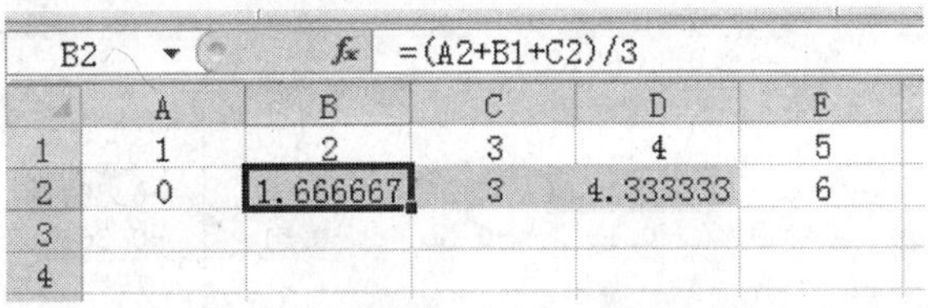

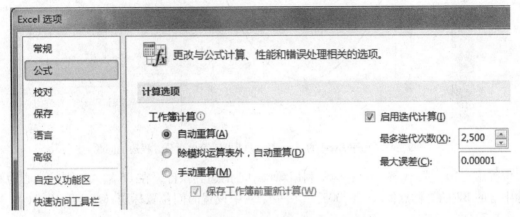

图 9 – 41　Excel 的自动重算功能举例

图 9 – 42　Excel 自动重算选项的设置

再如，对于如下微分方程的边值问题

$$\begin{cases} \mathrm{d}^2 y/\mathrm{d}x^2 = 0.02, & 0 \leqslant x \leqslant 20 \\ y(0) = 0, & y(20) = 0 \end{cases} \tag{9-81}$$

将自变量 x 的区间等分割，每段长 $h = 1$，则式（9 – 81）的二阶差分方程式为

$$\begin{cases} y_{i+1} - 2y_i + y_{i-1} = 0.02 \\ y_0 = 0, & y_{20} = 0 \end{cases} \tag{9-82}$$

即

$$\begin{cases} y_i = -0.01 + \dfrac{y_{i+1} + y_{i-1}}{2}, & i = 1, 2, \cdots, 19 \\ y_0 = 0, & y_{20} = 0 \end{cases} \tag{9-83}$$

式（9 – 83）实质是一个递推式，需求解 19 个变量的方程组，较为繁琐。而在 Excel 中，利用其"自动重算"功能可简单求解。

如图 9 – 43 所示，在 Excel 表的 B1:V1 中输入各个分割点上 x 的值 0，1，2，3，…，20，在 B2 和 V2 中输入 0（$y_0 = 0$，$y_{20} = 0$），在 C2 中输入如图所示的公式，并将此公式复制到 D2:U2 中（图中有颜色填充部分）即可求解。式（9 – 81）的精确解为 $0.01x^2 - 0.2x$，按精确解的公式计算的结果列在第三行中，可供对比。

（2）模数及无因次位置数据的输入、时间位置的设置。将模数及其方根值输入到 C1、C2 中（本例中设模数 $\sigma^2 = 16$。待后面的公式、数据等输入完成后，改变此值即可自动求算其他模数条件下的结果）。将分割后的无因次位置数值输入到列 B6:B206 中（可根据间隔为 0.005 的特征设置公式，然后采用复制公式的方式自动完成该列的输入）。注意，中

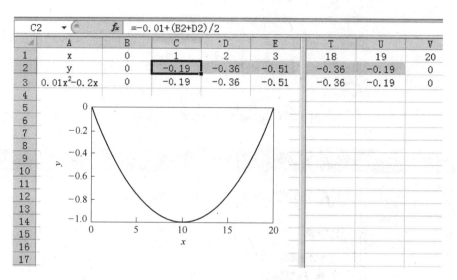

图 9 - 43　利用 Excel 的自动重算功能求解简单微分方程边值问题

心位置用"10^{-14}"代替"0";为了利用颗粒中心的边界条件,在 B5 输入以颗粒中心为对称中心的 B7 的对称点值(-0.005);在 C4:L4 中设置时间位置标题($t^*=0$,0.2,0.4,$\cdots$,1.8)。

（3）初始条件的计算和输入。在 C6 中按式（9 - 75）输入公式,并将此公式复制到C7:C206 中。C6:C206 即为初始（$t^*=0$）时颗粒内各无因次位置上的无因次浓度值。在N6:N206 中输入 1,即初始时的 ξ 值。

（4）边界条件的输入。根据颗粒中心的边界条件,在 C5 中输入公式" = C7",并将此公式复制到 D5:L5 中。根据颗粒表面的边界条件,在 C206:L206 中输入"1"。

以上设置结果如图 9 - 44、图 9 - 45 中有颜色填充部分所示。

D6	▼	fx	=((-0.005-$B6)*D7+(0.005-$B6)*D5)/((-2-25*$C$2^2*O6^2*10^(-6))*$B6)								
▲	A	B	C	D	E	F	G	H	I	J	K	L
1		模数σ²	16		=C7		=SINH($C$2*$B6)/(B6*SINH($C$2))					
2		模数	4									
3		无因次位置↓				无因次浓度（ψ）						
4		η	$t^*=0$	$t^*=0.2$	$t^*=0.4$	$t^*=0.6$	$t^*=0.8$	$t^*=1.0$	$t^*=1.2$	$t^*=1.4$	$t^*=1.6$	$t^*=1.8$
5	边界条件→	-0.005	0.1465841	0.178024953	0.2194396	0.2747142	0.3490093	0.4481331	0.5753482	0.7249451	0.8719931	0.9713898
6	颗粒中心→	1E-14	0.1465743	0.177987035	0.2193933	0.2746715	0.3489559	0.4480698	0.5752683	0.7248952	0.8719718	0.971347
7	边界条件→	0.005	0.1465841	0.178024953	0.2194396	0.2747142	0.3490093	0.4481331	0.5753482	0.7249451	0.8719931	0.9713898
8		0.01	0.1466134	0.178058501	0.219478	0.2747578	0.3490581	0.4481858	0.5754009	0.7249909	0.8720234	0.9714013
204		0.99	0.9704673	0.975880518	0.9810872	0.9859749	0.990368	0.9939881	0.9965669	0.9983357	0.9994341	0.9999162
205		0.995	0.9851108	0.98787347	0.9905185	0.9929898	0.9951995	0.9970091	0.9982921	0.999172	0.9997185	0.9999583
206	边界条件→	1	1	1	1	1	1	1	1	1	1	1

图 9 - 44　无因次浓度 ψ 的计算区域

（5）循环计算（利用 Excel 的重算功能）。根据式（9 - 79）,在 O6 中输入公式,并将此公式复制到 O7:O206 中,得到 $t^*=0.2$ 时的 ξ 值分布。根据式（9 - 78）,在 D6 中输入公式,并将此公式复制到 D7:D206 中,得到 $t^*=0.2$ 时的 ψ 值分布。复制公式时,采用鼠标拖动填充柄的方式可快速进行。复制公式后,迭代计算需要耗费一些时间,按 F9功能键可重复迭代过程,直至得到稳定的解为止。注意:O6:O206 中的公式中采用了 IF

| O6 | ▼ | f_x | =IF(-0.2*C6+N6>0, -0.2*C6+N6, 0) |

	B	N	O	P	Q	R	S	T	U	V	W
3	无因次位置↓	初始条件↓	无因次微粒反应半径（ξ）								
4	η	$t^*=0$	$t^*=0.2$	$t^*=0.4$	$t^*=0.6$	$t^*=0.8$	$t^*=1.0$	$t^*=1.2$	$t^*=1.4$	$t^*=1.6$	$t^*=1.8$
5	-0.005										
6	1E-14	1	0.9706851	0.9350877	0.8912112	0.8362834	0.7665031	0.6769065	0.5618789	0.4169475	0.2426139
7	0.005	1	0.9706832	0.9350782	0.8911924	0.8362552	0.7664643	0.6768569	0.5618177	0.416873	0.2425319
204	0.99	1	0.8059065	0.6107304	0.4145131	0.2173183	0.0192451	0	0	0	0
205	0.995	1	0.8029778	0.6054031	0.4072995	0.2087016	0.0096619	0	0	0	0
206	1	1	0.8	0.6	0.4	0.2	0	0	0	0	0

图9-45　无因次微粒反应半径 ξ 的计算区域

函数，将出现负值时的结果设定为零（即微粒反应完了状态）。

将列 O6：O206 中的公式复制到列 P6：P206～列 W6：W206 中，将列 D6：D206 中的公式复制到列 E6：E206～列 L6：L206 中，即可得到其他时间位置的 ψ 值分布及 ξ 值分布。

（6）转化率 X 的计算。转化率 X 的计算区域如图 9-46 所示。根据式（4-13）的分子，在 Y6 中输入公式，并将此公式复制到 Y6：AH206 范围的单元格中。AI 列用于计算式（4-13）的分母，方法是在 AI6：AI206 中输入如 AI6 中所示的公式，然后在 AI207 中求和。最后，在 Y207：AH207 中根据式（4-13）输入计算 X 的公式即可。为作图方便，在 Y208：AH208 中输入时间位置数据，如图中填充颜色部分所示。

| Y6 | ▼ | f_x | =$B6^2*(1-N6^3)*0.005 |

	B	Y	Z	AA	AB	AC	AD	AE	AF	AG	AH	AI
1	模数 σ^2											
2	模数											
3	无因次位置				转化率（X）							体积↓
4	η	$t^*=0$	$t^*=0.2$	$t^*=0.4$	$t^*=0.6$	$t^*=0.8$	$t^*=1.0$	$t^*=1.2$	$t^*=1.4$	$t^*=1.6$	$t^*=1.8$	
5	-0.005											
6	1E-14	0	4.26958E-32	9.118E-32	1.461E-31	2.076E-31	2.748E-31	3.449E-31	4.113E-31	4.638E-31	4.929E-31	5E-31
7	0.005	0	1.06747E-08	2.28E-08	3.652E-08	5.19E-08	6.872E-08	8.625E-08	1.028E-07	1.16E-07	=B6^2*0.005	E-07
8	0.01	0	4.27069E-08	9.121E-08	1.461E-07	2.076E-07	2.749E-07	3.45E-07	4.114E-07	4.638E-07	4.929E-07	5E-07
204	0.99	0	0.002335458	0.0037842	0.0045515	0.0048502	0.0049005	0.0049005	0.0049005	0.0049005	0.0049005	0.0049005
205	0.995	0	0.002387253	=SUM(Z6:Z206)/$AI$207		0.0049501	0.0049501	0.0049501	0.0049501	=SUM(AI6:AI206)		9501
206	1	0	0.00244	0.00392	0.00468	0.00496	0.005	0.005	0.005	0.005	0.005	0.005
207	$X→$	0	0.296657653	0.5312817	0.7079641	0.832399	0.9127482	0.9603836	0.9858792	0.9968174	0.9997461	0.3358375
208	$t^*→$	0	0.2	0.4	0.6	0.8	1	1.2	1.4	1.6	1.8	

图9-46　转化率 X 的计算区域

（7）作图分析。根据所得数据作图，如图 9-47～图 9-49 所示。由图9-47 可知，随着反应时间的增加，浓度曲线向浓度增大方向移动，即气体反应物在颗粒内部的扩散量随反应时间的增加而增加。这是由于随着反应的进行，颗粒内的微粒反应表面积不断减小，使颗粒内一定位置中的气体反应物局部消耗速度下降，从而使得更多气相反应物扩散进入颗粒内部。由图 9-48 可知，颗粒整体在反应过程中不存在显著的反应区边界。随着反应时间的增加，颗粒表面的微粒逐渐趋于完全转化，当 $t^*=1.0$ 时，颗粒表面的微粒达到完全转化。当进一步增加反应时间时，完全反应区逐渐加厚。此时，颗粒内部分成两个区域，外层为完全反应区，内层为部分反应区，反应在部分反应区中进行。图 9-49 示出了转化率随时间的延长而增加的变化关系。若改变反应模数值，重复上述计算方法，可获得不同模数条件下转化率与时间的变化关系，从而可判断反应速度控制环节随内扩散阻力的改变而发生转化的依存关系。

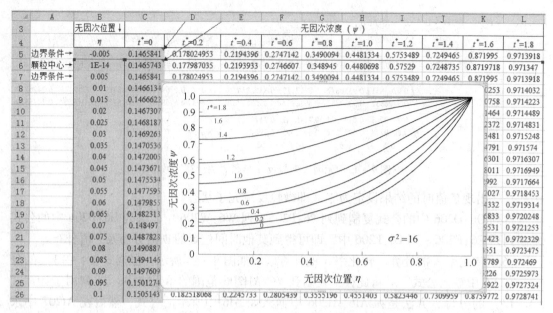

	无因次位置↓	无因次浓度（ψ）									
	η	$t^*=0$	$t^*=0.2$	$t^*=0.4$	$t^*=0.6$	$t^*=0.8$	$t^*=1.0$	$t^*=1.2$	$t^*=1.4$	$t^*=1.6$	$t^*=1.8$
边界条件→	-0.005	0.1465841	0.178024953	0.2194396	0.2747142	0.3490094	0.4481334	0.5753489	0.7249465	0.871995	0.9713918
颗粒中心→	1E-14	0.1465743	0.177987035	0.2193933	0.2746607	0.348945	0.4480698	0.57529	0.7248735	0.8719718	0.971347
边界条件→	0.005	0.1465841	0.178024953	0.2194396	0.2747142	0.3490094	0.4481334	0.5753489	0.7249465	0.871995	0.9713918
	0.01	0.1466134								…0253	0.9714032
	0.015	0.1466622								…0758	0.9714223
	0.02	0.1467307								…1464	0.9714489
	0.025	0.1468187								…2372	0.9714831
	0.03	0.1469263								…3481	0.9715248
	0.035	0.1470535								…4791	0.971574
	0.04	0.1472005								…6301	0.9716307
	0.045	0.1473671								…8011	0.9716949
	0.05	0.1475534								…992	0.9717664
	0.055	0.1477595								…027	0.9718453
	0.06	0.1479855								…4332	0.9719314
	0.065	0.1482313								…6833	0.9720248
	0.07	0.148497								…9531	0.9721253
	0.075	0.1487825								…2423	0.9722329
	0.08	0.1490887								…5551	0.9723475
	0.085	0.1494145								…8789	0.972469
	0.09	0.1497609								…5922	0.9725973
	0.095	0.1501274								…7324	0.9727324
	0.1	0.1505143	0.182518008	0.2245733	0.2805439	0.3555196	0.4551403	0.5823446	0.7309959	0.8759772	0.9728741

图 9-47　颗粒内气体反应物的浓度分布

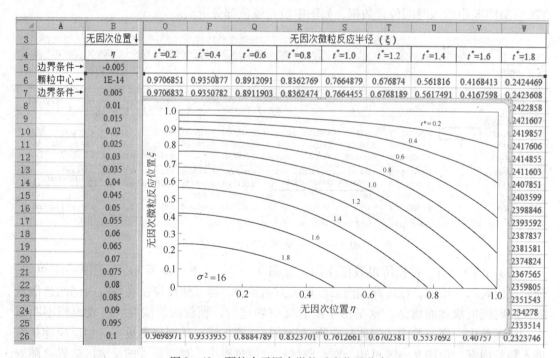

	无因次位置↓	无因次微粒反应半径（ξ）								
	η	$t^*=0.2$	$t^*=0.4$	$t^*=0.6$	$t^*=0.8$	$t^*=1.0$	$t^*=1.2$	$t^*=1.4$	$t^*=1.6$	$t^*=1.8$
边界条件→	-0.005									
颗粒中心→	1E-14	0.9706851	0.9350877	0.8912091	0.8362769	0.7664879	0.676874	0.561816	0.4168413	0.2424469
边界条件→	0.005	0.9706832	0.9350782	0.8911903	0.8362474	0.7664455	0.6768189	0.5617491	0.4167598	0.2423608
	0.01									2422858
	0.015									2421607
	0.02									2419857
	0.025									2417606
	0.03									2414855
	0.035									2411603
	0.04									2407851
	0.045									2403599
	0.05									2398846
	0.055									2393592
	0.06									2387837
	0.065									2381581
	0.07									2374824
	0.075									2367565
	0.08									2359805
	0.085									2351543
	0.09									234278
	0.095									2333514
	0.1	0.9698971	0.9353935	0.8884789	0.8523701	0.7612661	0.6702381	0.5537692	0.40757	0.2323746

图 9-48　颗粒内无因次微粒反应位置分布

　　由以上计算过程可见，Excel 的公式复制十分突出地显示出它的递推运算优势，特别是"重算功能"可十分简便地处理一些复杂的递推关系的数值计算，而通常求解偏微分方程边值问题的数值解时，必须进行编程计算完成大规模的递推关系，特别在用隐式差分格式的递推关系中，必须求解大型多元方程组，计算量庞大，给应用造成很大不便。当然，采用本例的计算方式，还存在时间步长设置过大、计算精度有待提高的问题，读者若能采

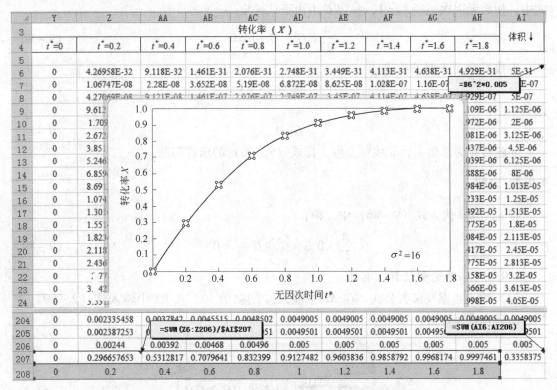

	Y	Z	AA	AB	AC	AD	AE	AF	AG	AH	AI
3		转化率（X）									体积↓
4	$t^*=0$	$t^*=0.2$	$t^*=0.4$	$t^*=0.6$	$t^*=0.8$	$t^*=1.0$	$t^*=1.2$	$t^*=1.4$	$t^*=1.6$	$t^*=1.8$	
5											
6	0	4.26958E-32	9.118E-32	1.461E-31	2.076E-31	2.748E-31	3.449E-31	4.113E-31	4.638E-31	4.929E-31	5E-31
7	0	1.06747E-08	2.28E-08	3.652E-08	5.19E-08	6.872E-08	8.625E-08	1.028E-07	1.16E-07	=B6^2*0.005	E-07
8	0	4.27069E-08	9.121E-08	1.461E-07	2.076E-07	2.749E-07	3.45E-07	4.114E-07	4.638E-07	4.929E-07	5E-07
9	0	9.612								109E-06	1.125E-06
10	0	1.709								972E-06	2E-06
11	0	2.672								081E-06	3.125E-06
12	0	3.851								437E-06	4.5E-06
13	0	5.246								039E-06	6.125E-06
14	0	6.859								388E-06	8E-06
15	0	8.691								984E-06	1.013E-05
16	0	1.074								233E-05	1.25E-05
17	0	1.30								492E-05	1.513E-05
18	0	1.551								775E-05	1.8E-05
19	0	1.823								084E-05	2.113E-05
20	0	2.118								417E-05	2.45E-05
21	0	2.436								775E-05	2.813E-05
22	0	2.77								158E-05	3.2E-05
23	0	3.42								566E-05	3.613E-05
24	0	3.55								998E-05	4.05E-05
204	0	0.002335458	0.0037842	0.0045515	0.0048502	0.0049005	0.0049005	0.0049005	0.0049005	0.0049005	0.0049005
205	0	0.002387253	=SUM(Z6:Z206)/$AI$207		51	0.0049501	0.0049501	0.0049501	0.0049	=SUM(AI6:AI206)	0501
206	0	0.00244	0.00392	0.00468	0.00496	0.005	0.005	0.005	0.005	0.005	0.005
207	0	0.296657653	0.5312817	0.7079641	0.832399	0.9127482	0.9603836	0.9858792	0.9968174	0.9997461	0.3358375
208	0	0.2	0.4	0.6	0.8	1	1.2	1.4	1.6	1.8	

图 9-49　颗粒转化率随时间的变化

用编程和 Excel 表格计算两种方式求解，可深刻体会各自的优缺点。

9.9　多孔颗粒均匀气化反应

9.9.1　问题

石油结焦炭粒压制成的多孔性石墨，在一定温度下，于 CO_2 气氛中进行气化反应，在热天平装置中测得起始反应速度为每秒每立方厘米固体失重 0.3mg，假定反应在化学反应控制区进行，并已知反应对 CO_2 为一级反应，孔隙度初值 $\varepsilon_0 = 0.3$，颗粒半径 $r_0 = 0.3\mu m$，CO_2 气体浓度 $C_A = 8.88 mol/m^3$，多孔性石墨的密度 $\rho_s = 2 \times 10^5 \ mol/m^3$。根据以上数据，用任意交叉孔隙模型来估计在该反应温度下的速度常数。

9.9.2　分析

速度常数可由下式计算

$$k_r = \frac{v_0}{S_{V,0} C_A} \tag{9-84}$$

式中，v_0（初始反应速度）以及 C_A（CO_2 气体浓度）为已知，初始条件下单位体积多孔颗粒内的孔隙总壁面积即比表面积 $S_{V,0}$ 为

$$S_{V,0} = \frac{\varepsilon_0}{r_0} \frac{(2G - 3\xi_0)\xi_0}{G - 1} \tag{9-85}$$

式中，初始无因次半径 $\xi_0 = 1$，参数 G 可由下式确定

$$\frac{4}{27}\varepsilon_0 G^3 - G + 1 = 0 \qquad (9-86)$$

参数 G 满足下列关系式

$$\xi_{\varepsilon=1} = 2G/3 \geqslant 1 \qquad (9-87)$$

即

$$G \geqslant 1.5 \qquad (9-88)$$

问题转化为求解一元非线性方程，即式（9-86）的求解问题。

9.9.3　求解

将 $\varepsilon_0 = 0.3$ 代入式（9-86）中，得：

$$\frac{4}{27} \times 0.3 \times G^3 - G + 1 = 0 \qquad (9-89)$$

9.9.3.1　单变量求解工具法

（1）输入数据及函数公式。在 A2 中输入 G 的初值 10，在 B2 中输入式（9-89）左侧的计算公式，如图 9-50 所示。

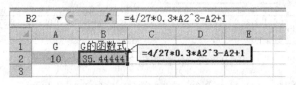

图 9-50　输入数据及函数公式

（2）利用单变量求解工具。顺序点击"数据"→"模拟分析"→"单变量求解"，在弹出的窗口中做如图 9-51 所示的设置，点击"确定"即可求得 G 值，如图 9-52 所示，结果为 $G = 4.129302$。

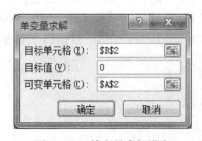

图 9-51　单变量求解设定

图 9-52　单变量求解结果

需要指出的是，采用这种方法进行求解时，对于有多个解的非线性方程的求解需要不断改变初值（本列中的 G，即单元格 A2 的值）进行探索，每次只能求得一个解。在本例中共有三个解，在已知 $G \geqslant 1.5$ 的限制条件下，进行探索可求得唯一解。初值的选择会影响迭代次数和迭代结果，需根据限制条件、经验等进行探索求解。

9.9.3.2 工作表牛顿迭代法

对于一元非线性方程 $f(x) = 0$，求根的牛顿迭代公式为

$$x_{k+1} = x_k - \frac{f(x_k)}{f'(x_k)} \tag{9-90}$$

式中，k 为迭代次数。

对于本例，相应的迭代公式为

$$G_{k+1} = G_k - \frac{f(G_k)}{f'(G_k)} = G_k - \frac{\frac{4}{27} \times 0.3 \times G_k^3 - G_k + 1}{\frac{4}{27} \times 0.9 \times G_k^2 - 1} \tag{9-91}$$

所以，选择适宜的初值 G_k，根据式（9-91）进行迭代计算即可求得方程的根，可在工作表的单元格中直接进行迭代计算，具体计算过程及结果如图9-53所示。其中，B16 为初值；C16～C24 为原函数列 $f(G)$；D16～D24 为原函数的导数列 $f'(G)$；B17 为第一次迭代结果、B24 为最终迭代结果 $G = 4.129302$；此时 C24 中的 $f(G) = 0$，表明迭代结束。图中填充部分为公式输入区，仅输入一个单元格的公式，然后将其复制到相应的其他单元格列中即可。

与利用单变量求解工具相比，采用此方法可观察到迭代过程。同样，初值的选择会影响迭代次数和结果，应根据具体的限制条件及有根区间来判断和选择。

B17	▼	f_x =B16-C16/D16				
	A	B	C	D	E	F	G
13		=B16-C16/D16		=4/27*0.3*B16^3-B16+1		
14						
15	迭代次数	G	f(G)	f'(G)	=4/27*0.9*B16^2-1	
16	0	10	35.44444	12.33333		
17	1	7.126126	9.957279	5.77089		
18	2	5.400694	2.600405	2.888999		
19	3	4.500588	0.551	1.700706		
20	4	4.176605	0.061476	1.325871		
21	5	4.130239	0.001193	1.274516		
22	6	4.129303	4.82E-07	1.273485		
23	7	4.129302	7.95E-14	1.273485		
24	8	4.129302	0	1.273485		

图9-53 工作表牛顿迭代法

9.9.3.3 最终结果

由以上计算结果可知，方程式（9-89）的解为：$G_1 = 4.129302$，$G_2 = 1.0517$；$G_3 = -5.181$。由于 $G \geqslant 1.5$，故 G 的有物理意义的实根为 4.129302。

起始反应时，$\xi_0 = 1$，由式（9-85）可得

$$S_{V,0} = \frac{\varepsilon_0}{r_0} \frac{(2G - 3\xi_0)\xi_0}{G - 1} = \frac{0.3}{0.3 \times 10^{-6}} \times \frac{2 \times 4.129302 - 3}{4.129302 - 1} = 1.68 \times 10^6 \, (\mathrm{m^2/m^3})$$

已知起始反应速度为

$$v_0 = k_r S_{V,0} C_A = \frac{0.3 \times 10^{-3}}{12 \times 10^{-6}} = 25 \, (\mathrm{mol/(m^3 \cdot s)})$$

所以

$$k_r = \frac{v_0}{S_{V,0}C_A} = \frac{25}{1.68 \times 10^6 \times 8.88} = 1.68 \times 10^{-6} (m/s)$$

9.10 钢液中锰的氧化脱除

9.10.1 问题

已知在 210t 顶吹转炉的吹炼过程中（1873K），Mn 在液滴内的扩散系数为 $D_m = 1.0 \times 10^{-8} m^2/s$，$Mn^{2+}$ 在渣中的扩散系数为 $D_s = 5.0 \times 10^{-10} m^2/s$，钢液密度为 $\rho_m = 7000 kg/m^3$，熔渣密度为 $\rho_s = 3500 kg/m^3$，渣相的黏度 $\mu_s = 0.1 Pa \cdot s$，渣中 FeO 活度 $a_{FeO} = 0.3$ 且 $K_{1873} = 5.12$，假设锰的氧化主要在铁滴与熔渣的界面上发生，反应平衡时锰的浓度相对本体浓度可忽略。

（1）试分析金属液滴的脱锰效率 η 与液滴直径 d 和液滴在渣中停留时间 t_h 的关系；

（2）已知渣中铁滴量为 $W_d = 100 kg/吨钢水$，金属液滴直径 $d = 2 \times 10^{-4} m$，试分析金属熔池的脱锰效率 η 与反应时间 t 和液滴在渣中停留时间 t_h 的关系。

9.10.2 分析

金属液滴与熔渣间锰的氧化反应为

$$[Mn] + (FeO) \Longrightarrow (MnO) + [Fe]$$

（1）当 $w[Mn]_b \gg w[Mn]_e$ 时，金属液滴中锰的脱除效率可定义为

$$\eta = \frac{w[Mn]_b - w[Mn]}{w[Mn]_b} = 1 - \exp\left(-k_t \frac{A_d}{V_d} t_h\right)$$

式中，总传质系数

$$k_t = \frac{1}{\dfrac{1}{k_m} + \dfrac{1}{k_s}\dfrac{\rho_m}{\rho_s}\dfrac{M_{MnO}}{a_{FeO}KM_{Mn}}}$$

金属相传质系数

$$k_m = \frac{D_m}{d/2}$$

渣相传质系数可由渣相中准数关系式确定，即

$$Sh_s = 2 + 0.6Re_s^{1/2}Sc_s^{1/3}$$

式中

$$Sh_s = \frac{k_s d}{D_s}$$

$$Re_s = \frac{du_t \rho_s}{\mu_s}$$

$$Sc_s = \frac{\mu_s}{\rho_s D_s}$$

铁滴终端速度为

$$u_{t} = \frac{2}{9} g \left(\frac{d}{2} \right)^{2} \cdot \frac{\rho_{m} - \rho_{s}}{\mu_{s}}$$

比表面积

$$\frac{A_{d}}{V_{d}} = \frac{6}{d}$$

由以上诸式即可确定金属液滴脱锰效率 η 与液滴直径 d 及液滴在渣中停留时间 t_h 的关系。

（2）钢液总的脱锰效率为

$$\eta = \frac{w[Mn]_{b0} - w[Mn]_{b}}{w[Mn]_{b0}} = 1 - \exp\left\{ -\frac{W_{d}}{1000 t_{h}} \left[1 - \exp\left(-k_{t} \frac{A_{d}}{V_{d}} t_{h} \right) \right] t \right\}$$

在不同的液滴停留时间条件下，可求出总脱锰效率 η 与反应时间 t 的关系。

9.10.3 求解

9.10.3.1 金属液滴的脱锰效率

（1）常数的输入。点击"Sheet1"，将已知条件输入到单元格中，如图 9 – 54 所示，填充部分为计算所需的常数数据。

	A	B	C	D	E	F
1		项目		符号	单位	值
2	渣中FeO活度			a（FeO）		0.3
3	平衡常数（1873K）			K		5.12
4	钢液密度			ρ_m	kg/m³	7000
5	熔渣密度			ρ_s	kg/m³	3500
6	渣相黏度			μ_s	kg/m.s	0.1
7	Mn在液滴内的扩散系数			D_m	m²/s	1.0E-08
8	Mn²⁺在渣中的扩散系数			D_s	m²/s	5.0E-10
9						

图 9 – 54 输入常数

（2）变量公式的输入。将与液滴直径有关的变量计算公式输入到填充部分的单元格中，需要注意的是，对常量的引用要采用绝对引用的方式，如图 9 – 55 所示。其中，C 列的液滴直径数据用于实际计算，而 B 列的液滴直径数据用于作图，直径的增加步伐设置为 0.02mm。完成输入后，将公式复制到填充单元格下面的单元格中，以下类同。

（3）液滴中锰的脱除效率的计算及作图分析。设置液滴停留时间分别为 60s、40s、20s、10s、5s。将液滴中锰的脱除效率的计算公式输入到单元格中，仅在单元格 M17 中输入公式，然后将公式复制到 M17→Q337 的区域中即可，最终计算结果及图形如图 9 – 56 所示。

如果在 Excel 图表中系列之间值的跨度比较大、图表中较小的数值不能明确显示时，可以应用"对数刻度"来解决这一问题，图 9 – 56 中的横坐标采用的就是这种方法。设置方法是：单击选中所作的图的横轴，然后顺序单击"布局"→"设置所选内容格式"，出现"设置坐标轴格式"对话框，选择"对数刻度"，同时根据需要选择适宜的"基"（2 ~ 1000），即可得到划分精细的坐标轴刻度。作为示例，本例中选择的"基"为 2，如图 9 – 57 所示。

E17　　fx　=(2/9)*9.81*(C17/2)^2*($F$4-$F$5)/$F$6

	A	B 液滴直径 d×1000	C 液滴直径 d	D 金属相传质系数 k_m	E 终端速度 u_t	F 雷诺准数 Re	G 施密特准数 Sc	H 舍五德准数 Sh	I 液相传质系数 k_s	J 总传质系数 k_t	K 比表面积 A_d/V_d
15	符号	d×1000	d	k_m	u_t	Re	Sc	Sh	k_s	k_t	A_d/V_d
16	单位	m	m	m/s	m/s				m/s	m/s	1/m
17		0.01	0.00001	0.002	1.9E-05	6.7E-07	57142.857	2.018883	0.00010094	5.83E-05	6.00E+05
18		0.03	0.000	0.000	1.7E-05	1.8E-05	57142.857	2.0981	3.4969E-05	2.017E-05	2.00E+05
19		0.05	0.000	0.000	4.8E-05	8.	2.211 19	2.211	2.2111E-05	1.274E-05	
20							57142.857			648	
21										1.3944E-05	
22		0.11	0.00011	0.000181818	0.000		57142.857				
23		0.13	0.00013		0.000		57142.857			3E-06	
24		0.15	0.00015	0.000133333	0.00043	0.00225	57142.857	3.097005	1.0323E-05	5.871E-06	4.00E+04
25		0.17	0.00017	0.000117647	0.00055	0.00328	57142.857	3.323564	9.7752E-06	5.542E-06	3.53E+04
26		0.19	0.00019	0.000105263	0.00069	0.00458	57142.857	3.563875	9.3786E-06	5.299E-06	3.16E+04
330		6.27	0.00627	3.18979E-06	0.74989	164.564	57142.857	298.4646	2.3801E-05	2.603E-06	9.57E+02
331		6.29	0.00629	3.17965E-06	0.75469	166.144	57142.857	299.8842	2.3838E-05	2.597E-06	9.54E+02
332		6.31	0.00631	3.16957E-06	0.75949	167.734	57142.857	301.3061	2.3875E-05	2.591E-06	9.51E+02
333		6.33	0.00633	3.15956E-06	0.76431	169.334	57142.857	302.7302	2.3912E-05	2.585E-06	9.48E+02
334		6.35	0.00635	3.14961E-06	0.76915	170.944	57142.857	304.1566	2.3949E-05	2.579E-06	9.45E+02
335		6.37	0.00637	3.13972E-06	0.774	172.564	57142.857	305.5853	2.3986E-05	2.573E-06	9.42E+02
336		6.39	0.00639	3.12989E-06	0.77887	174.195	57142.857	307.0161	2.4023E-05	2.568E-06	9.39E+02
337		6.41	0.00641	3.12012E-06	0.78376	175.836	57142.857	308.4493	2.406E-05	2.562E-06	9.36E+02

公式标注（callout）：

- =$F$7/(C17/2)
- =(2/9)*9.81*(C17/2)^2*($F$4-$F$5)/$F$6
- =E17*$F$5*C17/$F$6
- =$F$6/$F$5/$F$8
- =2+0.6*F17^0.5*G17^(1/3)
- =1/(1/D17+(1/I17)*($F$4/$F$5)*($1/55/$F$2/$F$3))
- =M17*$F$8/C17
- =6/C17

图9-55　输入变量计算公式

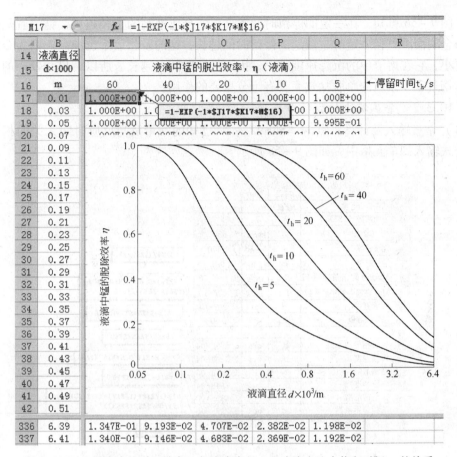

图9-56 金属液滴的脱锰效率 η 与液滴直径 d 和液滴在渣中停留时间 t_h 的关系

图9-57 横轴选项：选择"对数刻度"

由图 9-56 可知，在一定的停留时间条件下，金属液滴的直径越小，锰的脱除效率越高；当金属液滴直径一定时，液滴的停留时间越长，锰的脱除效率也越高。因为金属液滴尺寸越小，它在熔渣中的沉降速度越小，因而停留时间也越长。所以，尺寸较小的金属液滴对炼钢过程中杂质的总脱除效率具有十分重要的作用。

9.10.3.2 金属熔池的脱锰效率

（1）常量输入及计算。点击"Sheet2"，将已知的常量及与反应时间无关的相关常量计算公式输入到单元格中，如图 9-58 所示。

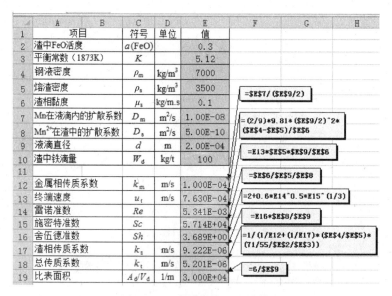

图 9-58　常量的输入和计算

（2）锰脱除效率公式的输入。将液滴中锰的脱除效率公式及钢液中锰的总脱除效率公式输入到单元格中（有颜色填充的单元格），然后将公式复制到 F→J 列中的其他相应的单元格中（左右或上下拖动被复制单元格的右下角填充柄），如图 9-59 所示。图中，时间间隔取 30s。

	E	F	G	H	I	J
21			=1-EXP(-1*$E$18*$E$19*F$24)			
22						
23	符号/单位		金属液滴中锰的脱出效率, η（液滴）			
24	t_b/s	60	40	20	10	5
25	值	9.999E-01	9.981E-01	9.559E-01	7.899E-01	5.417E-01
26						
27			=1-EXP(-$E$10/1000/F$24*F$25*$E$30)			
28						
29	反应时间/s		锰的总脱出效率, η（钢液）			
30	0	0.000E+00	0.000E+00	0.000E+00	0.000E+00	0.000E+00
31	30	4.877E-02	7.212E-02	1.336E-01	2.110E-01	2.775E-01
32	60	9.515E-02	1.390E-01	2.493E-01	3.775E-01	4.780E-01
33	90	1.393E-01	2.011E-01	3.496E-01	5.088E-01	6.228E-01
34	120	1.813E-01	2.587E-01	4.365E-01	6.125E-01	7.275E-01
94	1920	9.592E-01	9.917E-01	9.999E-01	1.000E+00	1.000E+00
95	1950	9.612E-01	9.923E-01	9.999E-01	1.000E+00	1.000E+00
96	1980	9.631E-01	9.928E-01	9.999E-01	1.000E+00	1.000E+00
97	2010	9.649E-01	9.934E-01	9.999E-01	1.000E+00	1.000E+00

图 9-59　锰脱除效率公式的输入及计算

（3）作图分析。根据图 9 – 59 所示的计算数据作图，如图 9 – 60 所示。由图 9 – 60 可知，液滴在熔渣中的停留时间越短，熔池中锰的脱除效率越高，这一结果与单个金属液滴的情况有所不同。对于单个金属液滴来说，它在熔池中的停留时间越长，则液滴与熔渣之间的反应进行得越完全，锰的脱除效率越高。但对金属熔池来说，金属液滴在熔渣中的停留时间越短，表明熔池搅拌越激烈，即单位时间内气流冲击熔池和 CO 气泡破裂所产生的金属液滴量越大，因而金属熔池中与熔渣反应的金属液滴数量也越多，所以总的脱锰效率也随之提高。由此可见，加强熔池搅拌，使熔池产生更多的金属液滴进入熔渣中，对于强化冶炼过程和提高熔池中杂质的脱除效率具有十分显著的作用。

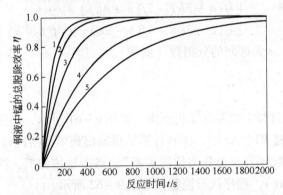

图 9 – 60　金属熔池的脱锰效率 η 与反应时间 t 和液滴在渣中停留时间 t_h 的关系

1—$t_h = 5$；2—$t_h = 10$；3—$t_h = 20$；4—$t_h = 40$；5—$t_h = 60$

9.11　扩散控制的放热最高温升

9.11.1　问题

已知一种导热性能极为良好的球状颗粒，在反应时满足缩核模型，反应过程由内扩散机理控制。（1）当 $A = 100$，$Sh^* = 100$ 时，试分析颗粒在反应过程中的温升变化规律。（2）计算在不同 A 和 Sh^* 值时最高温升及相应的反应界面位置（A 的取值可为 2、10、100、1000，Sh^* 的取值范围为 1 ~ 1000）。

9.11.2　分析

最高温升 θ 与颗粒反应位置 ξ 间的关系为

$$\theta = A\exp\left\{A\left[\frac{1}{2}\xi^2 - \frac{1}{3}(1 - 1/Sh^*)\xi^3\right]\right\}\int_\xi^1 \eta^2 \exp\left\{A\left[\frac{1}{3}(1 - 1/Sh^*)\eta^3 - \frac{1}{2}\eta^2\right]\right\}\mathrm{d}\eta$$

$$(9 - 92)$$

式中

$$\begin{cases} \theta = \dfrac{hr_p\Delta T}{b(-\Delta H)_B C_{Ab} D_e} \\[3mm] A = \dfrac{3h\rho_B r_p}{b\rho_a C_s D_e C_{Ab}} \end{cases}$$

$$(9 - 93)$$

当参数 A 和 Sh^* 确定时，最高温升 θ 与颗粒反应位置 ξ 间的关系即确定。但式 (9-92) 的右端较为复杂，包含有一个积分项，可利用辛普森（Simpson）积分法进行数值求解。

对定积分

$$S = \int_a^b f(x)\,\mathrm{d}x \tag{9-94}$$

根据辛普森积分法，有

$$\begin{aligned} S = (1/3)h\,\{f(a) &+ [4f(a+h)+2f(a+2h)] + \\ &[4f(a+3h)+2f(a+4h)] + \cdots + \\ &[4f(b-3h)+2f(b-2h)] + 4f(b-h) + f(b)\} \end{aligned} \tag{9-95}$$

式中，$h=(b-a)/n$，n 为区间的分割数（偶数）。

9.11.3　求解

（1）颗粒在反应过程中的温升变化规律。如图 9-61 所示，将参数 A 和 Sh^* 的值输入到有颜色填充的单元格 B1、A3 中，而将计算结果输出到单元格区域 C3：D103 中。本例中设置程序执行按钮，取名为"温升与位置关系"，点击该按钮后，执行设定的程序（宏）名为 Sub themax_Click( )，程序执行流程图如图 9-62 所示。

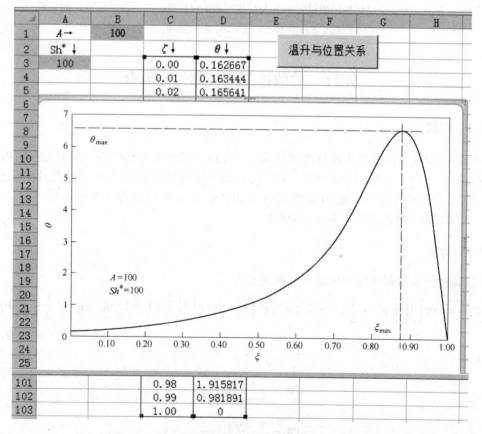

图 9-61　颗粒在反应过程中的温升变化规律计算结果

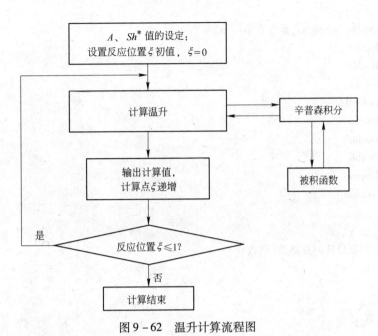

图 9-62 温升计算流程图

程序代码如下：

```
Option Explicit
Dim a As Double              'simpson 积分始端
Dim ConsA As Integer         '常数 A
Dim Sh As Double             '舍伍德数

Sub themax_Click( )          '计算温升 θ
Dim i As Integer
Dim R As Single              '位置 ξ
Dim FexpR As Double          '与 R(即 ξ)有关的 exp 函数变量

ConsA = Cells(1, 2)
Sh = Cells(3, 1)             'Sherwood 数值
R = 0#
i = 3
Do While R < = 1
FexpR = ConsA * R^2 * (0.5 - 1 / 3 * (1 - 1 / Sh) * R)
Cells(i, 4) = ConsA * Exp(FexpR) * simpson(R)
Cells(i, 3) = R
R = Round(R + 0.01, 2)
i = i + 1
Loop
End Sub

Public Function simpson(a)   '辛普森积分
Dim i As Integer
```

```
        Dim b As Double 'simpson    积分末端
        Dim n As Integer
        Dim h As Double
        Dim fa As Double
        Dim sum As Double
        Dim k As Integer
        Dim fi As Double
        Dim fj As Double
        Dim ff As Double
        Dim fb As Double


        b = 1
        n = 200      '积分区间分割数(偶数)
        h = (b - a) / n
        fa = bjhs(a)
        sum = fa
        k = n / 2 - 1
        For i = 1 To k
        fi = bjhs(a + h * 2 * i)
        fj = bjhs(a + h * 2 * i - h)
        sum = sum + 4 * fj + 2 * fi
        Next i
        ff = bjhs(b - h)
        fb = bjhs(b)
        simpson = (h / 3) * (sum + 4 * ff + fb)
        End Function
```

```
        Public Function bjhs(x)    '被积分函数
        Dim FexpX As Double       '与 X 有关的 exp 函数变量
        FexpX = ConsA * x ^ 2 * (1 / 3 * (1 - 1 / Sh) * x - 0.5)
        bjhs = x ^ 2 * Exp(FexpX)
        End Function
```

　　根据计算结果输出值可作图分析,如图 9 - 61 所示。由图可知,在本题条件下,颗粒在反应初期温度迅速上升,当 $\xi = 0.88$ 时,温升最高。之后,由于内扩散阻力继续增加,反应速度不断减慢,加上存在热损失效应,颗粒温度随反应进行逐渐下降,达到完全反应后($\xi = 0$),颗粒温度仍略高于气相主体温度。

　　(2) 最高温升及相应的反应界面位置。如图 9 - 63 所示,有颜色填充的单元格为参数 A 和 Sh^* 的输入区域。其中,A3:A147 为 Sh^* 值区域,B1:I1 为参数 A 值区域。B1:E1 为计算程序引用,而 F1:I1 仅用作显示。此外,设定 A3:A102 的值间隔为 1($Sh^* \leqslant 100$),而 A103:A147 的值间隔为 20($100 < Sh^* \leqslant 1000$)。将最大温升($\theta_{max}$)的计算结果输出到 B3:E147 的区域中,将对应的反应界面位置(ξ_{max})的计算结果输出到 F3:I147 的区域中。

本例中设置程序执行按钮，取名为"最大温升"，点击该按钮后，执行设定的程序（宏）名为 Sub Tmax_Click()。程序执行时，按照一定规律选取在单元格中所设定的 A 和 Sh^* 的值，对每一组 A 和 Sh^* 的值，计算程序流程图与图 9 – 62 类似，区别仅在于在计算结果中找出最大值（最大温升 θ_{max}）及与之对应的反应界面位置（ξ_{max}）。主程序代码如下：

```
Option Explicit

Dim a As Double              'simpson 积分始端
Dim ConsA As Integer         '常数 A
Dim Sh As Double             '舍伍德数

Sub Tmax_Click()             '计算温升 θ 最大值
Dim i As Integer
Dim j As Integer
Dim R As Double              '位置 ξ
Dim FexpR As Double          '与 R 有关的 exp 函数变量
Dim Tmax As Double           'θ 最大值
Dim Ttemp As Double          'θ 值
Dim Rmax As Double           '对应 θ 最大值的位置

For j = 2 To 5               '对 A 取四个值时分别计算
ConsA = Cells(1, j)          '当前 A 值
For i = 3 To 147             '对不同 Sherwood 数时的计算
Sh = Cells(i, 1)             '当前 Sherwood 数值

'– – – – – – – – – – – – –求 θ 最大值及其位置 ξ
R = 0
Tmax = 0
Do While R < = 1
FexpR = ConsA * R ^ 2 * (0.5 – 1 / 3 * (1 – 1 / Sh) * R)
Ttemp = ConsA * Exp(FexpR) * simpson(R)
If Ttemp > Tmax Then
Tmax = Ttemp
Rmax = R
End If
R = Round(R + 0.01, 2)
Loop
'– – – – – – – – – – – – –将计算结果写入单元格中
Cells(i, j) = Tmax
Cells(i, j + 4) = Rmax
Next
Next
End Sub
```

辛普森积分子程序及被积函数子程序代码部分与温升计算程序代码相同。

根据计算结果作图，如图 9-63 所示。其中，在 θ_{max} 与 Sh^* 的关系图中，横、纵坐标都采用了对数坐标格式，且横、纵坐标对数刻度的"基"分别选为"10"和"5"。在 ξ_{max} 与 Sh^* 的关系图中，仅横坐标采用了"基"为"10"的对数坐标格式。坐标轴格式的设定应该以尽可能将所有数据清晰显示为原则，坐标轴格式的设定窗口如图 9-57 所示，可鼠标双击坐标轴弹出该窗口进行设定。

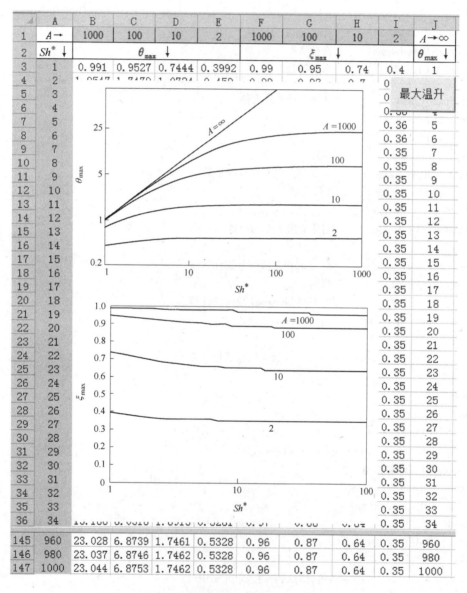

图 9-63　最高温升及相应的反应界面位置计算结果

由计算结果图可知，随着 A 值的升高，θ_{max} 值也升高，而相应的反应界面位置趋近于表面的区域。在 $A>100$、$Sh^*<100$ 的区域中，Sh^* 对 θ_{max} 的影响较大。此外，由于当 $A\rightarrow\infty$ 时，$\theta_{max}=Sh^*$，二者呈直线关系，故在 J3:J147 中输入与 Sh^* 对应的值，供作图使用。

9.12 废钢的熔解速度

9.12.1 问题

试根据热平衡及质量平衡所导出的熔体与废钢界面上液层内废钢扩散熔解的线速度动力学方程，计算废钢的熔解速度。已知传热系数 $h = 5.28\text{kW}/(\text{m}^2 \cdot \text{K})$，传质系数 $k_L = 2 \times 10^{-4}\text{m/s}$，熔钢的温度 $T_L = 1673\text{K}$，熔钢的含碳量 $C_L = 3.60\%$，废钢的含碳量 $C_0 = 0.20\%$，熔钢的密度 $\rho_L = 7000\text{kg/m}^3$，废钢的密度 $\rho_S = 7800\text{kg/m}^3$，废钢的熔化潜热 $H_L = 250\text{kJ/kg}$，熔钢的热容 $C_P = 0.84\text{kJ}/(\text{kg} \cdot \text{K})$。$Fe - C$ 系液相线方程为

$$T_S = 1809 - 54C_S - 8.13C_S^2$$

式中，T_S、C_S 分别为废钢的液相线温度及对应的含碳量。

9.12.2 分析

根据热平衡导出的废钢的熔解线速度 f_1 为

$$f_1 = \frac{h(T_L - T_S)}{[H_L + (T_L - T_S)C_P]\rho_S} \tag{9-96}$$

根据碳的质量平衡导出的废钢的熔解线速度 f_2 为

$$f_2 = k_L \frac{\rho_L(C_L - C_S)}{\rho_S(C_L - C_0)} \tag{9-97}$$

根据所给条件，需求解以下联立方程组

$$\begin{cases} \dfrac{h(T_L - T_S)}{[H_L + (T_L - T_S)C_P]\rho_S} - k_L \dfrac{\rho_L(C_L - C_S)}{\rho_S(C_L - C_0)} = 0 \\ T_S = 1809 - 54C_S - 8.13C_S^2 \end{cases} \tag{9-98}$$

若采用一般的代数法求解方程组（9-98），则需求解一个关于 C_S 的三次方程，较为复杂繁琐。利用 Excel 的单变量求解工具则可简单求解。

9.12.3 求解

（1）常量数据的输入。将已知数据输入到单元格中，如图 9-64 所示。

	A	B	C	D
1	项目	符号	单位	值
2	传热系数	h	kW/(m²·K)	5.28
3	熔钢的温度	T_L	K	1673
4	废钢的熔化潜热	H_L	KJ/kg	250
5	熔钢的热容	C_P	KJ/(kg·K)	0.84
6	废钢的密度	ρ_S	kg/m³	7800
7	熔钢的密度	ρ_L	kg/m³	7000
8	传质系数	k_L	m/s	0.0002
9	熔钢的含碳量	C_L	%	3.6
10	废钢的含碳量	C_0	%	0.2

图 9-64 输入已知数据

（2）输入公式并利用单变量求解工具。在单元格 A15 中输入熔化碳量的初始值（0），然后分别按所给公式计算熔化温度、熔化速度 1（f_1）及熔化速度 2（f_2），在最后一列中输入两个速度之差。

单击"数据"→"模拟分析"→"单变量求解"，在出现的对话框中进行适当的设置，如图 9-65 所示。其中，目标单元格为 E15，即两个速度之差；目标值设为 0；可变单元格设置为 A15，即熔解碳量。然后点击"确定"，计算结果如图 9-66 所示。

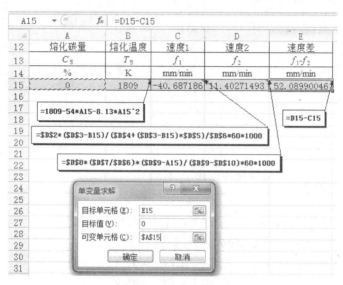

图 9-65   单变量求解设置

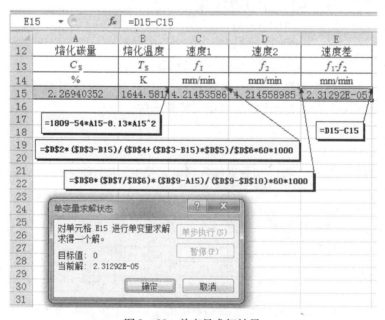

图 9-66   单变量求解结果

求解的结果为：熔化速度 $f = 4.21 \text{mm/min}$，熔化碳量 $C_S = 2.27\%$，熔化温度 $T_S = 1644.6 \text{K}$。

参 考 文 献

［1］ 肖兴国，谢蕴国. 冶金反应工程学基础 ［M］. 北京：冶金工业出版社，1997.

［2］ 葛庆仁. 气固反应动力学 ［M］. 北京：原子能出版社，1991.

［3］ 许贺卿. 气固反应工程 ［M］. 北京：原子能出版社，1993.

［4］ 莫鼎成. 冶金动力学 ［M］. 长沙：中南工业大学出版社，1987.

［5］ 华一新. 冶金过程动力学导论 ［M］. 北京：冶金工业出版社，2004.

［6］ 马志，肖兴国. 冶金反应工程问题数值解析 ［M］. 辽宁：辽宁科学技术出版社，1990.

［7］ 陈襄武. 钢铁冶金物理化学 ［M］. 北京：冶金工业出版社，1990.

［8］ 李文超. 冶金与材料物理化学 ［M］. 北京：冶金工业出版社，2001.

［9］ 林成森. 数值计算方法（下册）［M］. 北京：科学出版社，1998.

［10］ 桥本健治. 反应工学 ［M］. 培風館，1998.

［11］ 伊東章，上江洲一也. Excelで気軽に化学工学 ［M］. 丸善出版，2012.

［12］ 黄希祐. 钢铁冶金原理习题解答 ［M］. 北京：冶金工业出版社，2007.

冶金工业出版社部分图书推荐

书　名	作　者	定价（元）
物理化学（第4版）（本科国规教材）	王淑兰	45.00
冶金物理化学研究方法（第4版）（本科教材）	王常珍	69.00
冶金与材料热力学（本科教材）	李文超	65.00
热工测量仪表（第2版）（国规教材）	张华	46.00
冶金物理化学（本科教材）	张家芸	39.00
相图分析及应用（本科教材）	陈树江	20.00
冶金原理（本科教材）	韩明荣	40.00
钢铁冶金原理（第4版）（本科教材）	黄希祜	82.00
耐火材料（第2版）（本科教材）	薛群虎	35.00
现代冶金工艺学——钢铁冶金卷（本科国规教材）	朱苗勇	49.00
钢铁冶金学（炼铁部分）（第3版）（本科教材）	王筱留	60.00
炼铁工艺学（本科教材）	那树人	45.00
炼铁学（本科教材）	梁中渝	45.00
炼钢学（本科教材）	雷亚	42.00
炉外精炼教程（本科教材）	高泽平	39.00
连续铸钢（第2版）（本科教材）	贺道中	30.00
复合矿与二次资源综合利用（本科教材）	孟繁明	36.00
冶金设备（第2版）（本科教材）	朱云	56.00
冶金设备课程设计（本科教材）	朱云	19.00
冶金设备及自动化（本科教材）	王立萍	29.00
冶金工厂设计基础（本科教材）	姜澜	45.00
炼铁厂设计原理（本科教材）	万新	38.00
炼钢厂设计原理（本科教材）	王令福	29.00
轧钢厂设计原理（本科教材）	阳辉	46.00
重金属冶金学（本科教材）	翟秀静	49.00
轻金属冶金学（本科教材）	杨重愚	39.80
稀有金属冶金学（本科教材）	李洪桂	34.80
冶金科技英语口译教程（本科教材）	吴小力	45.00
冶金专业英语（第2版）（国规教材）	侯向东	36.00
物理化学（高职高专教材）	邓基芹	28.00
无机化学（高职高专教材）	邓基芹	36.00
冶金原理（高职高专教材）	卢宇飞	36.00
冶金基础知识（高职高专教材）	丁亚茹	36.00